普通高等教育“十二五”规划教材

大学计算机信息技术实训教程

主　编　周如意

副主编　施　蕙　董袁泉　龚花兰

参　编　刘红梅　许晓红　周凤石

科学出版社

北　京

内 容 简 介

本书主要面向高职院校“大学计算机信息技术”课程的教学，围绕计算机基本技能进行学习，体现计算思维。全书选取了18个任务，每个任务围绕案例分析、实现方法、案例总结及课后练习四个部分来组织编写，内容涵盖了Internet网络应用、Windows XP基本操作、Word基本操作与高级应用、Excel基本操作与高级应用、FrontPage网页制作与网站发布、PowerPoint基本操作与高级应用、Access数据库与表的建立及查询统计分析。

本书内容丰富，体现“任务驱动教学法”的教学思路，将知识与技能的学习贯穿到任务完成的过程中。

本书可作为高职高专院校“大学计算机信息技术”课程实验或实训教材，也可作为参加江苏省计算机等级（一级）考试或全国计算机等级考试用书，还可作为成人高等教育计算机基础教学用书，对于企事业在职人员学习计算机操作技能也是一本很实用的参考教材。

图书在版编目(CIP)数据

大学计算机信息技术实训教程/周如意主编. —北京: 科学出版社, 2012
(普通高等教育“十二五”规划教材)

ISBN 978-7-03-035556-0

Ⅰ. ①大… Ⅱ. ①周… Ⅲ. ①电子计算机-高等学校-教材 Ⅳ. ①TP3

中国版本图书馆CIP数据核字(2012)第214643号

责任编辑: 于海云 张丽花 / 责任校对: 林青梅
责任印制: 闫 磊 / 封面设计: 迷底书装

科学出版社出版
北京东黄城根北街16号
邮政编码: 100717
http://www.sciencep.com
骏杰印刷厂印刷
科学出版社发行 各地新华书店经销
*
2012年8月第 一 版 开本: 787×1092 1/16
2012年8月第一次印刷 印张: 12 1/2
字数: 296 000
定价: 30.00 元
(如有印装质量问题, 我社负责调换)

前　言

在信息技术高速发展的今天，计算机和网络与人们的工作、学习、生活越来越密不可分，计算机应用与信息处理的基本技能已成为很多人工作必备的条件之一。在大学学习阶段，计算机信息技术的应用与所有的学科和专业密切相关。对于非计算机专业的学生，“大学计算机信息技术”是一门培养计算机基本应用技能与信息处理基本技术的课程，是针对高等学校一年级新生开设的一门公共基础课。

本书是根据教育部高教司制定的《高职高专教育基础课程教学基本要求》和《高职高专教育专业人才培养目标及规格》的精神，结合教育部非计算机专业计算机基础课程教学指导委员会发布的《进一步加强高校计算机基础教学的几点意见》与江苏省计算机等级(一级)考试大纲，由多年从事高职高专计算机基础教学的一线教师编写而成。

全书由编者精心选择的 18 个任务组成，每个任务都围绕案例分析、实现方法、案例总结及课后练习四个部分来编写，体现“任务驱动教学法”的思路。任务 1~3 的内容分别为“互联网信息搜索”、“电子邮件的收发”和“Internet 网络连接与配置”，主要培养学生的 Internet 基本操作、E-mail 收发及常用网络工具的使用技能；任务 4 为“Windows XP 文件管理操作”，培养学生文件操作与管理的基本技能；任务 5~8 的内容分别为“Word 基本应用——制作求职简历”、“Word 综合应用——制作电子板报”、“Word 邮件合并应用——制作录取通知书”和“Word 高级应用——毕业论文的排版”，使学生掌握 Word 文字排版与处理技术；任务 9~11 的内容分别为“Excel 基本应用——制作奖学金评定表”、“Excel 综合应用——超市商品销售数据管理”和“Excel 高级应用——超市商品销售数据分析”，培养学生电子表格的基本操作与数据处理技术；任务 12、13 的内容分别为“FrontPage 基本应用——制作学生社团网页”、“FrontPage 高级应用——完善与发布学生社团网站”，培养学生网页制作与网站发布的技能；任务 14、15 的内容分别为“PowerPoint 基本应用——制作畅游南京演示文稿”、“PowerPoint 高级应用——制作个性化的畅游南京演示文稿”，目的是制作出图文并茂、表现力和感染力强的 PowerPoint 演示文稿，并通过计算机屏幕、幻灯片、投影仪或 Internet 发布；任务 16~18 的内容分别为“在 Access 中建立成绩管理数据库”、“对成绩管理数据库的表中数据进行增、删、改操作”、“在成绩管理数据库中进行统计与查询”，培养学生数据库的基本应用技能。附录部分收录了两套近年江苏省计算机等级(一级)考试模拟试题(操作部分)。

本书由沙洲职业工学院副教授周如意担任主编，施蕙、董袁泉与龚花兰担任副主编，参加编写的还有周凤石、许晓红、刘红梅等老师。具体分工为：任务 1~4 由周凤石编写，任务 5、6 由龚花兰编写，任务 7、8 由刘红梅编写，任务 9~11 由董袁泉编写，任务 12、13 由许晓红编写，任务 14、15 由施蕙编写，任务 16~18 由周如意编写。全书由周如意统稿。

本书是高职高专院校“大学计算机信息技术”课程的实验或实训教材，可作为参加江苏省计算机等级(一级)考试的参考书，也可作为企事业在职人员学习计算机操作技能的培训教材。

本书实训的辅助素材，读者可以同编者联系，编者的邮箱为：ru_yi_zhou@163.com。

由于编者水平有限，书中难免有不足之处，敬请读者批评指正，以便重印或再版时加以修改完善。

编　者

2012 年 8 月

目　录

任务1　互联网信息搜索

1.1　案 例 分 析

本任务将通过几个案例，介绍如何使用网络搜索引擎，查找所需信息，保存、打印网页；介绍使用 FTP 获取网上各类资源，实现文件的远程上传与下载。

1.1.1　提出任务

Internet 是一个全球性的信息系统，网络资源极其丰富，包括各种软件、数据、文字资料、图片、音乐、视频……这些资源都存放在大大小小的服务器上，如何在这些浩如烟海的信息资源中，快速找到自己感兴趣的信息，是人们最迫切的任务。

但是，有些人由于缺乏互联网信息检索的技巧，导致检索不到自己想要的信息或者检索得到的信息不能满足自己的要求。因此，掌握有关互联网信息检索的技巧，可以快速检索到自己所需的网络资源，达到事半功倍的效果。

1.1.2　解决方案

目前，互联网上的各类信息检索主要通过搜索引擎来完成。常见的中文搜索引擎有：谷歌(www.google.com.hk)、百度(www.baidu.com)、必应(www.bing.com)、搜狗(www.sogou.com)等，除此之外，还有许多基于专业数据库文献的信息检索，如国内著名的《中国期刊全文数据库》、《万方数据资源系统》、《维普中文科技期刊数据库》、《中国专利数据库》等，这些数据库由专门的信息机构和公司专业制作和维护，信息质量高，是专业领域内常用的数据库，对检索专业性文献信息的用户来说应是首选。

互联网上还有另外一类资源，它们并不是通过网页来访问，而是必须通过客户端的一种称为 FTP 的软件去访问并获取。

1.1.3　相关知识点

1. 搜索引擎

搜索引擎是指根据一定的策略、运用特定的计算机软件从互联网上搜集信息，在对信息进行组织和处理后，为用户提供检索服务，将用户检索相关的信息展示给用户。百度和谷歌等就是搜索引擎的代表。

2. 查询(搜索)关键词

利用网络搜索引擎查询所需信息，首先必须确定查询关键词，关键词的选择直接影响查询结果。

用户可以输入一个关键词，也可以输入两个、三个、四个，甚至可以输入一句话。关键词较为冗长时，建议将它拆成几个关键词来搜索，词与词之间用空格隔开。

3. 网页快照

在使用搜索引擎搜索所需信息时，经常遇到搜索结果列出来了，但单击该条信息的链接时出现“该页无法显示”(找不到网页的错误信息)的情况。出现这种情况的原因很多，如网站服务器暂时中断或堵塞、网站已经更改链接等。无法登录网站的确是一个令人十分头痛的问题，这时网页快照能为用户很好地解决这个问题。

搜索引擎已先预览各网站，拍下网页的快照，为用户储存大量的应急网页。快照功能在搜索引擎的服务器上保存了几乎所有网站的大部分页面，以便用户在不能链接所需的网站时，通过百度快照寻找到所需资料，而且比常规链接的速度快得多，因为快照所在的服务器稳定，下载速度极快，不会再受死链接或网络堵塞的影响。

4. FTP 文件传输

FTP 是 TCP/IP 协议组中的协议之一，是英文 File Transfer Protocol 的缩写。该协议是用于实现因特网上两台计算机之间的文件传输。从远程计算机复制文件至自己的计算机上，称为“下载”(download)文件；反之称为“上传”(upload)文件。

1.2 实现方法

1.2.1 资料搜索

常见的搜索命令如表 1-1 所示。

表 1-1 常见的搜索命令

命令(或搜索选项)	描述	案例
空格或 AND	搜索多个内容时，可以在搜索框中输入多个关键词，以空格或 AND 运算符相隔	搜索与电脑报 2008 合订本有关信息时，可输入“电脑报 2008 合订本”(输入时不含双引号，适用于所有搜索引擎)
OR(大写)	可得到带有其中之一的关键词的搜索结果	搜索 NBA 或者有关姚明的信息，可输入“NBA OR 姚明”(输入时不含双引号，适用于百度、Google 搜索引擎)
–	在搜索结果中排除带有某一搜索关键词中的内容	搜索所有有关“电脑报”的资讯，而要求资讯中不出现“硬件”关键词。可输入“电脑报 – 硬件”(“–”是英文状态下的符号，前面有一个空格，输入时不含双引号，适用于百度、Google 搜索引擎)
+	在搜索结果中必须包含某一搜索关键词的内容	搜索所有有关“电脑报”的结果中必须包含“硬件”这个关键词，可输入“电脑报 + 硬件”(输入时不含双引号，适用于百度、Google 搜索引擎)
intitle：关键词	热门词的使用频率高，搜索结果误差大，直接通过标题搜索效果好	搜索 NBA 最新赛程，输入“intitle：NBA 赛程”(适用于百度、Google 搜索引擎)

续表

命　令 (或搜索选项)	描　述	案　例
“”	只搜索包含特定关键词信息的结果，以得到数量最少、最精确的结果	搜索只包含“会声会影技巧”这个关键词的相关内容，可输入“会声会影技巧”(输入时含双引号，适用于百度、Google 搜索引擎)
《》	搜索与某些图书相关的资讯	搜索《围城》的有关信息，可输入：“《围城》”(输入时含双引号，适用于百度、Google 搜索引擎)
site：网址	只搜索与某些网站中包含关键词的有关信息	搜索有关数码相机的资讯，可输入“数码相机 site：www.cpcw.com”(输入时不含双引号，适用于百度、Google 搜索引擎)
filetype：文件类型	搜索带有关键字的特定类型的文件	搜索带有电脑报的 DOC 文件，可输入“电脑报 filetype：doc”(输入时不含双引号，适用于百度、Google 搜索引擎)
inurl：文件类型	搜索包含有特定类型文件的网页	搜索有关“甜蜜蜜”这首 mp3 歌曲的网页，可输入“inurl：mp3 甜蜜蜜”(输入时不含双引号，适用于 Google 搜索引擎)
数值＋被换算的单位	单位换算	1 盎司等于多少克，可输入“1 盎司＝？克”(适用于百度、Google 搜索引擎)

1.2.2　收藏夹的使用

平时人们在上网时，看到一些感兴趣的网站，希望及时把它的网址记下来，或者要将一些经常浏览的网站的网址保存下来，以方便下次访问。如何做到这一点呢？

很简单，只要使用浏览器所提供的收藏夹功能即可实现。

无论是 IE 浏览器还是其他浏览器，如 Firefox、Opera、Chrome 浏览器，都提供收藏夹，熟练使用收藏夹，可以大大提高上网效率。

【案例 1-1】　访问网址为 http://translate.google.com.hk 的网页，并将该网址收藏。

操作步骤：

1) 打开 IE 浏览器，在地址栏中输入“http://translate.google.com.hk”，打开 Google 在线翻译网站。

2) 在 IE 主菜单中选择“收藏”→“添加到收藏夹”命令，如图 1-1 所示。

3) 将网址添加到收藏夹后，下次再要访问该网站时，只要在 IE 主菜单中选择“收藏”→“Google 翻译#”命令，如图 1-2 所示，无需记住具体网址。

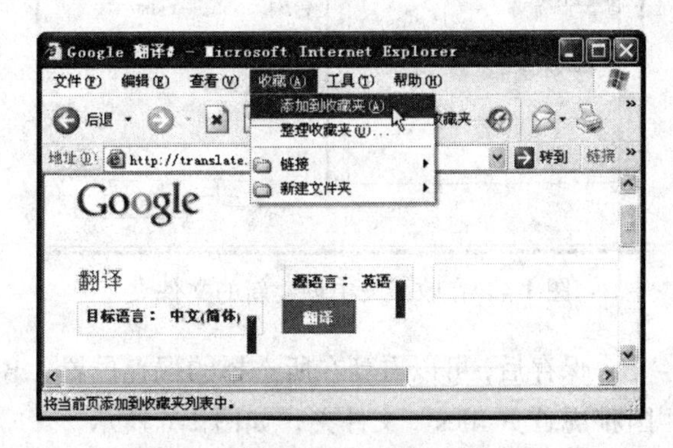

图 1-1　将当前网址添加到收藏夹

【案例 1-2】　整理收藏夹，在收藏夹中创建一个名为“MyeBook”的子文件夹。

操作步骤：

1) 在 IE 主菜单中选择“收藏”→“整理收藏夹”命令，弹出“整理收藏夹”对话框

(图 1-3)，在此对话框中可以创建文件夹、重命名所收藏的网址名称、移动文件夹、删除文件夹、删除所收藏的网址。

2) 单击“创建文件夹”按钮，在右侧网址列表中出现一个“新建文件夹”(图 1-4)，然后将它重命名为 MyeBook，最后单击“关闭”按钮。

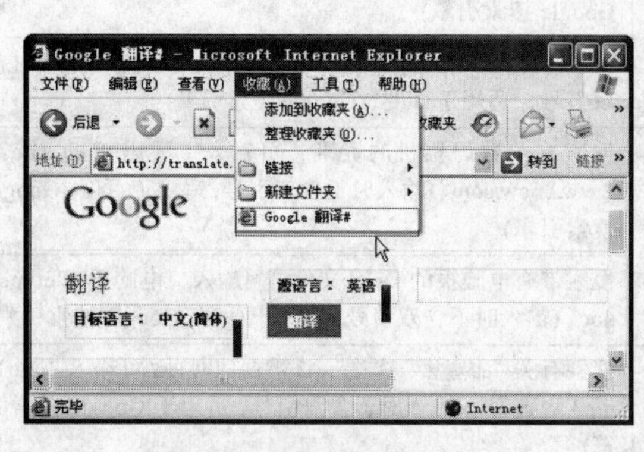

图 1-2　查看收藏的网址　　图 1-3　整理收藏夹

1.2.3　网页的保存和打印

【案例 1-3】　访问中文雅虎首页：http//:cn.yahoo.com，然后保存这个页面。

操作步骤：

1) 打开 IE 浏览器，在地址栏中输入“cn.yahoo.com”并按 Enter (回车)键，打开雅虎首页面。

2) 选择“文件”→“另存为”命令，打开“另存为”对话框(图 1-5)，选择保存位置、文件名、保存类型，然后单击“保存”按钮即可。

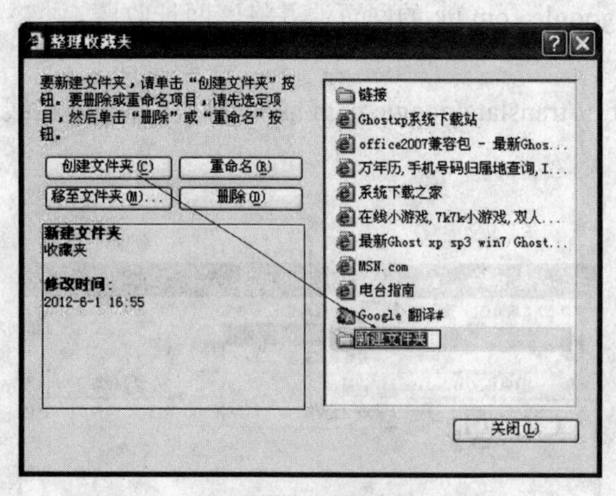

图 1-4　在收藏夹中创建新的文件夹　　图 1-5　保存网页

保存后，可以看到在所选择的保存位置，出现一个“中国雅虎首页.htm”文件与一个“中国雅虎首页.files”文件夹，如图 1-6 所示。

【案例 1-4】　访问中文雅虎首页：http//:cn.yahoo.com，然后打印这个页面。

操作步骤：

1) 打开 IE 浏览器，在地址栏中输入“cn.yahoo.com”并按回车键，打开雅虎首页面。

2) 打印之前，可以先预览一下，只要选择“文件”→“打印预览”命令即可，如图 1-7 所示。在 IE 菜单中选择“文件”→“打印”命令，弹出“打印”对话框(图 1-8)，单击“打印”按钮。

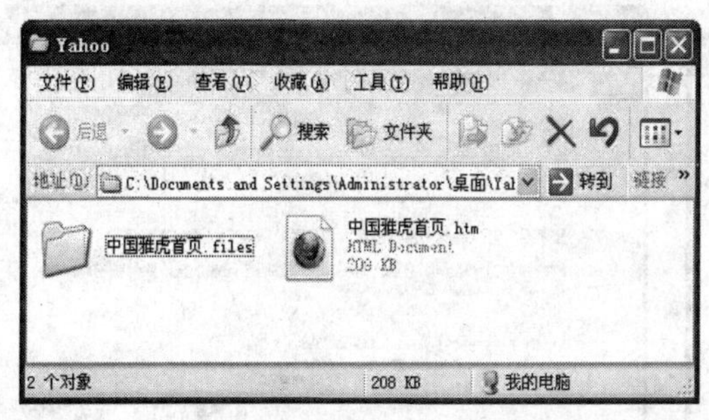

图 1-6　保存后的网页及网页中的图片文件夹

图 1-7　打印之前预览网页

图 1-8　打印网页

注 意

Windows XP 中无法打印网页中的 Flash，所以凡是有 Flash 的地方，打印后看到的是一片空白(Windows 7 中已解决这一问题)。

1.2.4　通过 FTP 服务器上传下载文件

【案例 1-5】　使用 IE 浏览器访问 FTP 服务器，下载某个文件。

操作步骤：

1) 打开 IE 浏览器，在地址栏中输入“ftp://infonet.ustc.edu.cn”，并按回车键，看到浏览器窗口显示下面内容(图 1-9)。注意：这些文件、文件夹都不在本机上，而是在安徽合肥市的一台 FTP 服务器上。

2) 打开某个文件夹，再打开下一级文件夹……然后选择其中某个文件下载。

【案例 1-6】 使用 IE 浏览器访问天空软件的 FTP 服务器，下载软件。

操作步骤：

1) 开 IE 浏览器，在地址栏中输入“ftp://221.12.147.106”，并按回车键，弹出“登录身份”对话框，如图 1-10 所示。

图 1-9　访问 FTP 服务器

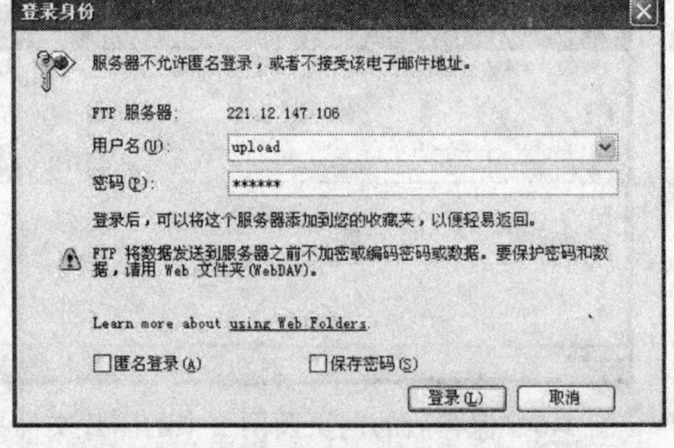

图 1-10　登录 FTP 服务器时输入用户名与密码

2) 由于天空软件的 FTP 服务器不允许匿名访问，需要提供用户名与密码，所以在图 1-10 所示的对话框中输入：

用户名：upload，密码：upload

单击“登录”按钮即可看到 FTP 服务器上的内容。可选择某个文件进行下载，也可将本机上的文件上传。

1.3　案 例 总 结

1. 关于 IE 收藏夹的备份

在 Windows XP 中，IE 收藏夹实际上是一个文件夹，具体位置是：“C:\Documents and Settings\Administrator\Favorites”。

当用户收藏一个网址时，Windows XP 会在上述文件夹中创建一个指向该网址的快捷方式。

当重装系统时，可以找到这个文件夹，将这些快捷方式备份出来，等操作系统装好后再复制回去。更好的方法是利用 IE“文件”菜单下的“导入/导出”功能。

2. 关于保存网页

保存网页时，默认的保存类型是.htm 或.html，保存后会生成一个.html 文件及一个文件夹。例如，保存雅虎首页，得到图 1-6 所示的一个“中国雅虎首页.htm”文件与一个“中国雅虎首页.files”文件夹，前者包含页面文本(文字内容)，而后者主要包含了页面中的各类图片。

另一种保存类型是.mht，选择这种方式时，保存后只生成一个文件(后缀为.mht)，实际是将页面文本、各类图片都集成到了一个文件中。

3. 关于 FTP

要使用 FTP 实现文件的上传或下载，必须建立 FTP 服务器，这需要在计算机中安装 FTP

服务器软件，如常见的 Serv-U FTP Server，另外 Windows Server 版也提供 FTP 服务器软件。这些软件一般由负责网络服务器维护的网管员安装，并设置访问权限。

用户要访问 FTP 服务器来下载或上传文件，通常需使用 FTP 客户端软件，如 CuteFTP、FlashFXP、LeapFTP 等。然而，常用的浏览器(如 IE、Firefox、Chrom、Opera 等)本身也集成了 FTP 客户端功能，可以直接使用浏览器来访问 FTP 服务器。

从功能上而言，FTP 客户端软件在访问 FTP 方面比浏览器功能更强，如传输速度比浏览器快，同时支持断点续传，而一般的浏览器是不支持的。

最后，值得注意的是：互联网上有成千上万的 FTP 服务器，提供各类资源，但绝大部分都需要有用户名与密码才能访问，只有很少一部分 FTP 服务器可以匿名访问。

1.4　课后练习

(1) 在 Google 中搜索：

1) 1 磅是多少克？

2) 查询合肥的天气预报。

3) 查询合肥的邮政编码和区号。

4) 查询标题带有“爱好者”的网页(intitle)。

5) 查询与搜狐网站链接的网站(link)。

6) 在 163 网站上搜索与“金庸”相关的内容(site)。

7) 搜索一些与生日相关的 swf 格式的文件(filetype)。

(2) 在百度中搜索：

1) 搜索武侠小说，但不是关于古龙的小说(-)。

2) 搜索圣斗士或搞笑的信息(|)。

3) 搜索格式为 mp3 的英语听力资料。

4) 搜索图片。

(3) 利用 IE“文件”菜单下的“导入/导出”功能，实现 IE 收藏夹中所收藏网址的备份与恢复。

(4) 搜索 FTP 服务器。

访问逸仙搜索网：http://202.116.74.5，搜索网上的 FTP 服务器。

(5) 从 http://115.com/file/anw9y58f#下载 FlashFXP 绿色版，然后运行并匿名访问 FTP 服务器：158.132.178.245，并选择本机上的某个文件上传到 FTP 服务器的 Upload 文件夹中。

(6) 运行 FlashFXP，访问 FTP 服务器：ftp.ibeifeng.com (用户名为 list，密码为 list)，然后选择某个文件下载到本机的桌面。

(7) 除了使用 FTP，还可通过哪些方法来实现文件的传输与共享？

任务 2　电子邮件的收发

本任务将通过两个案例，练习如何进行网络邮箱的注册、电子邮件的收发，以及邮箱的一些简单管理。

2.1　案 例 分 析

2.1.1　提出任务

几乎每个网络用户都希望通过互联网，用非常低廉的价格(不管发送到哪里，都只需负担电话费和网费即可)，以非常快速的方式(几秒钟之内可以发送到世界上任何一处用户指定的目的地)，与世界上任何一个角落的网络用户联系。这种联系与交流，既可以通过文字方式，也可以通过图像、声音等多媒体方式。

2.1.2　解决方案

使用电子邮件(E-mail)可以轻松完成上述任务。电子邮件是因特网的常用应用之一，它是一种用电子手段提供信息交换的通信方式。

具体来说，可以通过浏览器或其他电子邮件客户端软件来进行 E-mail 的收发。在进行电子邮件收发之前，用户必须首先在网上的某个邮件服务器上注册一个电子邮箱。

2.1.3　相关知识点

1. 电子邮件服务器

电子邮件服务器是网络上安装了电子邮件系统的计算机，它能为用户提供收发电子邮件的服务。

2. 电子邮箱

电子邮箱是位于邮件服务器上的具有一定容量的硬盘空间，用于存储用户的电子邮件。

3. E-mail 地址

用户在邮件服务器上申请电子邮箱注册成功后，邮件服务器就给该用户划出一块硬盘空间作为邮箱，并给这个邮箱起一个唯一的名字，这个名字就是 E-mail 地址，你的朋友只要知道这个地址，就可以给你发电子邮件。E-mail 地址的格式为：

用户名@邮件服务器域名

4. 电子邮件客户端软件

在 Web 浏览器出现之前，用户要收发电子邮件，必须使用专门的应用软件，这种软件就是电子邮件客户端软件，如 Windows 自带的 Outlook Express、国产的 Foxmail、KooMail 等。

5. 电子邮件的附件

用户在发送电子邮件时，还可以随邮件一起发送附带的文件，这些文件就称为电子邮件的附件。

2.2 实现方法

【案例 2-1】 到雅虎网站注册电子邮箱。

操作步骤：

1) 进入中文雅虎网站：http//:cn.yahoo.com，单击右上角的电子邮箱“免费注册”链接，进入申请注册页面，如图 2-1 所示。

图 2-1　注册免费邮箱

2) 在注册页面中，根据提示填写各项内容，最后单击“创建我的帐号”按钮。

注册邮箱时，用户名可能会与别人相同，此时就无法成功注册。为避免这种情况，只要单击图 2-2 所示的“检测”按钮，就可以检查出是否与别人相同，如果相同，请重新换一个用户名。

3) 如果申请注册成功，则转到图 2-3 所示的页面，记下邮箱地址(即 E-mail 地址)及密码。

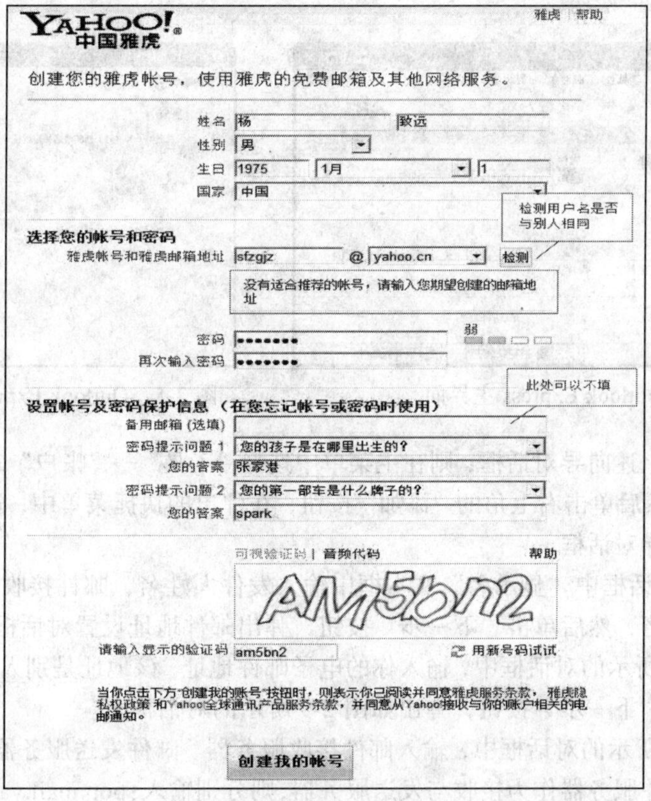

YAHOO! 中国雅虎　雅虎　帮助

创建您的雅虎帐号，使用雅虎的免费邮箱及其他网络服务。

姓名 杨 致远
性别 男
生日 1975 1月 1
国家 中国

检测用户名是否与别人相同

选择您的帐号和密码
雅虎帐号和雅虎邮箱地址 sfzgjz @ yahoo.cn 检测
没有适合推荐的帐号，请输入您期望创建的邮箱地址
密码 ●●●●●●● 弱
再次输入密码 ●●●●●●●

此处可以不填

设置帐号及密码保护信息（在您忘记帐号或密码时使用）
备用邮箱（选填）
密码提示问题 1 您的孩子是在哪里出生的?
您的答案 张家港
密码提示问题 2 您的第一部车是什么牌子的?
您的答案 spark

可视验证码 | 音频代码　帮助
AM5bn2
请输入显示的验证码 am5bn2　用新号码试试

当你点击下方"创建我的账号"按钮时，则表示你已阅读并同意雅虎服务条款，雅虎隐私权政策 和Yahoo!全球通讯产品服务条款，并同意从Yahoo!接收与你的账户相关的电邮通知。

创建我的帐号

图 2-2　填写用户信息

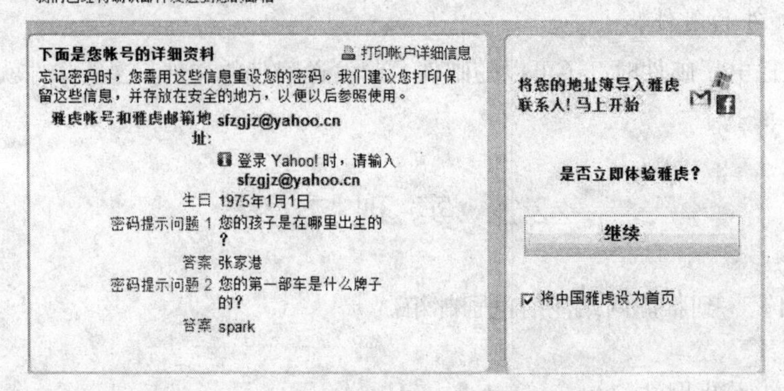

图 2-3　注册成功

【案例 2-2】　使用电子邮件客户端软件 Outlook Express 进行电子邮件的收发。

在使用电子邮件客户端软件之前，必须先进行一系列设置，设置好之后才能进行邮件收发。

(1) 邮件设置。通过以下 5 步操作，即可完成设置操作。

1) 单击“开始”→“所有程序”命令，选择 Outlook Express 启动程序命令，弹出如图 2-4 所示的界面。

如果是第一次运行 Outlook Express，则会自动弹出如图 2-5 所示的邮件收发设置向导。

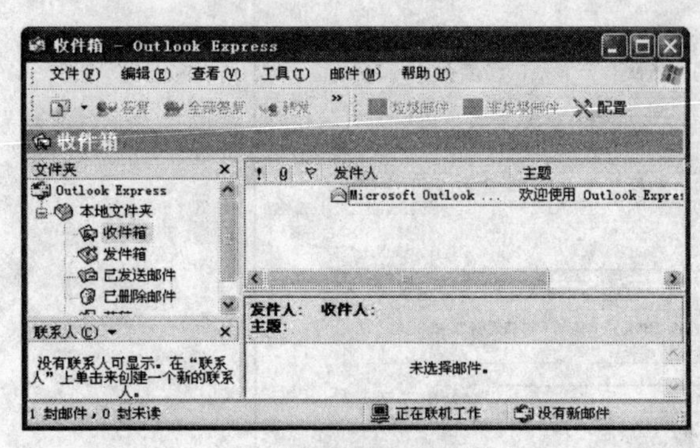

图 2-4　Outlook Express 主界面

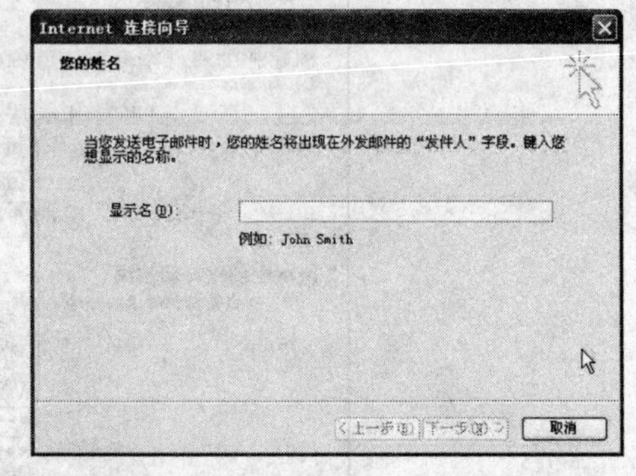

图 2-5　Outlook Express 配置向导(一)

如果看不到上述向导对话框，则在主菜单中选择“工具”→“帐户”命令，弹出如图 2-6 所示的对话框，然后单击右上角的“添加”按钮，在弹出的快捷菜单中，选择“邮件”命令，即可显示上述向导对话框。

2) 在向导对话框中“显示名”文本框中输入发件人姓名，邮件接收者将会看到你所设定的发件人的姓名，然后单击“下一步”按钮，弹出邮件地址设置对话框，如图 2-7 所示。

3) 在图 2-8 所示的对话框中，输入你的电子邮件地址，该地址是别人回复邮件时所用的地址。然后单击“下一步”按钮，弹出如图 2-9 所示的对话框。

4) 在图 2-9 所示的对话框中，输入邮件接收服务器、邮件发送服务器。如果案例 2-1 中所申请的雅虎邮件服务器作为接收与发送服务器，则分别输入：pop.mail.yahoo.cn 与 smtp.mail.yahoo.cn。

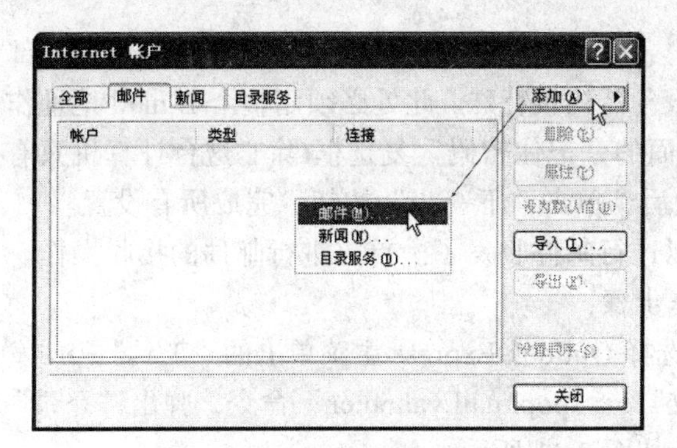

图 2-6　Outlook Express 配置向导(二)

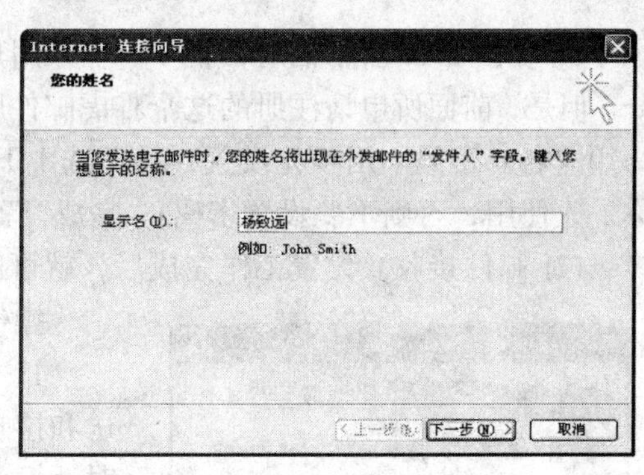

图 2-7　Outlook Express 配置向导(三)

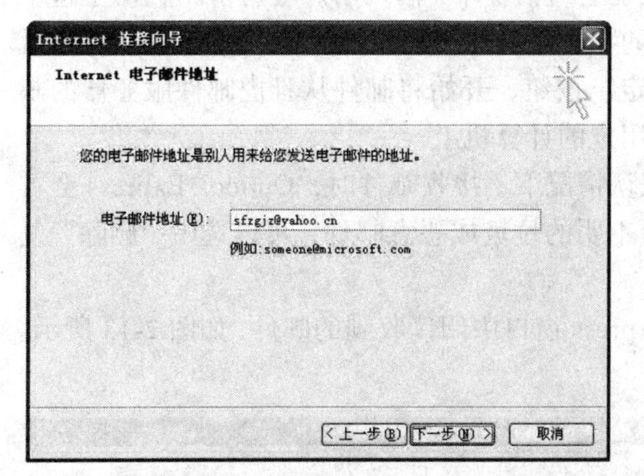

图 2-8　Outlook Express 配置向导(四)

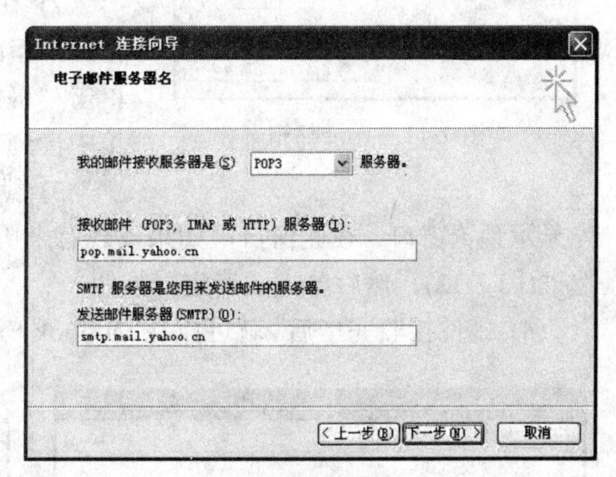

图 2-9　Outlook Express 配置向导(五)

注　意

对于不同的邮件服务器，上述设置是不同的，具体根据用户所申请注册的邮件服务器而定(看它的帮助)。

填写好后单击"下一步"按钮，弹出如图 2-10 所示的对话框。

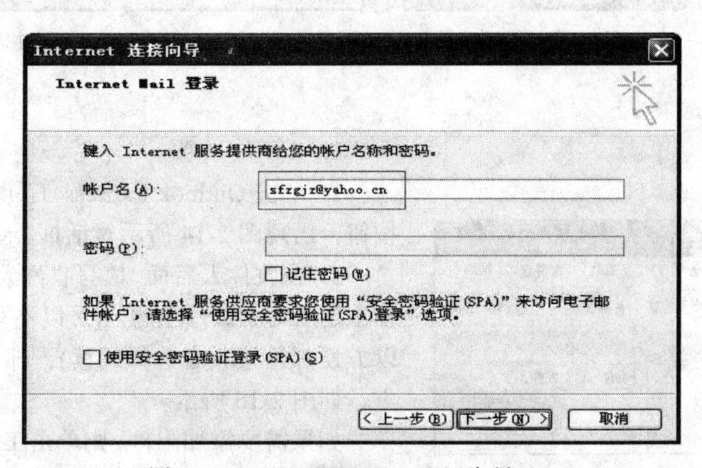

图 2-10　Outlook Express 配置向导(六)

5) 在图 2-10 所示的对话框中，输入用户名。这个用户名就是 E-mail 地址中@前面的部分。但是，前面所申请注册的这个雅虎邮件服务器比较特殊，此处必须用整个 E-mail 地址作为用户名。密码不用预先设置，且不选中下面的“记住密码”复选框(除非这台计算机只有你一人使用，否则不要设置密码)。完成设置后，单击“下一步”按钮，完成所有设置。

(2) 邮件接收。设置工作完成后，就可以进行邮件收发了。首先进行邮件的接收操作。

图 2-11　登录邮箱

操作步骤：

1) 选择 Outlook Express 主菜单上的“工具”→“发送和接收”→“pop.mail.yahoo.cn”命令，弹出“登录”对话框，如图 2-11 所示。

2) 在上述对话框中，输入用户名与密码。(由于这个雅虎邮箱的特殊性，此处必须输入整个邮箱地址)，然后单击“确定”按钮，开始将邮件从雅虎邮件服务器的邮箱中读到用户的计算机上。

3) 默认情况下，接收邮件时，Outlook Express 会首先显示预览窗口，在此窗口中如果发现有来历不明的垃圾或恶意邮件，可以选中“删除”复选框(图 2-12)，然后单击“确定”按钮。

4) 邮件接收完毕后，就可以在 Outlook Express 窗口中阅读收到的邮件，如图 2-13 所示。

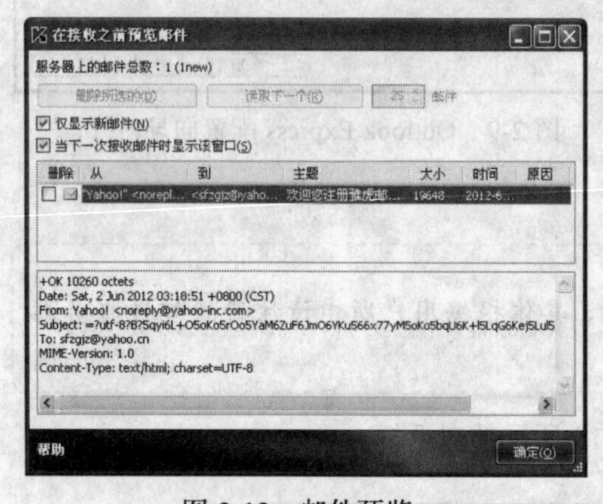

图 2-12　邮件预览

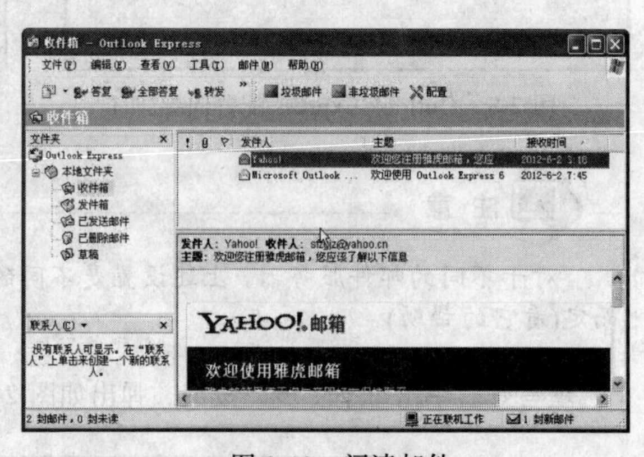

图 2-13　阅读邮件

(3) 邮件发送。

操作步骤：

图 2-14　通过 Outlook Express 发送邮件

1) 单击 Outlook Express 工具栏上的“写邮件”按钮，出现图 2-14 所示对话框。

2) 在收件人后面，填写收件人的 E-mail 地址，在主题后写上邮件主题。(可以不写，但建议写上，以方便邮件接收者选择阅读)，邮件内容则写在下方，如图 2-15 所示。

如果需要添加附件，则单击工具栏中的回形针按钮，然后选择文件，作为附件添加到邮件中(文件不要太大，而且尽量用 WinRAR 进行压缩，以加快邮件传输速度）。

3) 邮件写好后，单击工具栏上的“发送”按钮，即可将邮件发送出去。

4) 默认情况下，将会出现邮件失败，如图 2-16 所示。是什么原因造成失败？原因是在一开始进行 Outlook Express 的设置时，忽略了关键的一步工作，接下来我们把它补上。

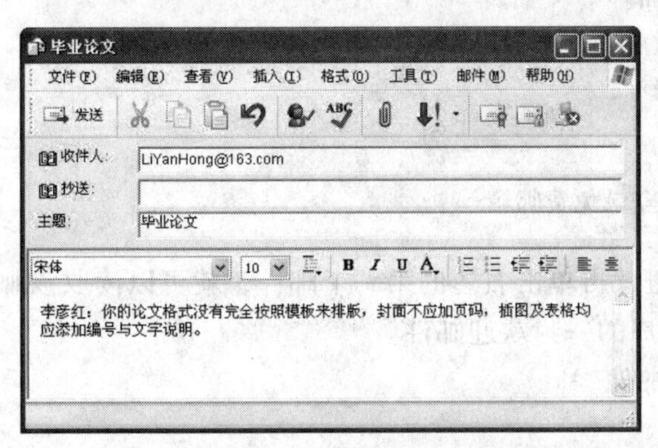

图 2-15　填写收件人地址、主题、邮件正文

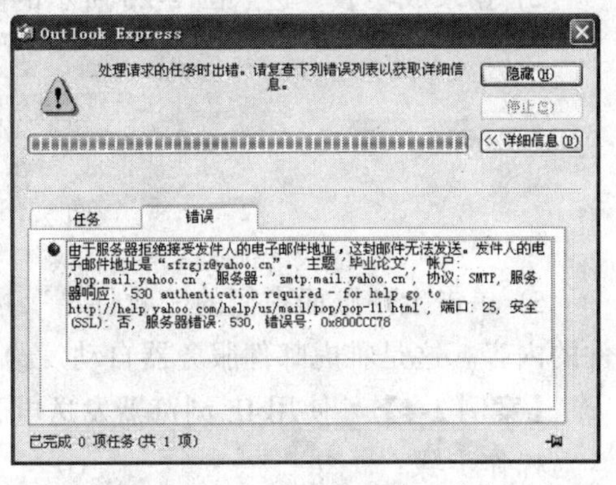

图 2-16　邮件发送错误信息

5) 在 Outlook Express 主菜单中选择“工具”→“帐户”命令，弹出如图 2-17 所示的对话框，在此对话框中，单击右边的“属性”按钮，弹出如图 2-18 所示的对话框。

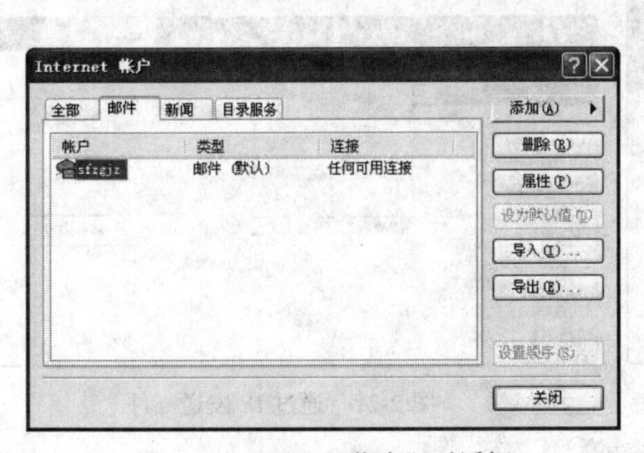

图 2-17　“Internet 帐户”对话框

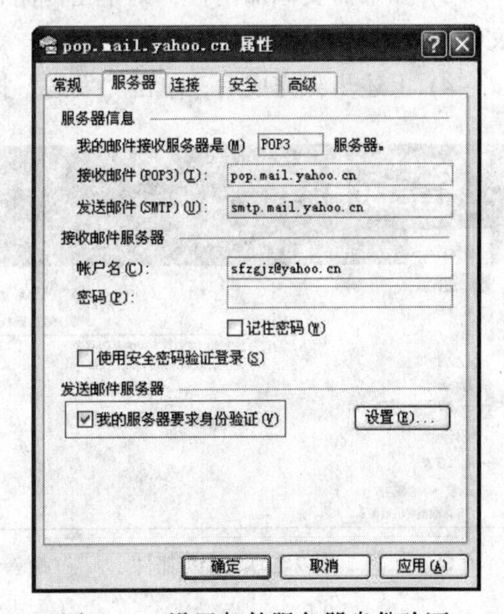

图 2-18　设置邮件服务器身份验证

6) 在上述对话框中，选择“服务器”选项卡，然后选中“我的服务器要求身份验证”复选框，最后单击“确定”按钮即可。

7) 回到 Outlook Express 主界面，单击左边树状列表中的“发件箱”按钮，在右边找到刚才发送失败的那封邮件并双击，重新打开图 2-15 所示对话框，再次单击工具栏上的“发送”按钮，此时会弹出图 2-11 所示的对话框，在此对话框中输入密码，然后单击“确定”按钮，就可以看到邮件发送成功。

【案例 2-3】　使用 IE 浏览器接收电子邮件。

操作步骤：

1) 打开 IE 浏览器，进入雅虎首页，在右上角的免费邮箱用户名与密码处，分别输入上述注册成功的邮箱地址与密码，然后单击“登录”按钮，如图 2-19 所示。

2) 登录成功后，进入图 2-20 所示的页面。

图 2-19　登录免费邮箱

3) 单击上述页面右侧的“收件箱”按钮，再单击右边的第一个邮件，就可以读取该邮件的内容。这是雅虎邮件服务器自动发给用户的一封欢迎邮件。

【案例 2-4】　使用 IE 浏览器发送电子邮件。

操作步骤：

1) 同案例 2-3 的第一步操作。

2) 单击左上角的“写信”按钮，然后在右侧分别填写收件人 E-mail 地址、邮件主题、书写邮件内容，如图 2-21 所示。

3) 如果需要添加附件，则单击“附件”按钮，在“选择文件”对话框中，选择所需的文件作为附件。

4) 上述步骤完成后，单击“发送”按钮即可。

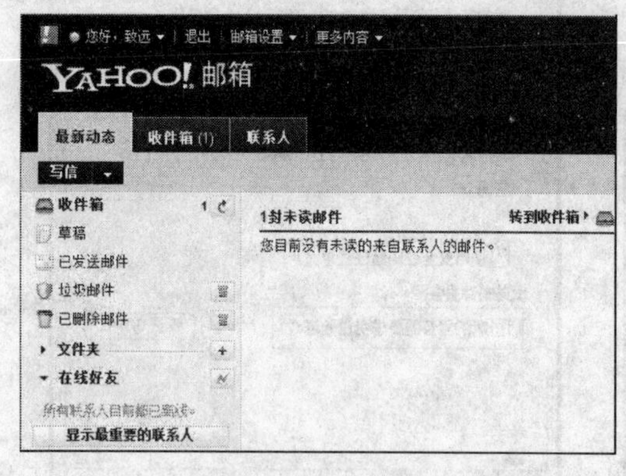

图 2-20　阅读邮件

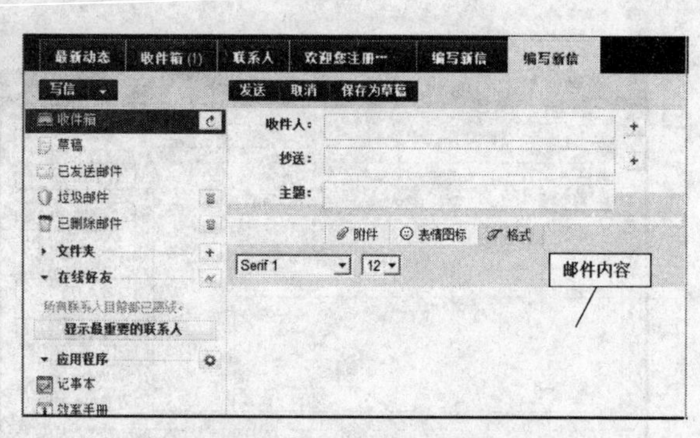

图 2-21　通过 IE 发送邮件

2.3　案 例 总 结

1. 有关电子邮件的几个容易混淆的概念

邮箱：用户在邮件服务器上所申请的具有一定容量的硬盘空间，用于存放用户的邮件，相当于楼梯间安装在墙壁上的那个邮箱。

邮件地址：即 E-mail 地址(有时也叫邮箱地址)，它是用户的邮箱名字。你的朋友必须知道这个地址才能给你发送邮件。

用户账户：用户账户就是 E-mail 地址中字母@前面的部分，也即用户名。

2. 是否一定要申请邮箱后才能收发电子邮件

要想接收别人发给你的电子邮件，就必须要拥有自己的邮箱。而如果只是发送邮件，是可以不申请电子邮箱的，用邮件客户端软件直接向接收者发送(在 Foxmail 中称为“特快专递”)，这样收信者也就无法回复，甚至他不知道这封信是谁、从哪里发出的。

但是，这种“特快专递”带来的问题是：容易出现大量的垃圾邮件，接收者还无法拒收，因为不知它是从哪里发出的。所以，现在绝大部分的邮件服务器不允许发送这种“特快专递”，发件人要想发送电子邮件，必须先申请自己的邮箱，然后通过自己的邮箱所在的邮件服务器来“转发”(注：腾讯的 QQ 邮件服务器到目前为止仍然允许“特快专递”)。

3. 是否可以申请多个邮箱

完全可以。用户可以在不同的邮件服务器上申请邮箱，甚至可以在一个邮件服务器上申请多个邮箱，但必须记住用户名与密码。

4. 用浏览器与使用邮件客户端软件收发邮件，两者之间的区别

在 WWW 出现之前，电子邮件的收发只能通过类似案例 2-2 中的邮件客户端软件来进行，但随着 WWW 的出现，用户还可以通过网页浏览器来实现电子邮件的收发，而且操作更为简单。

另外，使用邮件客户端软件收发邮件之前，必须进行必要的设置，否则无法收发邮件，而使用浏览器则无需任何设置。

5. 能否将一封邮件同时发给多人

可以。在发送电子邮件时，可以同时向多人发送，只要在邮件地址之间用分号(半角的分号)隔开。还可以“抄送”或“暗送”的方式给别人发邮件。

“抄送”或“暗送”的区别是：如果你给张三发送一个邮件的同时，抄送一份给李四，那么张三能够知道，除了他自己收到这封邮件之外，李四也收到这封邮件。而如果是暗送，则张三不知道李四也收到了这封邮件。

2.4　课后练习

(1) 到网易(http://www.163.com)申请注册一个免费的电子邮箱。

(2) 使用 IE 浏览器登录上述申请的网易邮箱，发一封电子邮件到雅虎邮箱，然后登录雅虎邮箱，接收从网易邮件服务器发出的那封电子邮件。

(3) 使用 Outlook Express 接收雅虎邮箱中电子邮件。

(4) 练习学生之间相互发送电子邮件，并尝试在邮件中添加附件。

任务 3　Internet 网络连接与配置

本任务介绍与上网相关的一些操作，包括网卡驱动的安装、宽带拨号的建立、网络参数的设置等内容。

3.1　案 例 分 析

3.1.1　提出任务

随着互联网的发展，大量的局域网和个人计算机用户需要接入因特网。接入方式有多种，但无论哪种方式，都会涉及诸如网卡安装、网络配置等方面的一些问题，以及日常使用过程中遇到的一些与上网相关的困难与故障。要解决这些问题，必须掌握必要的网络知识，提高实际动手能力。

3.1.2　解决方案

目前的宽带接入方式有：通过电信 ADSL 宽带拨号上网；通过广电的有线电视网实现宽带上网；通过电信、移动、联通的光纤实现宽带上网。

目前多数家庭用户仍然使用电信的 ADSL 宽带拨号上网方式，单位用户一般是先在单位内部利用交换机搭建一个局域网，交换机连接路由器，然后用路由器通过光纤连入 Internet。

3.1.3　相关知识点

1. 网卡

网卡即网络适配器，它是插在机箱内主板扩展槽上的一块卡，也称网络接口卡。

2. 网卡驱动程序

网卡是一种外部设备接口卡，也需要安装相应的驱动程序，否则网卡无法正常工作。

3. ADSL 拨号上网

它是一种通过普通电话线实现个人、家庭用户低成本宽带上网的技术(下载最快速率≤8Mbps)，需要一个名为 ADSL Modem 的硬件设备。

4. IP 地址

每台上网的计算机都需要指定一个 32bit 的二进制无符号整数，用于在因特网中标识这台计算机。

5. 子网掩码

子网掩码也是一个 32bit 的二进制无符号整数，用于从 IP 地址中分离出这台计算机所在子网的网络号。

6. 默认网关

当数据接收者不在当前网络中时，数据就被发送到一个默认的路由器，这个路由器就是默认网关，路由器的入口端 IP 地址就是你的网关 IP。

7. DNS 服务器

域名解析服务器，其作用是将网站域名解析成 IP 地址。

3.2 实 现 方 法

【案例 3-1】 安装网卡及相应的驱动程序。

操作步骤：

1) 安装网卡。在确认机箱电源在关闭的状态下，将网卡插入机箱的某个空闲的扩展槽中，然后把机箱盖合上，再把网线插入网卡的 RJ45 接口中。

2) 安装驱动程序。开机后，启动 Windows XP，系统自动检测到新增硬件网卡(图 3-1)，并根据网卡型号自动加载相应的驱动程序。若 Windows XP 系统中不包含此类网卡的驱动程序，可以选择“从磁盘安装”命令，从厂商提供的软盘或光盘上获得网卡的驱动程序。单击“浏览”按钮，选择包含网卡驱动程序的文件夹，然后单击“下一步”按钮，如图 3-2 所示。

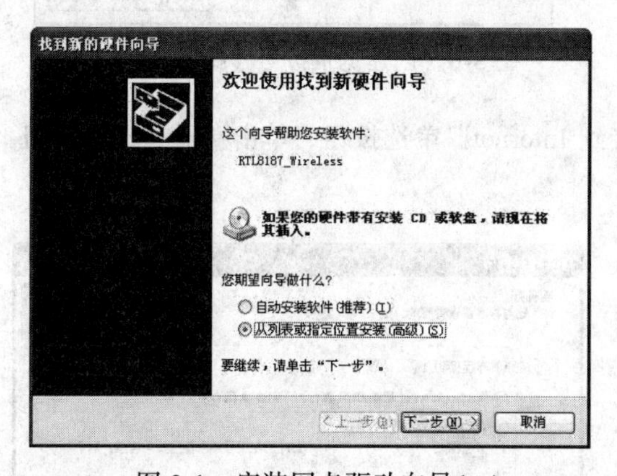

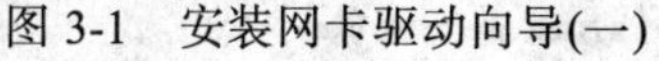
图 3-1　安装网卡驱动向导(一)

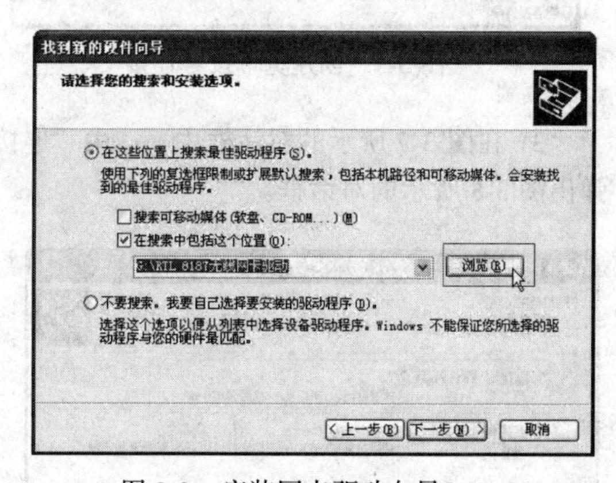

图 3-2　安装网卡驱动向导(二)

如果所选择的驱动程序正确无误，则弹出如图 3-3 所示的对话框。安装完成后，出现如图 3-4 所示的对话框，单击“完成”按钮即可。

【案例 3-2】 建立宽带拨号连接。

操作步骤：

1) 右击桌面上的“网上邻居”图标，在弹出的快捷菜单中选择“属性”命令，打开“网络连接”对话框，如图 3-5 所示。

2) 双击“网络连接”对话框中的“新建连接向导”图标，弹出图 3-6 所示的对话框。单击“下一步”按钮，弹出如图 3-7 所示的对话框。

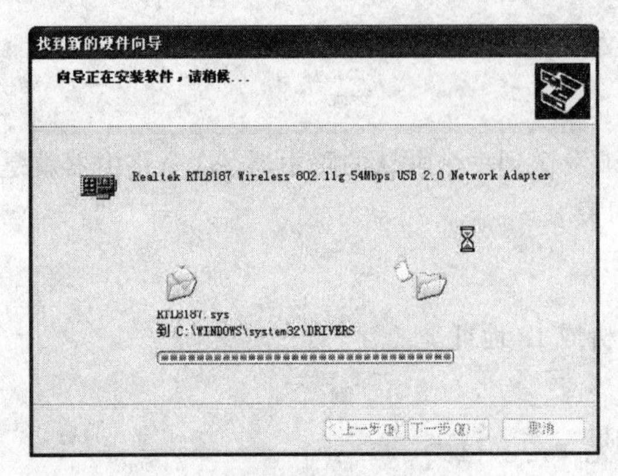

图 3-3　安装网卡驱动向导(三)

图 3-4　安装网卡驱动向导(四)

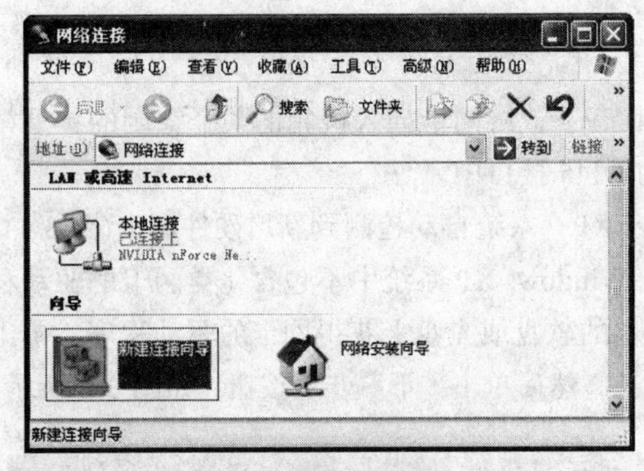

图 3-5　创建宽带拨号连接

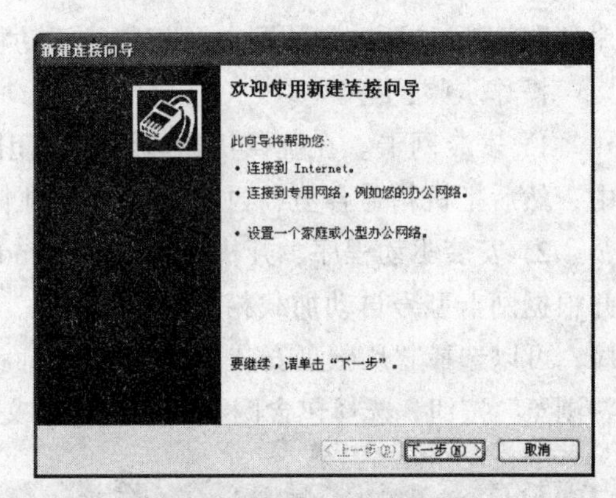

图 3-6　创建宽带拨号连接向导(一)

3) 在图 3-7 所示的对话框中，选中"连接到 Internet"单选按钮，单击"下一步"按钮，弹出图 3-8 所示的对话框。

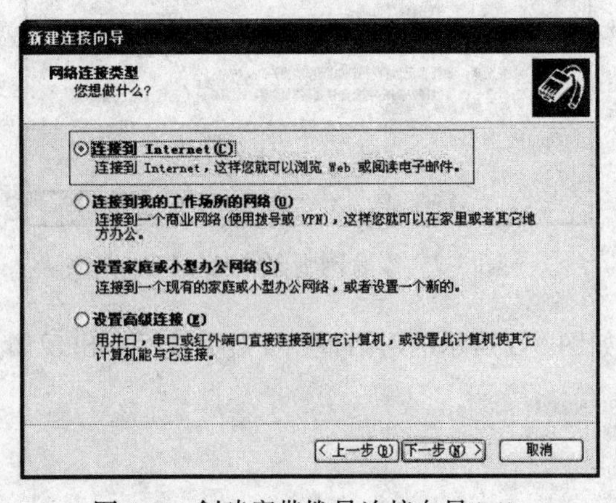

图 3-7　创建宽带拨号连接向导(二)

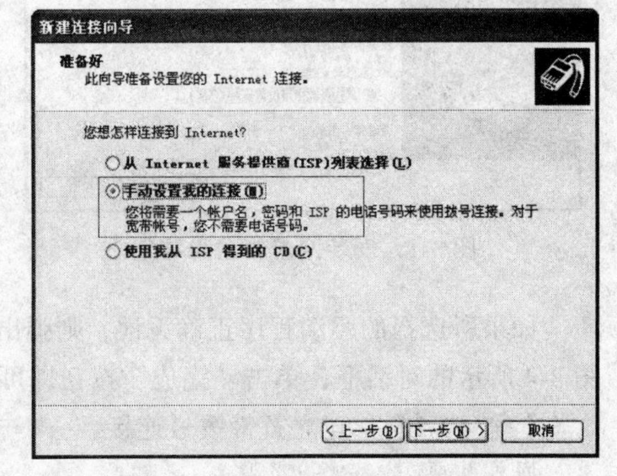

图 3-8　创建宽带拨号连接向导(三)

4) 在图 3-8 所示的对话框中，选中"手动设置我的连接"单选按钮，单击"下一步"按钮，弹出如图 3-9 所示的对话框。

5) 在图 3-9 所示的对话框中，选中"用要求用户名和密码的宽带连接来连接"单选按钮，单击“下一步”按钮，弹出如图 3-10 所示的对话框。

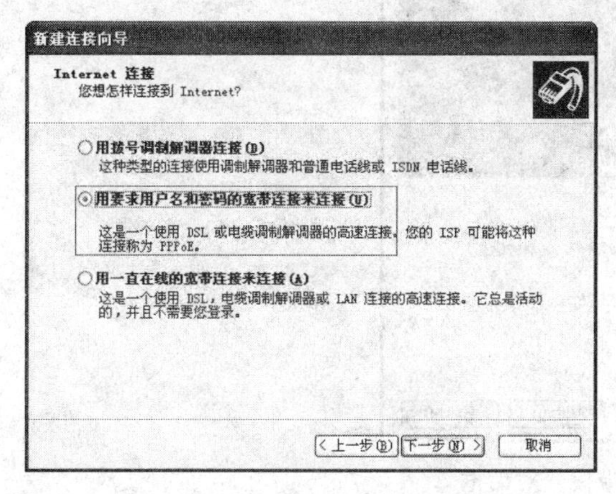

图 3-9　创建宽带拨号连接向导(四)

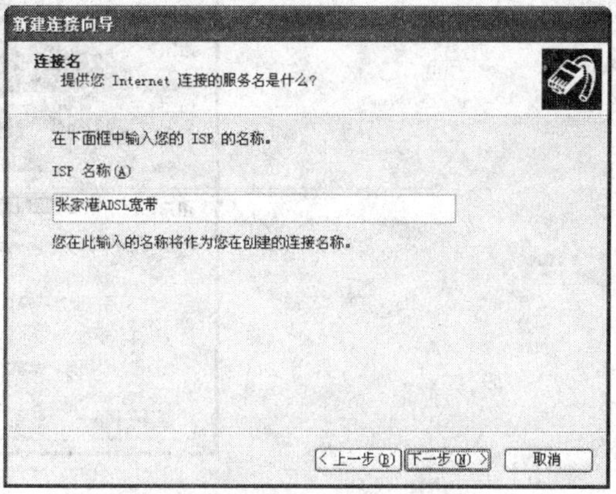

图 3-10　创建宽带拨号连接向导(五)

6) 在图 3-10 所示的对话框中的“ISP 名称”文本框中输入本地 Internet 服务提供商报名称(可以随便输入一个名称)，然后单击“下一步”按钮，弹出如图 3-11 所示的对话框。

7) 在图 3-11 所示的对话框中，输入用户名和密码(注：上述用户名和密码在你办理了 ADSL 业务后由当地电信局提供)，然后单击“下一步”按钮，弹出如图 3-12 所示的对话框。

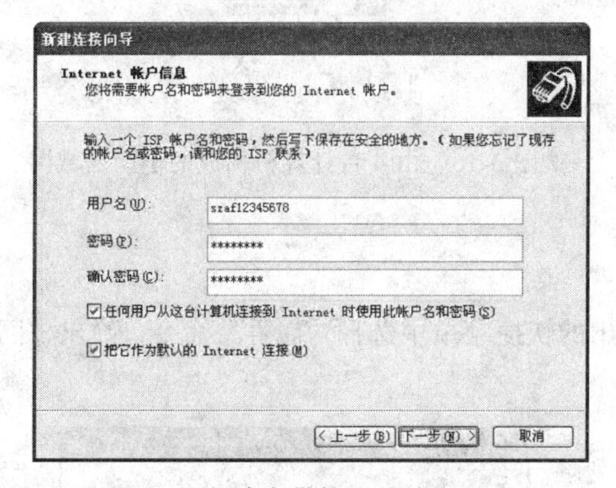

图 3-11　创建宽带拨号连接向导(六)

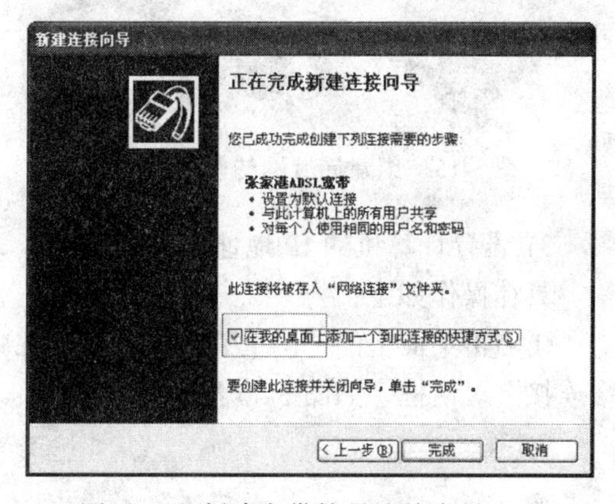

图 3-12　创建宽带拨号连接向导(七)

8) 在图 3-12 所示的对话框中，选中“在我的桌面上添加一个到此连接的快捷方式”复选框，然后单击“完成”按钮。

9) 查看 Windows 桌面，发现桌面上出现了一个“张家港 ADSL 宽带”的快捷方式图标(图 3-13)，双击该图标，打开如图 3-14 所示的拨号连接对话框。

图 3-13　桌面上的宽带拨号连接快捷方式

10) 在图 3-14 所示的对话框中，不用再输入用户名与密码，直接单击“连接”按钮，正常情况下只要几秒钟即可拨通，拨通之后，打开 IE 浏览器即可上网。

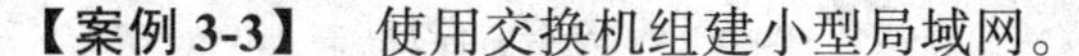

【案例 3-3】　使用交换机组建小型局域网。

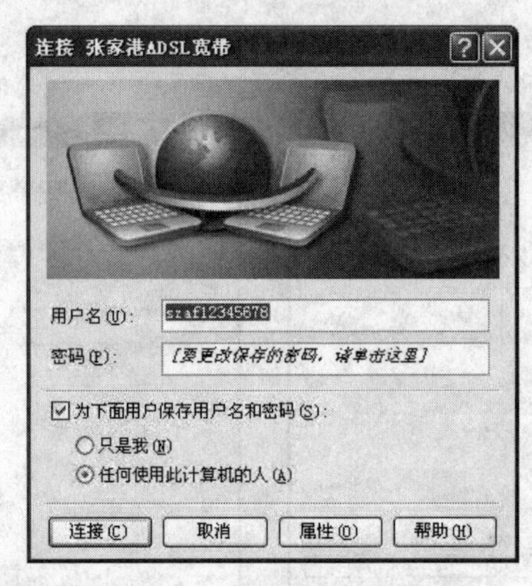

图 3-14　宽带拨号对话框

操作步骤：

1) 硬件准备：局域网交换机、网线，如图 3-15 所示。

2) 将网线的水晶头两端分别连接交换机与网卡，并插上交换机直流稳压电源，如图 3-16 所示。

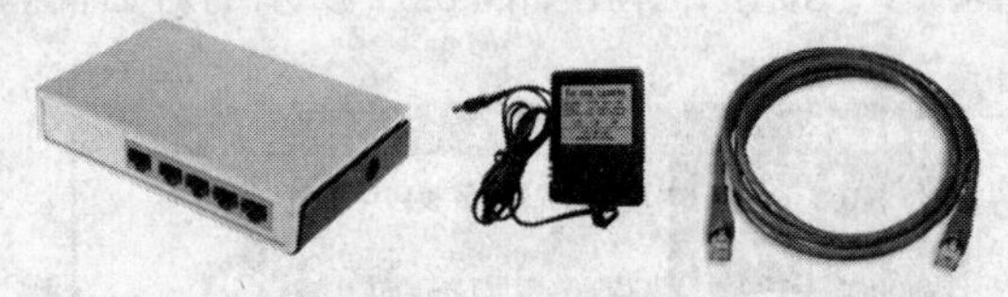

图 3-15　组建局域网的硬件设备

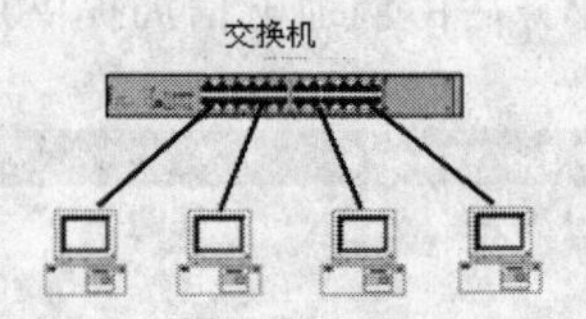

图 3-16　由 4 台计算机构成的小型局域网

3) 设置计算机的 IP 地址与子网掩码。

具体操作如下：

①右击桌面上的“网上邻居”图标，在弹出的快捷菜单中选择“属性”命令，弹出“网络连接”对话框，如图 3-17 所示。

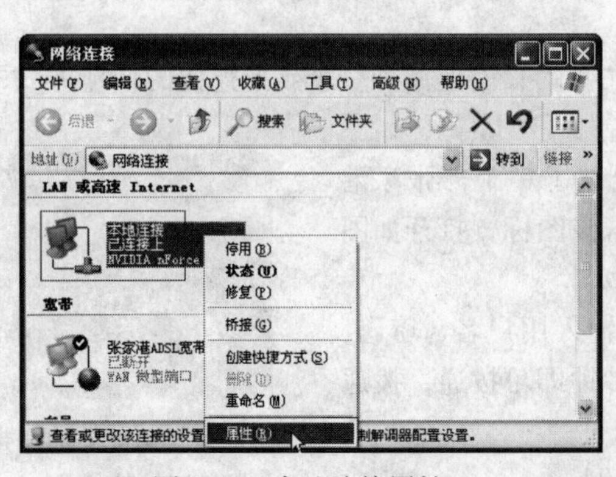

图 3-17　本地连接属性

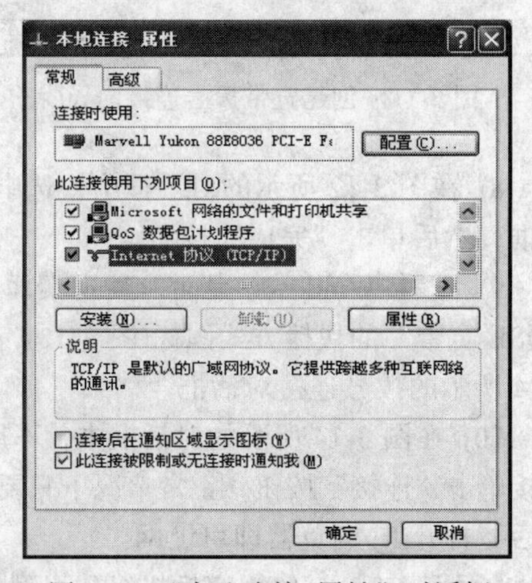

图 3-18　“本地连接 属性”对话框

②右击“本地连接”图标，在弹出的快捷菜单中选择“属性”命令，弹出如图 3-18 所示的对话框。

③在图 3-18 所示的“此连接使用下列项目”列表框中，双击 Internet 协议(TCP/IP)，弹出 TCP/IP 属性设置对话框，如图 3-19 所示。

④在图 3-19 所示的对话框中，设置 IP 地址为 192.168.1.1，子网掩码均为 255.255.255.0，然后单击“确定”按钮。

至此，局域网组建基本完成。

假定这是一个由 4 台计算机构成的局域网，分别将这 4 台计算机的 IP 地址指定为 192.168.1.1~192.168.1.4，子网掩码均为 255.255.255.0。

【案例 3-4】　局域网文件共享。

局域网组建好之后，其中任意两台计算机之间就可以进行数据共享或通信。

操作步骤：

1) 打开“资源管理器”窗口，右击要共享的文件夹，在弹出的快捷菜单中选择“共享和安全”命令，弹出文件夹属性对话框，如图 3-20 所示。

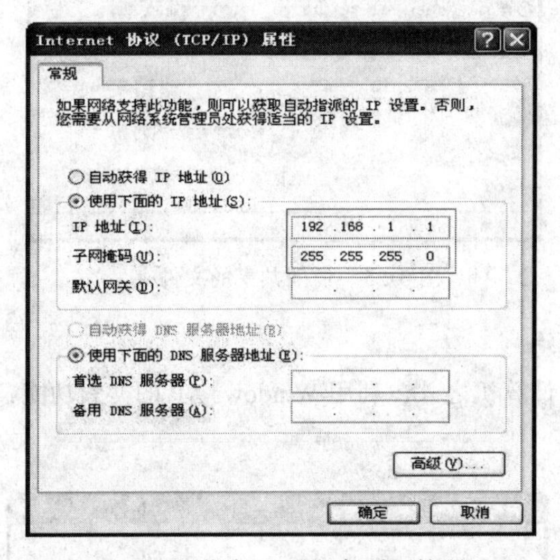

图 3-19　指定 IP 地址与子网掩码

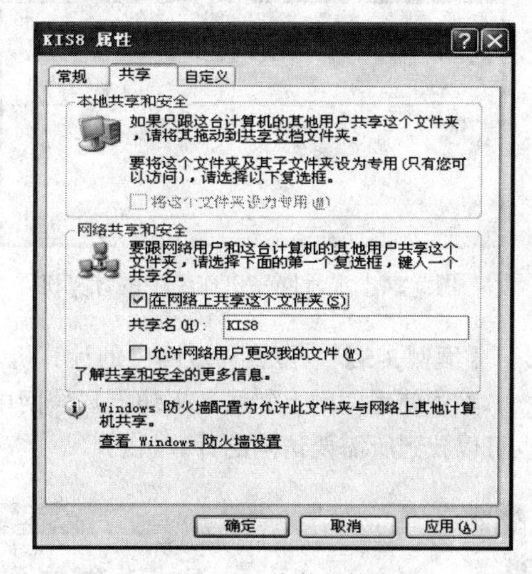

图 3-20　共享文件夹

2) 在图 3-20 所示的对话框中，选择“共享”选项卡，选中“在网络上共享这个文件夹”复选框。如果允许网络上的其他用户修改文件夹中的文件，则选中“允许网络用户更改我的文件”复选框，然后单击“确定”按钮。

文件夹被共享后，文件夹上出现一个手形的标志，说明此文件夹已被共享，如图 3-21 所示。

KIS8

图 3-21　已设置为共享的文件夹

3) 从其他计算机访问上述共享文件夹。

①双击桌面上的“网上邻居”图标，打开“网上邻居”窗口，

如图 3-22 所示。

②双击“整个网络”图标，在弹出的窗口中双击“Microsoft Windows Network”链接，可以显示出本局域网内的所有工作组，如图 3-23 所示。

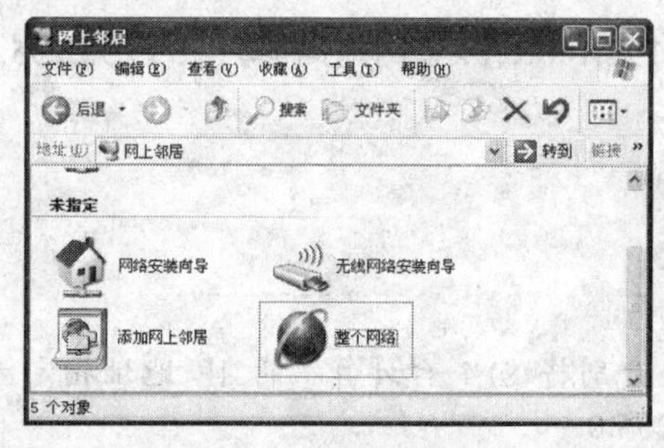

图 3-22 “网上邻居”窗口

图 3-23 显示局域网中的计算机

③双击需要打开的工作组图标“Mshome”，显示出本工作组下的所有计算机，如图 3-24 所示。

④单击要查看的计算机图标，可以查看到该计算机中所共享的数据资源，如图 3-25 所示。

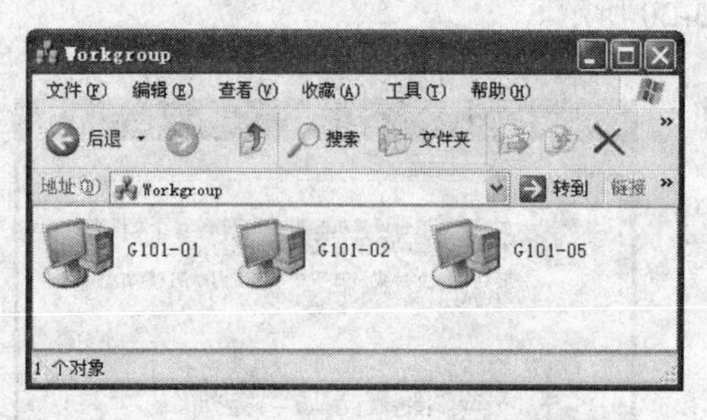

图 3-24 显示同一工作组中的计算机

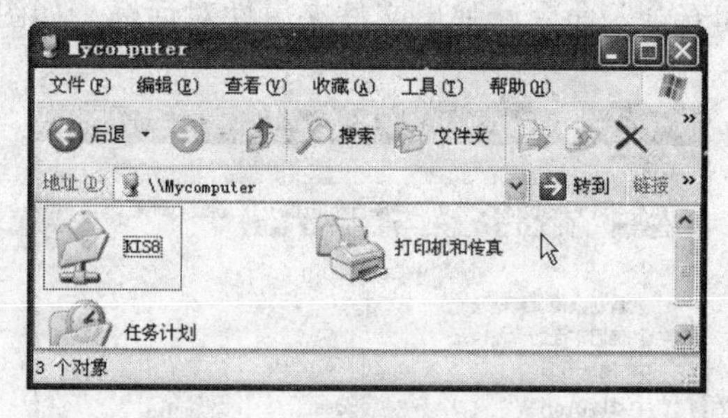

图 3-25 访问共享的文件夹

【案例 3-5】 搜索局域网中的计算机。

除了使用“网上邻居”来访问局域网中的计算机之外，利用 Windows XP 的搜索功能，也可以找到所需要访问的计算机。

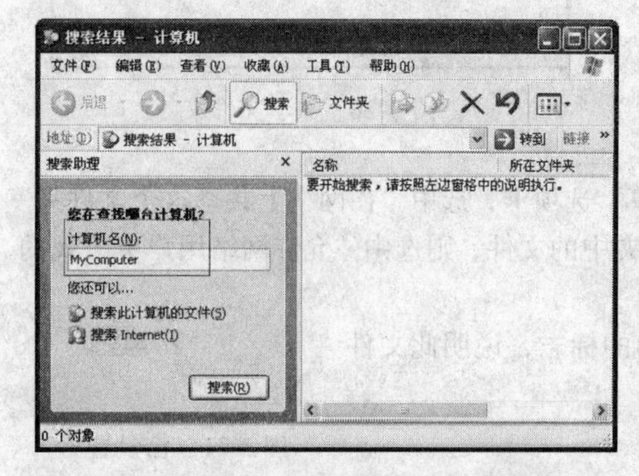

图 3-26 搜索局域网内指定的计算机

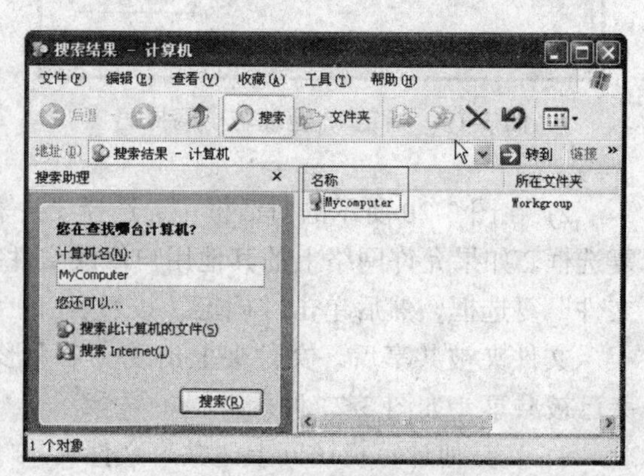

图 3-27 搜索结果

操作步骤：

1) 在桌面右击“网上邻居”图标，在弹出的快捷菜单中选择“搜索计算机”命令，弹出“搜索结果”窗口。

2) 在“您在查找哪台计算机？”下面的文本框中输入要搜索的计算机名称(图 3-26)，单击“搜索”按钮，系统开始搜索。在右窗格中，显示出搜索出来的计算机，如图 3-27 所示。

3) 双击上述搜索到的计算机图标，即可看到这台计算机中所有共享的资源。

3.3 案例总结

1. 关于通过 ADSL 拨号上网

对于通过 ADSL 来实现宽带上网的用户，无需安装 ADSL Modem 的驱动程序，也无需指定 IP 地址与子网掩码，由电信局一端的服务器随机为你的计算机分配一个 IP 地址，这个 IP 地址不是固定的，一旦断开连接，重新拨号连上后，就会重新分配一个 IP 地址。

DNS 服务器的 IP 地址，通常设置为当地一个域名服务器的 IP。例如：苏州地区可指定 DNS 的 IP 地址为 61.177.7.1。

2. 增加路由器，连入 Internet

案例 3-3 的网络配置，只能保证 4 台计算机之间实现数据共享或通信，而无法连入 Internet。要想连入 Internet，需要路由器，同时必须给每台计算机指定网关 IP。而网关 IP 是在路由器上，所以还需要一个路由器，才可与外网相连。

3. 无线宽带路由的配置

路由器不同于交换机，它必须由用户进行一系列的设置后才可使用。尽管家用小型宽带路由(有线路由、无线路由)的使用已十分普遍，但限于实验条件的限制，无法在学校机房内进行此实验，故本书没有加入这部分内容。

3.4 课后练习

(1) 使用 IPConfig 命令查看计算机的 IP 地址及网卡的 MAC 地址。

(2) 使用 Ping 命令测试两台计算机之间的网络是否连通。

(3) 查看本机的 TCP/IP 设置，如果设置了网关 IP，则将其去掉，确定后观察能否上网。

(4) 查看本机的 TCP/IP 设置，如果设置了 DNS，则将其去掉，确定后观察能否上网。

(5) 设置共享文件夹并访问工作组其他计算机的共享资源。

任务4　Windows XP 文件管理操作

本任务介绍 Windows XP 的文件操作、“我的电脑”和“资源管理器”的使用、文件的各种显示方式、文件的属性、如何查找文件等。

4.1　案 例 分 析

4.1.1　提出任务

对用户而言，文件管理是 Windows 操作系统最基本也是最常用的功能，充分理解 Windows 的文件管理方式，熟练掌握文件、文件夹的各种操作，是衡量用户计算机操作水平高低的一个重要标志。

4.1.2　解决方案

用户通过 Windows XP 资源管理器，可以轻松地完成各类文件、文件夹的操作，包括：文件或文件夹的复制、移动、创建、删除，文件属性的设置，文件的查找等。

4.1.3　相关知识点

1. 硬盘分区

由于硬盘容量很大(几百吉字节以上)，所以通常都要将它分成几个“区”来使用。每个硬盘分区称为逻辑盘或逻辑驱动器，为了区分这些分区，每个分区都分配一个从“C”~“Z”的字母，后面再跟一个冒号，称为盘符，如 C:、D:、E:、F: 等(盘符 A: 和 B: 用于软盘)。

2. 树形结构目录

Windows 操作系统使用树形结构方式来组织文件和文件夹。每个硬盘分区在格式化后生成一个名为“根”的文件夹(用反斜杠“\”表示)，在根文件夹中，用户可以建立子文件夹，子文件夹中又可建立下一级子文件夹……而文件既可存放在根文件夹，也可存放在子文件夹中。

3. 路径

由于硬盘分成了若干个区，每个分区又都采用了树形结构的方式来管理文件和文件夹，所以要指定一个文件(或文件夹)，必须同时指定盘符和路径。

4. 文件、文件夹的属性

文件和文件夹都有名字、创建日期时间等属性；文件还有大小(字节数)、文件类型等属性。除此之外，还有两个重要的属性：“只读”与“隐藏”。无论是文件还是文件夹，都可以设置为只读与隐藏。

5. 快捷方式

快捷方式在 Windows 中无处不在，它是指向某一目标的一个小文件，常以一个带小箭头的图标来表示。这个“目标”可以是一个程序、也可以是一个文档甚至是一个硬件设备。

6. 程序与文档

电脑的硬盘、光盘、U 盘等各种外部存储设备中所存储的各种文件，可分为两类，一类是程序，另一类是文档。前者可运行，在 Windows 中以文件后缀.exe 表示；后者不可运行，文件后缀花样繁多，常见的有.txt、.doc、.xls、.ppt、.html、.jpg、.pdf 等

4.2 实 现 方 法

【案例 4-1】 通过“我的电脑”或“资源管理器”进行文件查看、查找、属性设置等操作。

操作步骤：

1) 右击桌面上的“我的电脑”图标，在弹出的快捷键菜中选择“管理”命令，弹出“计算机管理”对话框，在此对话框的左边树形列表中单击“磁盘管理”图标，可以看到如图 4-1 所示的窗口。

从这个窗口可以看到，这台电脑上有两个外部存储设备：一个硬盘和一个 U 盘。硬盘被分成了 5 个区，分别是 C:、D:、E:、F:、G:。

2) 双击桌面上“我的电脑”图标，弹出如图 4-2 所示的窗口。在主菜单中选择“查看”→“浏览器栏”命令，再分别选择后面的“搜索”、“收藏夹”、“历史记录”和“文件夹”命令，观察窗口的变化。

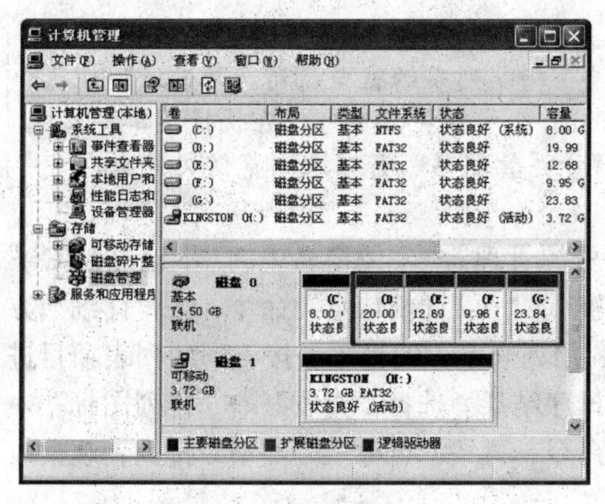

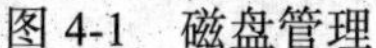
图 4-1　磁盘管理

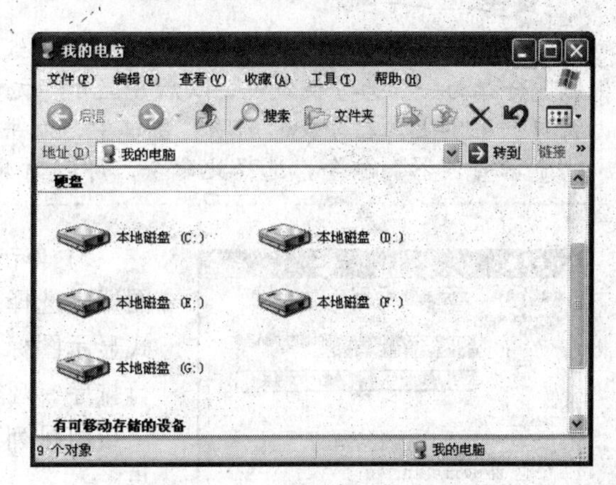

图 4-2　“我的电脑”窗口

3) 双击本地磁盘(C:)图标，查看该分区中的文件夹和文件，并注意查看地址栏中的地址，此时地址为“C:\”，表示当前显示的是 C 盘的根文件夹中的内容，如图 4-3 所示(注：盘符后面的反斜杠总是表示“根文件夹”)。

通过“查看”菜单或工具栏上的“查看”按钮，以“大图标”、“小图标”、“列表”和“详细资料”的方式查看文件夹中的内容。

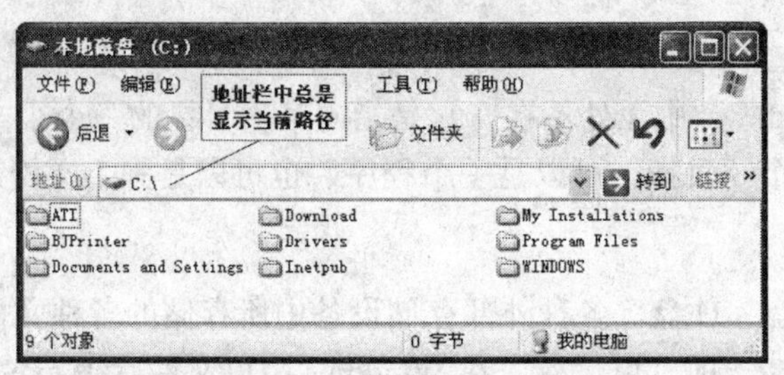

图 4-3　C:盘上的根文件夹

4) 右击桌面左下角的“开始”按钮，在弹出的快捷菜单(图 4-4)中选择“资源管理器”命令，打开“资源管理器”窗口，如图 4-5 所示。“资源管理器”窗口分为左右两部分：左侧窗格显示文件夹树，右侧窗格显示当前所打开文件夹中的文件和子文件夹。

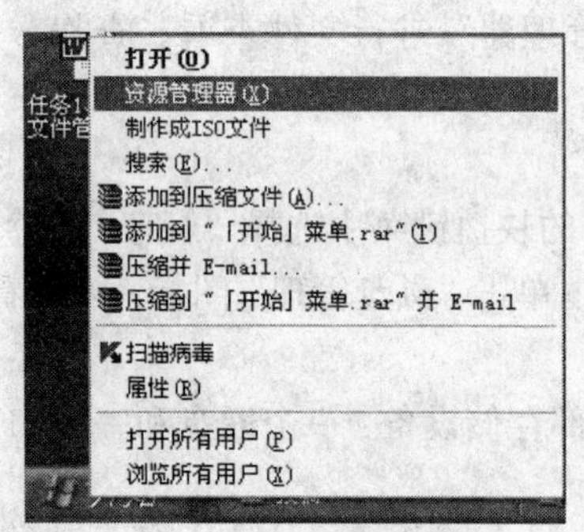

图 4-4　打开资源管理器

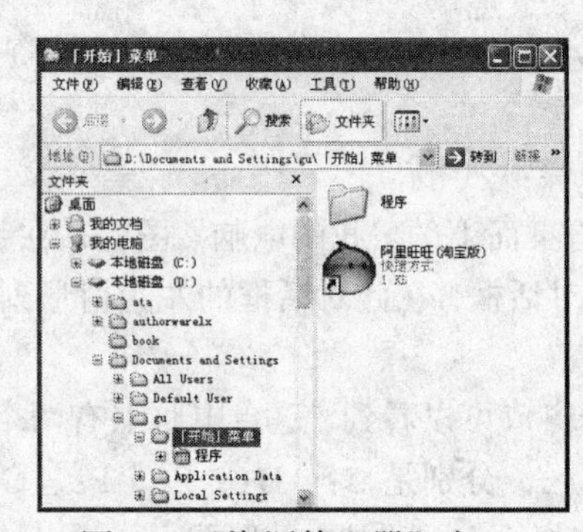

图 4-5　“资源管理器”窗口

提　示

资源管理器是由 Windows 早期版本延续下来的名称，现在其功能已逐步与“我的电脑”合二为一。为方便统一，以后凡显示“文件夹”树状列表的窗口都称为“资源管理器”窗口。事实上，在“我的电脑”窗口中，右击任何一个文件夹，都可以在快捷菜单中看到“资源管理器”命令，选择此命令，即可打开“资源管理器”窗口来浏览该文件夹。

5) 单击“资源管理器”左侧窗格中的“本地磁盘(C:)”图标，选择“查看”→“详细信息”命令，按“详细”方式显示图标，利用列表上方的排序条按不同的列表项目进行排序，观察排序结果。选择“查看”→“排列图标”→“按组排列”命令，再按“名称”、“类型”排列，观察效果。

6) 选择“资源管理器”主菜单中的“工具”→“文件夹选项”命令，弹出“文件夹选项”对话框(图 4-6)，选择“查看”选项卡，选中“显示所有文件和文件夹”复选框，显示所有文件和文件夹。取消“隐藏受保护的操作系统文件(推荐)”复选框中的“√”，显示所有隐藏的系统文件，最后单击“确定”按钮，查看文件的图标变化。

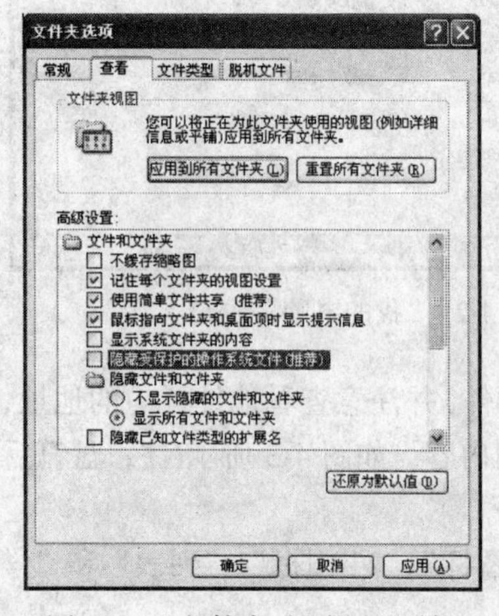

图 4-6　“文件夹选项”对话框

7) 查找 calc.exe 文件。单击工具栏上的“搜索”按钮，弹出搜索窗口，如图 4-7 所示，通过这个“搜索结果”窗口，可进行查找操作，单击“所有文件和文件夹”选项，弹出如图 4-8 所示的搜索窗口，在“全部或部分文件名”文本框中输入“calc.exe”，单击“搜索”按钮即可。

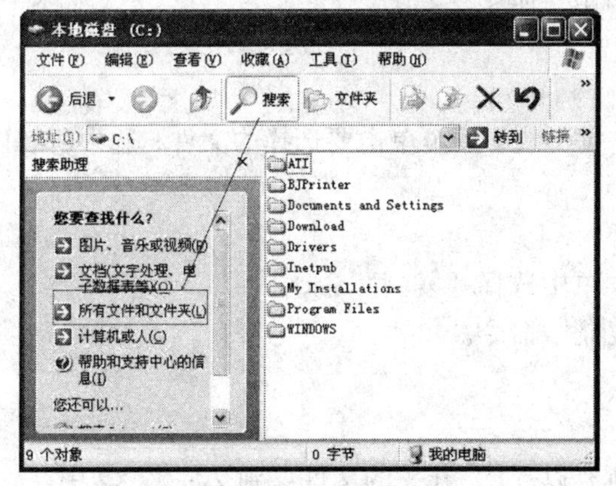

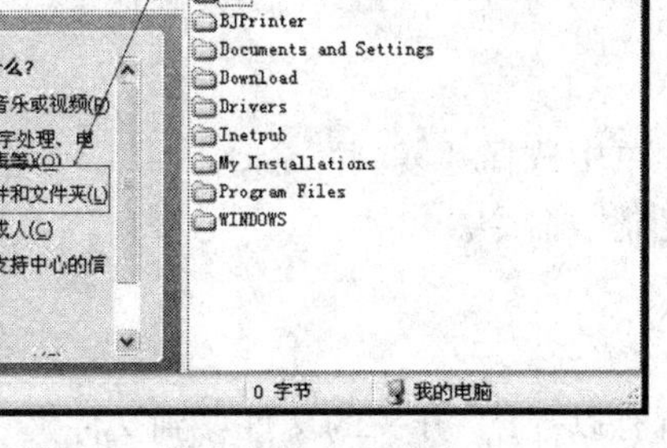

图 4-7 搜索文件和文件夹　　图 4-8 搜索文件 calc.exe

【案例 4-2】 通过“我的电脑”或“资源管理器”进行文件和文件夹管理的基本操作。

在本书配套的素材中有一个名为“任务 4”文件夹，文件夹的结构如图 4-9 所示。

利用“我的电脑”或“资源管理器”，将其复制到 D 盘根目录下进行下列操作。

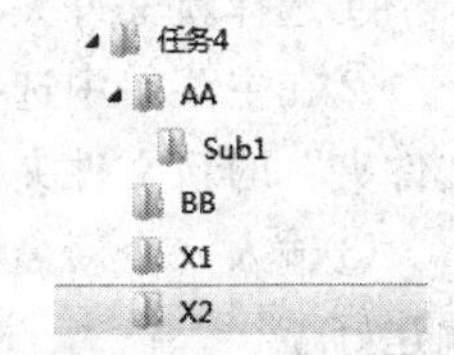

图 4-9 文件夹结构

1) 将“任务 4”文件夹中所有以“M”开头的文件移到文件夹 X1 中。

2) 将“任务 4”文件夹中所有以“F”开头的文件复制到文件夹 X2 中。

3) 在“任务 4”文件夹中建立一个以 X3 为名的子文件夹。

4) 将文件夹 BB 中的文件 Chinatip.txt 文件改名为 BBB.TXT。

5) 在 X3 子文件夹中建立一个启动“计算器”的快捷方式，快捷方式的名称为“计算器”。

6) 删除 BB 文件夹中所有扩展名为“.DLL”的文件。

7) 显示所有文件的扩展名。

8) 将 AAA.TXT 文件的设置为隐藏文件。

9) 在 SUB1 文件夹中建一个文件名为“README.TXT”的文本文件，内容如下：Office 2003——我的好帮手！

操作步骤：

1) 文件、文件夹和快捷方式的移动。

①选择要移动的文件或文件夹，按住 Ctrl 键不放，逐个单击要选择的文件，选中所有以“M”开头的文件。

②将文档(对象)剪切到 Windows XP 的剪贴板上。

方法一：单击鼠标右键，在弹出的快捷菜单中选择“剪切”命令。

方法二：在主菜单中，选择“编辑”→“剪切”命令。

方法三：按 Ctrl + X 键。

③选中新的位置存放 X1 文件夹。

④在新的存放位置，粘贴文档，这样，所有以“M”开头的文件移到文件夹“X1”中。

方法一：单击鼠标右键，在弹出的快捷菜单中选择“粘贴”命令。

方法二：在主菜单中选择“编辑”→“粘贴”命令。

方法三：按 Ctrl + V 键。

2) 文件、文件夹和快捷方式的复制。

①选择要移动的文件或文件夹，按住 Ctrl 键不放，逐个单击要选择的文件，选中所有以“F”开头的文件。

②将文档(对象)剪切到 Windows XP 的剪贴板上。

方法一：单击鼠标右键，在弹出的快捷菜单中选择“复制”命令。

方法二：在主菜单中选择“编辑”→“复制”命令。

方法三：按 Ctrl + C 键。

③选中新的存放位置 X2 文件夹。

④在新的存放位置，粘贴文档，这样，所有以“F”开头的文件移到文件夹 X2 中。

方法一：单击鼠标右键，在弹出的快捷菜单中，选择“粘贴”命令。

方法二：在主菜单中选择“编辑”→“粘贴”命令。

方法三：按 Ctrl + V 键。

3) 创建文件夹。

①选择新文件夹存放的位置，即在“资源管理器”左侧窗格单击“任务 4”文件夹。

②在主菜单中选择“文件”→“新建”→“文件夹”命令，此时会出现一个名为“新建文件夹”的新文件夹。

③输入一个新名称为“X3”，然后按回车键或单击该方框外的任一位置，则新文件夹 X5 就建好了。

4) 重命名文件、文件夹和快捷方式。

选中 Chinatip.txt 文件，单击鼠标右键，在弹出的快捷菜单中选择“重命名”命令，此时文件名“Chinatip.txt”呈反白显示。键入新文件名“BBB.txt”，按回车键即可。

5) 创建快捷方式。

①选择要创建快捷方式的文件或文件夹，选中 C:\WINDOWS\system32\calc.exe 文件。

②单击鼠标右键，在弹出的快捷菜单中选择“创建快捷方式”命令。

③重命名快捷方式，将刚创建的快捷方式“快捷方式 到 calc.exe”改为“计算器”。

④快捷方式的移动，将快捷方式“计算器” 移到 X3 文件夹中。

6) 删除文件、文件夹和快捷方式。

选中 BB 文件夹中所有扩展名为“.DLL”的文件，单击鼠标右键，在弹出的快捷菜单中选择“删除”命令或按 Del 键，弹出确认删除对话框。在“删除”对话框中单击“是”按钮或按回车键，表示执行删除；单击“否”按钮或按 Esc 键，表示取消删除。

7) 文件、文件夹和快捷方式属性的修改。

在 Windows XP 中，文件、文件夹和快捷方式属性通常有“只读”、“隐藏”和“存档”，用户可在“资源管理器”或“我的电脑”中修改其属性。

将 BB 文件夹中的 BBB.TXT 文件的设置为隐藏文件，步骤如下：

①选择要改名的对象，即 BB 文件夹中的 BBB.TXT 文件。

②单击鼠标右键，在弹出的快捷菜单中选择“属性”命令；或在主菜单中选择“文件”→“属性”命令，此时，弹出该对象的属性对话框。

③选中“隐藏”复选框。

8) 显示所有文件的扩展名，步骤如下：

在主菜单中选择“工具”→“文件夹选项”命令，在弹出的“文件夹选项”对话框中单击“查看”按钮，取消“隐藏文件类型的扩展名”复选框的“√”，即可显示所有文件的扩展名。

9) 在 SUB1 文件夹中建一个文件名为“README.txt”的文本文件，步骤如下：

①选择文件夹 SUB1。

②在主菜单中选择“文件”→“新建”→“文件文档”命令，此时在窗口中出现一个名为“新建文本文档.txt”的新文档。

③输入一个新名称“README.txt”，然后按回车键或单击该方框外的任一位置，则新文本文档 README.txt 就建好了。

④双击 README.txt 文件，系统自动运行记事本 Notepad.exe，同时打开该文档，在光标位置输入文档内容：“Office 2003——我的好帮手！”。

⑤在主菜单中选择“文件”→“保存”命令，将文档存盘。

⑥单击“关闭”按钮或选择“文件”→“退出”命令，退出记事本。

4.3 案例总结

1. Windows 中几个特殊的文件夹

默认情况下，“桌面”、“我的文档”都是 C 盘上的文件夹，具体路径分别是：

C:\Documents and Settings\Administrator\桌面

C:\Documents and Settings\Administrator\My Documents

所以，喜欢把文件存放在“桌面”或“我的文档”中的用户，如果对 C 盘格式化并重装操作系统，则格式化前请将这些文件夹中的重要文件备份到其他地方。

另外，“回收站”也是硬盘上的一个文件夹(文件夹名称为 Recycled，具有隐藏属性)，每个分区都有一个 Recycled ，都是位于根目录中。

2. 文件查找

文件查找是常用的操作，熟练掌握之后可大大提高工作效率。

在查找时，可使用两个通配符*与？(星号与问号)，其中：

*：代表任意一串字符。

？：代表任意一个字符。

通配符可代替文件名中的一部分字符来进行模糊查找。

另外，也可在“文件中的一个字或词组”文本框中输入一些文字内容进行查找，也可以给定“日期”、“大小”等搜索选项进行查找。

3. 完成任务的方法

Windows XP 中，完成同一个任务，往往可以有多种方法：可以用快捷键，也可以用鼠标操作；可以用窗口主菜单命令，也可以用右键菜单中的命令。

4. 操作系统相关文件的存放位置

默认情况下，Windows XP 操作系统都是安装在 C 盘，操作系统相关的文件绝大部分都在 C:\Windows 中，少数在 C:\中，不要轻易删除这两个地方的文件与子文件夹，否则会造成系统无法启动。

4.4 课后练习

(1) 文件的复制有哪几种方法？其中哪一种方法最方便？

(2) 删除、移动和复制文件三者的异同点是什么？

(3) 如何查看隐藏文件和文件夹？

(4) 如何用键盘加鼠标拖动的方式来进行文件(或文件夹)的复制、删除、移动等操作？

(5) 如何使用通配符进行文件查找？

(6) 创建快捷方式有哪几种方法？

任务5　Word 基本应用——制作求职简历

本任务以制作大学生求职简历为例，分析制作求职简历的基本步骤，介绍使用 Word 制作求职简历的基本方法，其中包括 Word 文档的建立和保存、Word 文档中简单的文字录入、页面设置、段落格式设置、剪贴画的插入、表格的创建和修改、Word 文档的预览和打印。通过本任务的完成，主要掌握 Word 文档的建立、文档格式的设置以及表格的使用技巧。

5.1　案 例 分 析

5.1.1　提出任务

张平同学大学即将毕业，需要制作学生求职简历。谦虚认真的张平同学在网上浏览了许多大学生求职简历模板，决定自己的求职简历主要包括两大部分内容：一是大学生自荐书；二是大学生个人简历。

5.1.2　解决方案

张平同学通过需求分析得出，大学生自荐书采用简明扼要的图文混排形式，大学生个人简历采用简单直观的表格形式。图 5-1 所示为求职简历样张。使用 Word 软件的一些常用功

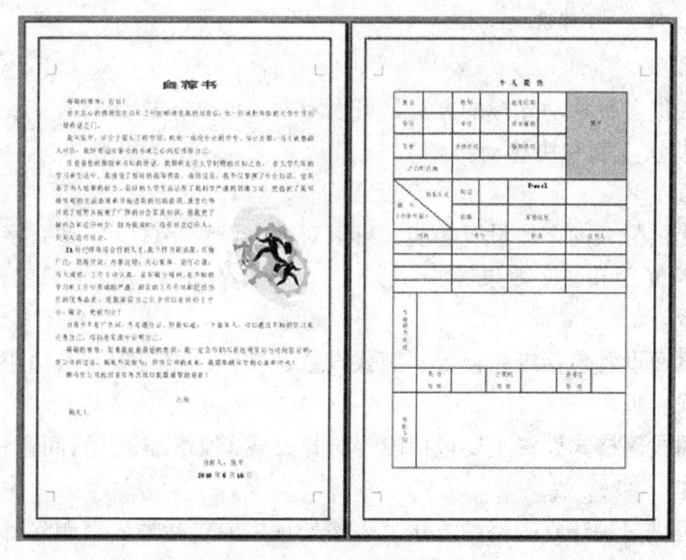
自荐书

个人简历

图 5-1　求职简历样张

能就可以完成大学生求职简历的制作。

5.1.3　相关知识点

1. Word 软件的了解

Word 是一款最常用的文字处理软件，历经近 20 年的发展，版本大致经历了从 Microsoft Word 1.1→Microsoft Word 2.0→Microsoft Word 5.0→Microsoft Word 6.0→Microsoft Word 95→Microsoft Word 97→Microsoft Word 98→Microsoft Word 2000→Microsoft Word 2001→Microsoft Word v.X→Microsoft Word 2003→Microsoft Word 2007，目前最新版本是 Word 2011。本实训教程使用 Microsoft Office 2003 版本。

2. Word 2003 界面

Word 2003 具备设置窗口主界面风格的功能，通过设置可以在软件窗口显示常用工具栏、格式工具栏和绘画工具等，使用户享有方便又快捷的操作界面，如图 5-2 所示。

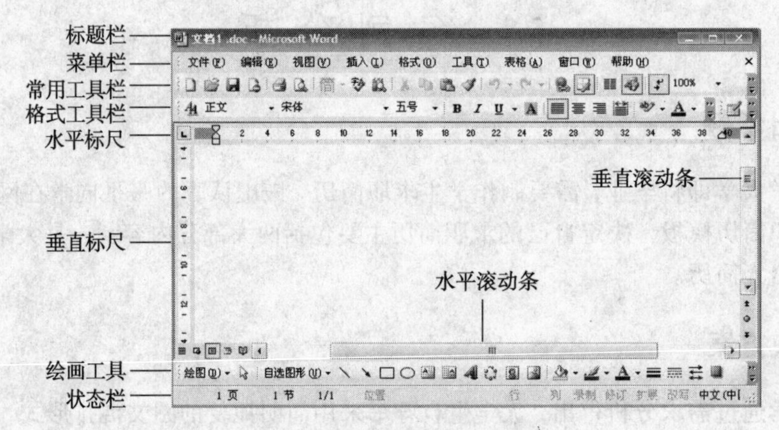

图 5-2　Word 2003 主界面

3. Word 2003 的常用功能

(1) 文字编辑

Word 2003 提供多种移动光标的方法，可以对输入的文本进行插入、改写和删除操作；还可以对文字进行块复制和块移动。

(2) 字体设置

Word 2003 提供强大的字体设置功能，可以对文字设置字体、字型、字号和颜色，还可以对文字设置字符间距和文字效果等。

(3) 页面设置

Word 2003 页面设置包括纸张设置、版式设置、文档网格设置和页边距设置等。

(4) 段落格式设置

Word 2003 的段落格式设置主要包括段落对齐方式、段落缩进、行间距和段间距等设置。

(5) 表格功能

Word 2003 提供多种建立表格的方法。表格处理主要包括插入、删除行或列，改变行的高度和列的宽度，单元格的拆分与合并，以及设置表格的边框和底纹，插入文字和图形等。

Word 2003 还有多种表格样式供用户自动套用。

(6) 插入画功能

Word 2003 文档中，可以插入软件自带的剪贴画，方便快捷地实现图文混排。

(7) 文档的保存

创建新文档后需及时保存。保存文档三要素：文件存放位置、文件名和保存类型。已有的 Word 文档在编辑修改过程中要随时存盘，关闭修改过的 Word 文档，系统会弹出“是否保存对文档的更改”的提示信息。

(8) 文档预览及打印

Word 2003 具备“所见即所得”的功能，文档编辑完成后，通过“打印预览”功能可以先显示出文档的打印效果。文档打印时可以采用相应的打印设置。

5.2 实现方法

5.2.1 “自荐书”的文本内容及段落格式

1. 文档的创建和保存

1) 启动 Word 2003 软件，自动新建空白“文档 1”。选择“视图”→“页面视图”命令，在页面视图状态继续以下的操作。

2) 文本的移动。打开“任务 5”文件夹中的“自荐书文字内容.txt”文本文档，按 Ctrl + A 键选择所有文字，按 Ctrl + C 键复制所选文字到剪贴板中，将光标定位到“文档 1”中，按 Ctrl + V 键将文字粘贴到“文档 1”中。关闭“自荐书文字内容.txt”窗口。

3) 在“文档 1”中，选择“文件”→“保存”命令，弹出“另存为”对话框，在该对话框中设置保存位置为“任务 5”，文件名输入“求职简历”，保存类型选择“Word 文档(*.doc)”，如图 5-3 所示。

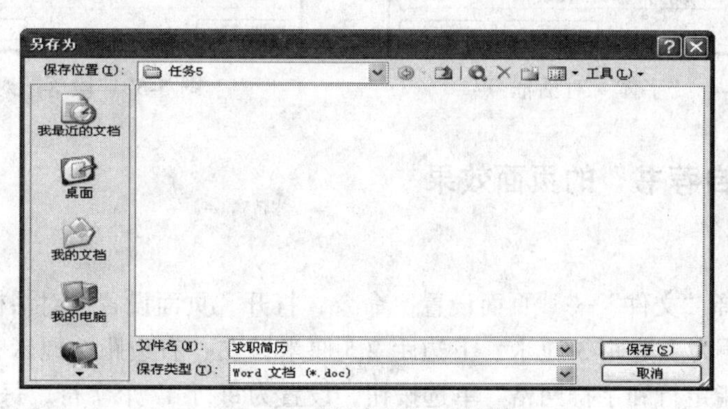

图 5-3 “另存为”对话框

2. 添加标题及标题格式设置

1) 在上述保存好的“求职简历”文档中，将光标定位在起始位置后按 Enter 键，在文档开始处输入标题行文字“自荐书”。

2) 选中标题文字“自荐书”，选择“格式”→“字体”命令，弹出“字体”对话框。在

“字体”选项卡中设置“中文字体”为黑体，“字体颜色”为蓝色，“字号”为二号，如图 5-4 所示。继续在“字符间距” 选项卡中设置“缩放”为“200%”，“间距”为“加宽”，“磅值”为 2 磅。

3) 保持标题文字处于选定状态，单击窗口主界面格式工具栏中的“居中”按钮，使标题文字居中显示。

3. 段落设置

拖动鼠标选中正文文字，设置字体为：宋体、小四。选择“格式”→“段落”命令，弹出“段落”设置对话框。

1) 设置左右缩进为 0.5 字符，在“特殊格式”选项组中选择“首行缩进”并且“度量值”中输入“0.5 字符”。

2) 将“段前”和“段后”保持为“0 行”，在“行距”下拉列表框中选择“多倍行距”并且在“设置值”文本框中输入“1.2”，如图 5-5 所示。

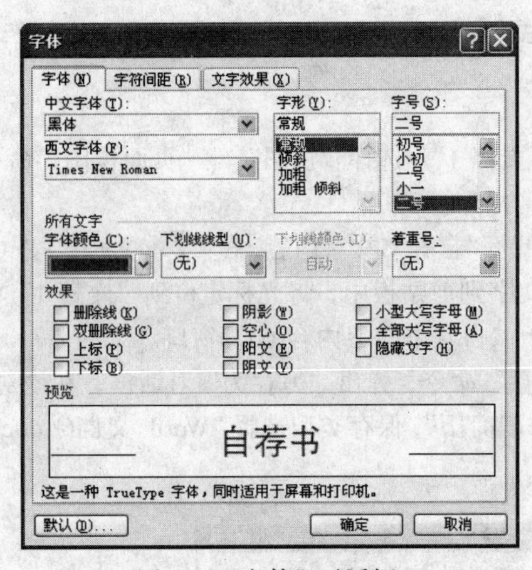

图 5-4 “字体”对话框

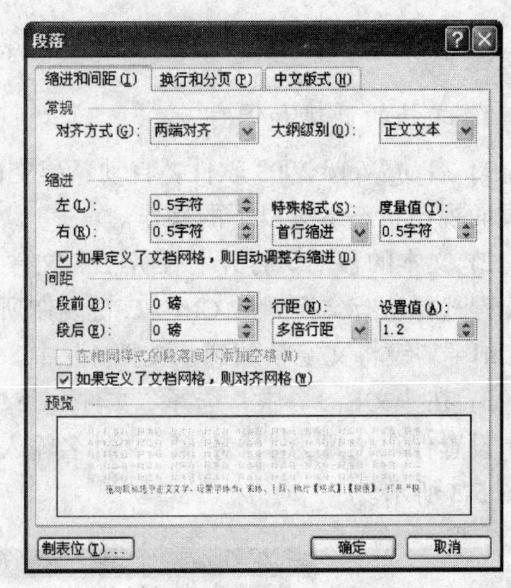

图 5-5 “段落”对话框

5.2.2 设置“自荐书”的页面效果

1. 页面设置

在文档中选择“文件”→“页面设置”命令，打开“页面设置”对话框。设置“纸张”为 A4 纸；页边距为上边距 3 厘米、下边距 2.5 厘米，左、右边距 2 厘米；在“文档网格”选项卡中选中“指定行和字符网格”单选按钮，设置为每行 42 个字符，每页 40 行。在“预览”选项组设置“应用于”为“整篇文档”，如图 5-6 所示。

2. 图文混排

将光标定位到文档第 4 段和第 5 段之间，选择“插入”→“图片”→“剪贴画”命令，在文档右边直接单击“搜索”按钮，系统就会自动搜索并显示剪贴画的可选内容，选择名为“businessmen”的剪贴画，剪贴画图片便插入到文档中。右击剪贴画，在弹出的快捷菜单中选择“设置图片格式”命令，弹出“设置图片格式”对话框，设置“版式”为“四周型”且“右对齐”，如图 5-7 所示。

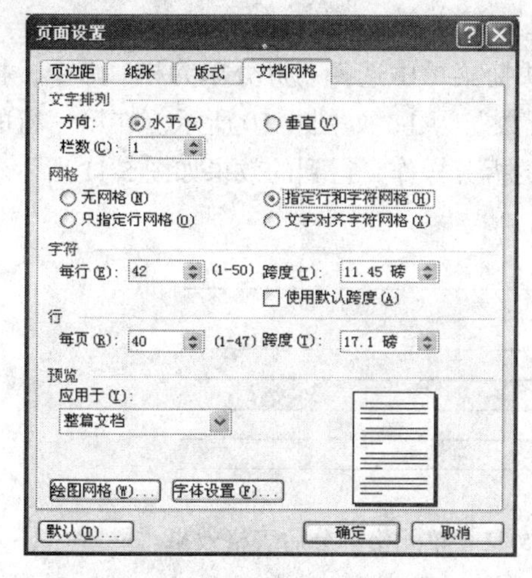

图 5-6　“页面设置”对话框

图 5-7　“设置图片格式”对话框

3. 页面边框设置

选择“格式”→“边框和底纹”命令，弹出“边框和底纹”对话框。在“页面边框”下选择“阴影”方框、“双波浪”、“蓝色”，应用于“整篇文档”，如图 5-8 所示。

5.2.3　制作“个人简历”表格

1. 插入表格

观察图 5-1 所示样张中的表格，分析出该表格主要有 4 列多行。选择“表格”→“插入”→“表格”命令，弹出“插入表格”对话框，在“插入表格”对话框中，设置“列数”为 4，“行数”为 6，如图 5-9 所示。单击“确定”按钮后文档中出现一个 4 列 6 行的表格。也可单击常用工具栏中的“插入表格”按钮完成表格的插入。

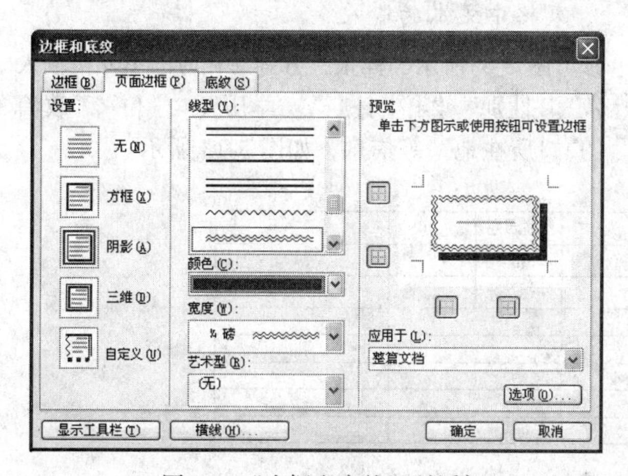

图 5-8　“边框和底纹”对话框

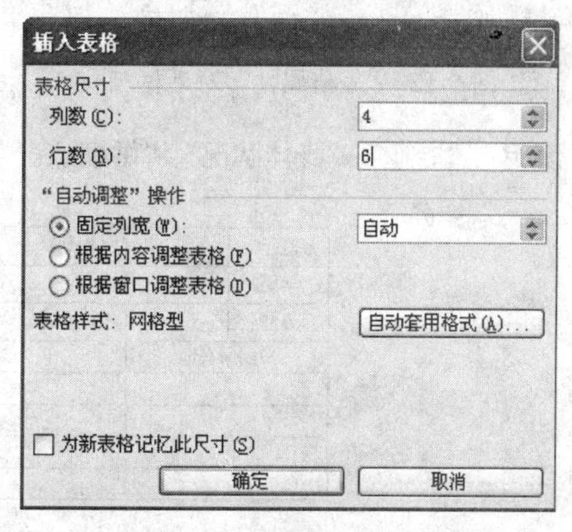

图 5-9　“插入表格”对话框

参考图 5-1 所示的求职简历样张，在表格上方输入“个人简历”文字，设置文字字体为宋体、四号、加粗、蓝色，字符间距为加宽 5 磅，并且居中显示。

2. 单元格拆分

将光标定位到第一个单元格后右击，在弹出的快捷菜单中选择“拆分单元格”命令，打开“拆分单元格”对话框，选择“列数”为 2，“行数”为 1，如图 5-10 所示。在第一行的“第二”和“第三”单元格，进行同第一单元格同样的拆分操作，得到的效果如图 5-11 所示。

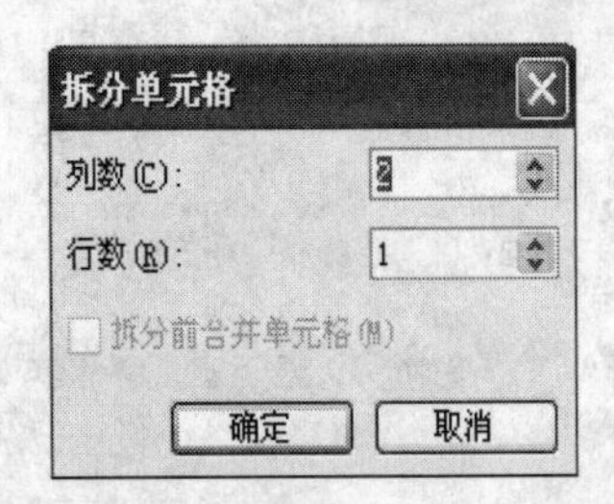

图 5-10 “拆分单元格”对话框

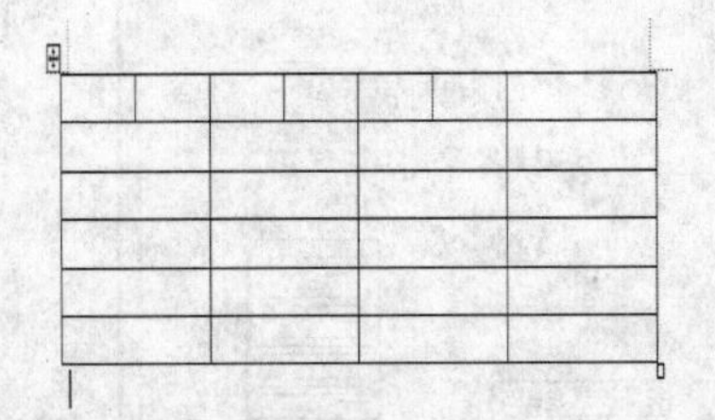

图 5-11 单元格拆分后表格效果

3. 表格中相同行与相同列的插入

选定表格第一行后右击，在弹出的快捷菜单中选择“插入行”命令，插入与第一行完全相同的两行(用类似的方法也可以插入相同的列)。

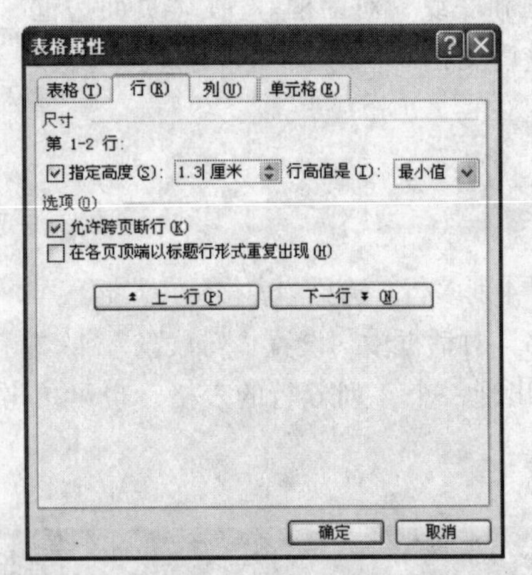

图 5-12 “表格属性”对话框

4. 表格中行高和列宽的设置

将光标定位在表格的任意单元格，选择“表格”→“选择”→“表格”命令，使表格处于全部选定状态，右击鼠标，在弹出的快捷菜单中选择“表格属性”命令，打开“表格属性”对话框，选择“行”选项卡，选中“指定高度”复选框并在右边的文本框中输入值“1.3 厘米”，如图 5-12 所示。单击“确定”按钮后表格的各行高都为 1.3 厘米。同样，可用类似的方法修改列宽。

5. 表格中文本的输入

参考图 5-1 所示的样张，分别在相应的单元格输入“姓名”、“性别”、“出生日期”、“学历”、“学位”、“政治面貌”、“专业”、“身体状况”、“婚姻状况”、“户口所在地”等信息，如图 5-13 所示。

姓名		性别		出生日期		
学历		学位		政治面貌		
专业		身体状况		婚姻状况		
户口所在地						

图 5-13 在表格中输入相应内容的效果

6. 单元格合并

拖动鼠标选定第一列前四个单元格，右击鼠标，在弹出的快捷菜单中选择“合并单元格”命令，合并后输入文字“照片”。

7. 表格中线段的手工擦除和绘制

在主菜单中选择“表格”→“绘制表格”命令，打开如图 5-14 所示的“表格和边框”对话框。

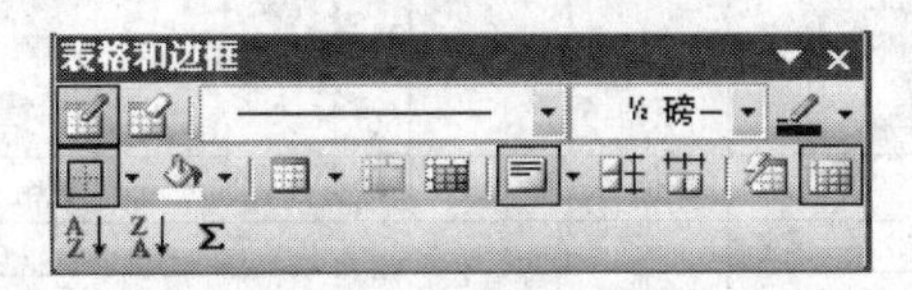

图 5-14 “表格和边框”对话框

选择“表格和边框”对话框中“橡皮”工具，鼠标指针呈“橡皮擦”状，手工擦除“户口所在地”单元格后两单元格中的线段，实现同“合并单元格”一样的效果，如图 5-15 所示。

姓名		性别		出生日期		照片
学历		学位		政治面貌		
专业		身体状况		婚姻状况		
户口所在地						

图 5-15 “橡皮”工具擦除线段后表格效果

选择“表格和边框”对话框中的“绘制表格”工具，当鼠标指针呈“笔”状时，在“户口所在地”单元格下方手工绘制斜线段。参考图 5-1 所示的样张在斜线的上方和下方分别输入所需的文字。

8. 表格尾部相同行的增加

将光标定位在表格的最后一个单元格，按 Tab 键，产生与最后一行相同的行。用同样的方法，增加表格的行直到够用。

参考样张，根据需要，使用上述“单元格拆分”、“单元格合并”等功能继续表格的制作，如图 5-16 所示。

9. 表格中文字的设置

(1) 表格中文字方向的改变

将光标分别定位在“专业能力陈述”和“求职方向”单元格，右击鼠标在弹出的快捷键中选择“文字方向”命令，弹出如图 5-17 所示“文字方向”对话框，选择竖直方向文字。

(2) 表格中单元格对齐方式的设置

将光标定位在表格的任意一个单格，在主菜单中选择“表格”→“选择”→“表格”命令后，选定整个表格，此时右击鼠标，在弹出的快捷菜单中选择“单元格对齐方式”→“中部居中”命令，如图 5-18 所示，使表格中的文字全部居中显示。

姓名		性别		出生日期		照　片	
学历		学位		政治面貌			
专业		身体状况		婚姻状况			
户口所在地							
联系方式		电话		E-mail			
学习经历（中学开始）		邮编		家庭住址			
时 间		单 位		职 务		证明人	
专业能力陈述							
其他技能		英语水平		计算机等级		普通话等级	
求职方向							

图 5-16　制作中的表格

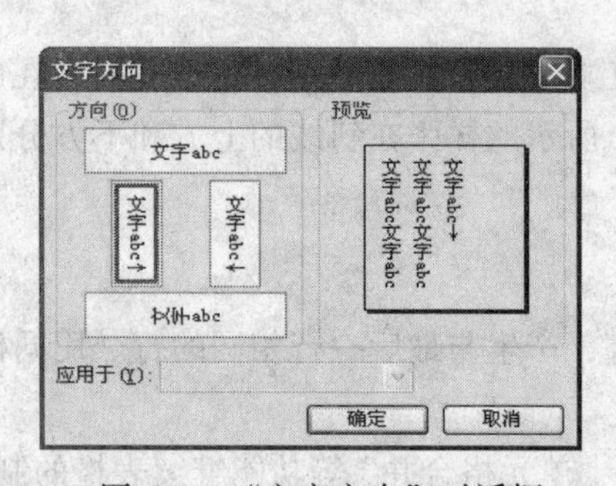

图 5-17　“文字方向”对话框

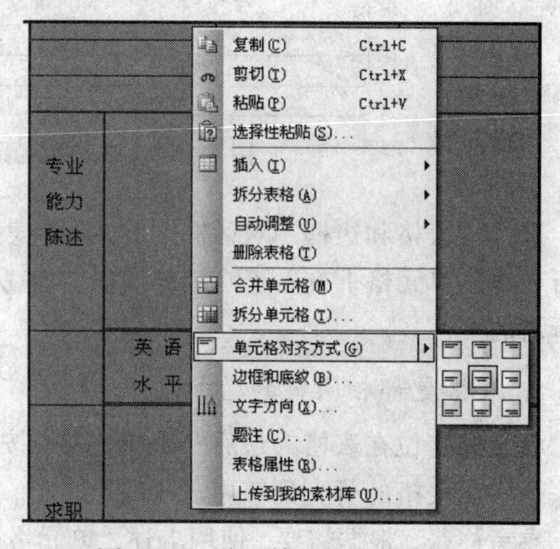

图 5-18　设置单元格对齐方式

10. 表格边框和底纹的设置

(1) 表格边框的设置

参考如图 5-1 所示的样张，设置表格外框为 1.5 磅红色粗线，内框为 0.5 磅蓝色细线：将光标定位在表格中任意一个单元格，选择“格式”→“边框和底纹”命令，弹出“边框和底纹”对话框，在对话框左侧单击“方框”按钮，选红色 1.5 磅的实线，预览框便显示红色外框。接着，单击“自定义”按钮，选蓝色 0.5 磅细实线，此时，在预览框中部单击鼠标，预览框出现蓝色“十字”网格。在“应用于”下拉列表中选择“表格”，如图 5-19 所示。

(2) 单元格底纹的设置

参考图 5-1 所示的样张，将“照片”单元格“底纹”填充颜色设置为“灰色-15%”，应用于“单元格”，如图 5-20 所示。

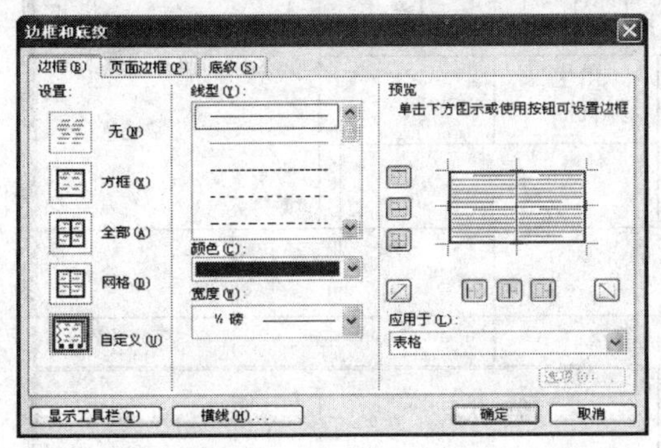

图 5-19 “边框”选项卡

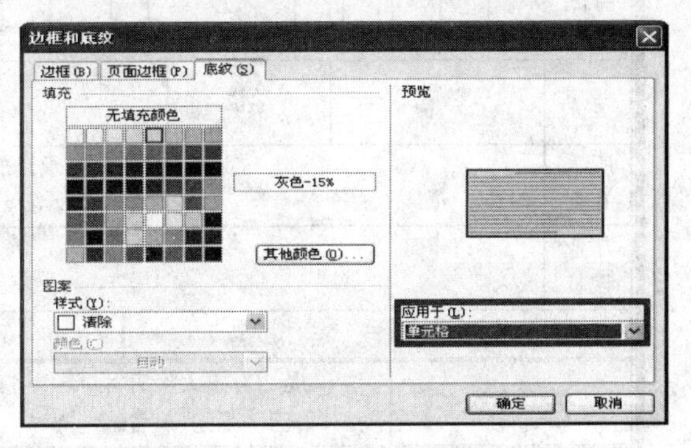

图 5-20 “底纹”选项卡

11. 表格样式

在主菜单中选择“格式”→“表格样式”命令，在文档右边“表格样式”中选择其中的某种样式，更换表格的风格。

5.2.4 求职简历的打印

1. 文档的继续保存

文档编辑完成后，再次单击常用工具栏中的“保存”按钮，继续保存该文档。

2. 文档预览及打印

“求职简历”编辑完成后，单击常用工具栏中的“打印预览”按钮，先显示出文档打印后的效果。选择“文件”→“打印”命令，在“打印”对话框中进行相应的打印设置。

5.3 案例总结

本任务主要介绍了 Word 2003 文档的创建、文本的录入和段落格式设置，并根据 Word 2003 的页面设置功能、图文混排功能编辑排版文档。

创建表时，根据内容需要，主要利用“合并单元格”和“拆分单元格”功能来设计表的结构，完成表格并输入内容后，使用单元格对齐方式，以及边框和底纹的设置对表格加以美化。

5.4 课后练习

5.4.1 表格制作

参考图 5-21 所示的表格，完成“远征传媒公司 2011 年人才招聘报名登记表”的制作。

远征传媒公司 2011 年人才招聘报名登记表

应聘岗位 ____________　　薪酬要求 ____________ (人民币 元)

<table>
<tr><td>姓名</td><td colspan="2"></td><td>政治面貌</td><td></td><td>性别</td><td></td><td rowspan="4">照片</td></tr>
<tr><td>身份证号</td><td colspan="6">　|　|　|　|　|　|　|　|　|　|　|　|　|　|　|　|　|　</td></tr>
<tr><td>学历</td><td></td><td>学位</td><td></td><td></td><td>出生日期</td><td></td></tr>
<tr><td>所学专业</td><td colspan="2"></td><td colspan="2">获得国家承认的资格证及等级</td><td colspan="2"></td></tr>
<tr><td>毕业院校</td><td colspan="4"></td><td>毕　业
时　间</td><td colspan="2"></td></tr>
<tr><td colspan="2">外语等级</td><td colspan="2"></td><td colspan="2">计算机等级</td><td colspan="2"></td></tr>
<tr><td colspan="2">身体状况</td><td colspan="2">是否有重大疾病/手术
否□　是□　病名(　　)</td><td colspan="3">婚姻状况</td><td>未婚□　已婚□</td></tr>
<tr><td rowspan="4">简历</td><td colspan="2">起止时间</td><td colspan="4">学习/工作单位</td><td>专业/职位</td></tr>
<tr><td colspan="2"></td><td colspan="4"></td><td></td></tr>
<tr><td colspan="2"></td><td colspan="4"></td><td></td></tr>
<tr><td colspan="2"></td><td colspan="4"></td><td></td></tr>
<tr><td rowspan="4">家庭成员</td><td>姓名</td><td>关系</td><td colspan="4">所在单位</td><td>职务</td></tr>
<tr><td></td><td></td><td colspan="4"></td><td></td></tr>
<tr><td></td><td></td><td colspan="4"></td><td></td></tr>
<tr><td></td><td></td><td colspan="4"></td><td></td></tr>
<tr><td>家庭地址</td><td colspan="5"></td><td>联　系
电　话</td><td></td></tr>
</table>

图 5-21　远征传媒公司 2011 年人才招聘报名登记表

5.4.2　操作提示与基本要求

1) 表中文字皆为宋体、五号，标题文字为黑体、三号。单元格中的文字居中显示。

2) 表格外框为 3 磅、外粗内细线；内框为 0.5 磅细线，其中有两行为“双实线”。

3) 熟练掌握单元格的拆分和合并功能；使用 Tab 键为表格末尾增加相同的行。

4) 表格中的“身体状况”和“婚姻状况”后的单选框“□”，选择“插入”→“符号”命令后插入。

5) 保存文档为“学号_练习 5.doc”，存放在“任务 5”文件夹中。

任务6　Word 综合应用——制作电子板报

本任务以制作电子板报为例，介绍使用 Word 软件制作电子板报的综合方法，其中包括文档内容的合并、Word 文档排版(页眉页脚、首字下沉、分栏、边框和底纹、格式刷和项目符号等设置)、Word 绘图工具中常用功能的使用(文本框、艺术字、自选图形等插入和设置)。通过本任务的完成，主要掌握 Word 文档综合排版的方法，以及绘图工具中常用功能的使用技巧。

6.1　案 例 分 析

6.1.1　提出任务

张平同学大学毕业前夕正在上海一家机电公司实习，分管经理要求张平同学接待即将来的几位客户，并用 20 分钟时间向客户简单介绍上海的情况。谦虚认真的张平同学在网上搜索了许多上海的信息，决定制作一份简单的电子板报，打印后人手一份方便客户了解上海的基本情况。

6.1.2　解决方案

张平同学通过需求分析得出，电子板报的文字内容可以从网上搜集，采取图文混排的形式，使用 Word 文档综合排版的方法以及绘图工具中常用功能就可以完成电子板报的制作。图 6-1 所示为电子板报样张。

图 6-1　电子板报样张

6.1.3　相关知识点

1. 文件管理

Word 2003 可以同时打开多个文件进行编辑、打印等操作；可以快速打开最近打开过的文档，系统默认显示 4 个最近打开过的文档，用户也可以自行设置最近打开过的文档个数。Word 2003 可以对 WPS、Word Perfect 等软件形成的文档进行格式互换。

2. 插入文件

Word 2003 文档中插入另一个文档的内容，可以快速实现文档的合并。

3. 设置页眉、页脚

Word 2003 文档中页眉、页脚的内容跟主文档是分开的，可以快速在页眉页脚中输入文字内容，也可以在页眉、页脚中设置后加入诸如“创建时间：2012-6-16 16:16:00”、“第 X 页共 X 页”等无需每次键入即可自动添加的文字信息，还可以很方便地设置页眉、页脚内容的显示格式。

4. 设置首字下沉

首字下沉是指将 Word 文档中段首的一个文字放大，并进行下沉或悬挂设置，以突显段落或整篇文档的开始位置。

5. 查找和替换

Word 2003 文档中，查找和替换功能强大。在文本的查找和替换过程中，用户可以将某一个特定的词或者句子统一替换成为另外一个，用户除了可以查找和替换文本内容之外，还可以对文本内容所具有的格式进行查找或者替换。

Word 2003 文档中，用户不仅可以使用普通的查找和替换方法，还可以限制查找和替换的条件，有效地节省大量的时间和精力，大大提高工作效率。

6. 设置自动编号和项目符号

自动编号和项目符号主要用于区分 Word 文档中不同类别的文本内容。Word 的编号功能很强大，设置编号很方便。用户可以轻松地设置多种格式的编号以及多级编号，也可以自定义选用某个字符作为项目符号。

7. 设置边框和底纹

Word 2003 具备丰富的边框和底纹设置功能，在文档中设置页面及所选文字、段落，以及表格、图形等的边框或底纹可以凸显文档的显示风格。

8. 格式刷

Word 文档中格式刷就像一个万用空白模板，其对应的格式(可以随机设置)即制作成“刷子模板”，有利于在需要更改的内容上进行刷动而快速更改为相同的格式。

特别需要强调的是，当选中 Word 文档中任意字符或段落后，单击“格式刷”按钮，“刷子模板”只能刷一次；当选中 Word 文档中任意字符或段落后，双击“格式刷”按钮，“刷子模板”能刷多次。

9. 设置分栏

分栏就是将文档全部页面或选中的内容设置为多栏，从而呈现出报刊、杂志中经常使用的多栏排版效果。Word 2003 提供 5 种分栏类型，即一栏、两栏、三栏、偏左、偏右。用户可以根据实际需要选择合适的分栏类型并设置栏宽、栏间距、间隔线等。

10. 绘画工具的常用功能

Word 2003 提供的绘图工具内容非常丰富，灵活利用绘图工具的常用功能。

✧ 可以插入文本框、图形框。

✧ 可以插入艺术字、自选图形。

✧ 可以实现简单图形的绘制。

✧ 可以对图形进行三维效果、增加阴影、填充底色、显示线条、进行标注等多种处理。

6.2 实现方法

6.2.1 文档内容合并

1. 复制网页中的文字

启动 Word 2003 软件会新建一个空白的“文档 1”，打开“任务 6”文件夹中的网页文件“上海概况.htm”，用鼠标选定网页中的全部文字并复制，在“文档 1”中选择“编辑”→“选择性粘贴”→“无格式文本”命令，将网页中的文字复制到“文档 1”中。然后，删除文档中的空行。

2. 插入文件

1) 将光标定位在文档最后，选择“插入”→“文件”命令，打开“插入文件”对话框，找到“任务 6”文件夹中的“上海世博会.doc”，单击“插入”按钮，在正文最后增加“上海世博会.doc”中的内容。

2) 将光标定位在倒数第二段前，选择“插入”→“文件”命令，打开“插入文件”对话框，找到“任务 6”中的“东方明珠广播电视塔.txt”文本文档，单击“插入”按钮，为正文增加倒数第三段“东方明珠广播电视塔.txt”中的内容。

6.2.2 文档综合排版

1. 页面设置

选择“视图”→“页面视图”命令，在页面视图状态下，选择“文件”→“页面设置”命令，打开“页面设置”对话框，将页面设置为：A4 纸，上页边距为 3 厘米、下页边距为 2 厘米,左、右页边距均为 2.5 厘米，每页 42 行，每行 44 个字符；选择“版式”选项卡中“页眉和页脚”选项组项选中“奇偶页不同”复选框，然后单击“确定”按钮。

2. 设置页眉页脚

选择“视图”→“页眉和页脚”命令，打开“页眉和页脚”对话框，设置文档奇数页页眉为“旧上海梗概”，偶数页页眉为“新上海面貌”，页眉中文字为：宋体、小五号并居中显示。

将光标切换到页脚处，在“页眉和页脚”对话框中单击“插入‘自动图文集’”按钮，在弹出的下拉列表中选择“第 X 页 共 Y 页”选项，在页脚中插入页码，并设置居中显示，如图 6-2 所示。

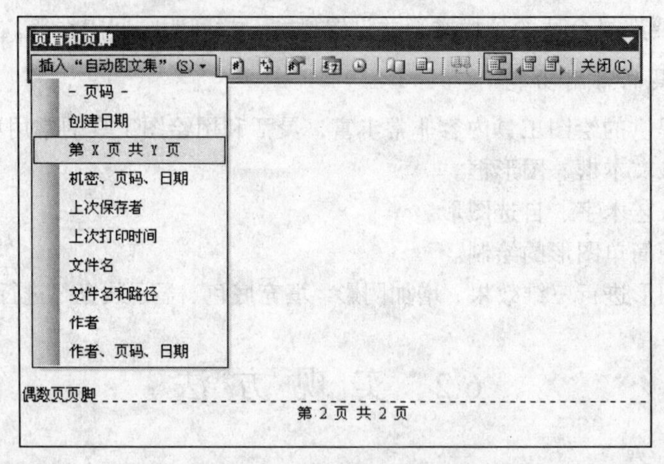

图 6-2 “页眉页脚”对话框

3. 设置首字下沉

选择“格式”→“首字下沉”命令，弹出“首字下沉”对话框，设置正文第一段首字下沉 2 行、距正文 0.5 厘米，首字字体为黑体，如图 6-3 所示。

选中已下沉的首字“上”，设置其字体颜色为红色。其余各段落设置为首行缩进 2 字符。文档中所有文字设为宋体、五号、单倍行距。

4. 查找和替换

设置正文中所有的“上海”为“Shanghai”并统一格式为：Arial Black、倾斜、绿色、阳文、小型大写字母。

将光标定位在正文起始位置，选择“编辑”→“替换”命令，打开“查找和替换”对话框，在“查找内容”文本框中输入“上海”，在“替换为”文本框中输入“Shanghai”，如图 6-4 所示。

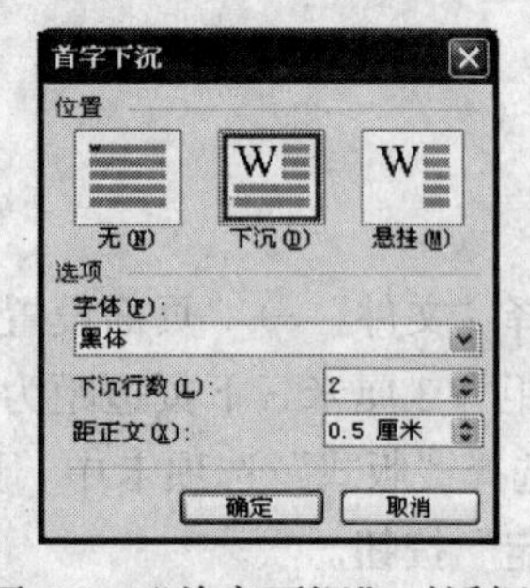

图 6-3 “首字下沉”对话框

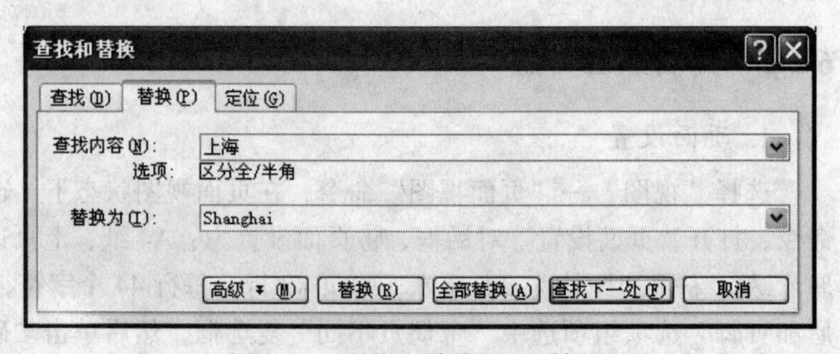

图 6-4 “查找和替换”对话框

将光标定位在“替换为”文本框中，单击“高级”按钮，展开“查找和替换”对话框，再选择“格式”中的“字体”选项，弹出“替换字体”对话框。在“替换字体”对话框中设置“西文字体”为 Arial Black，“字形”为倾斜，“字体颜色”为绿色，“效果”为阳文、小型大写字母，如图 6-5 所示。单击“确定”按钮，在“查找和替换”对话框中会显示出“替换为”项的格式：Arial Black、倾斜、阳文、小型大写字母、绿色等信息，如图 6-6 所示。

图 6-5　“替换字体”对话框

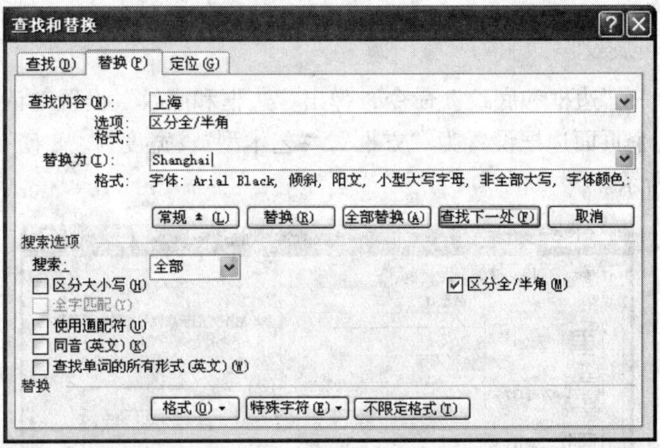

图 6-6　“查找和替换”对话框中显示出“替换为”项的格式

在图 6-6 所示的对话框中，将“搜索选项”下拉列表框的“全部”改为“向下”后，单击“全部替换”按钮，则弹出图 6-7 所示的查找和替换确认对话框。(此部操作单击“否”按钮，避免标题行中有相同的文字时被替换。)

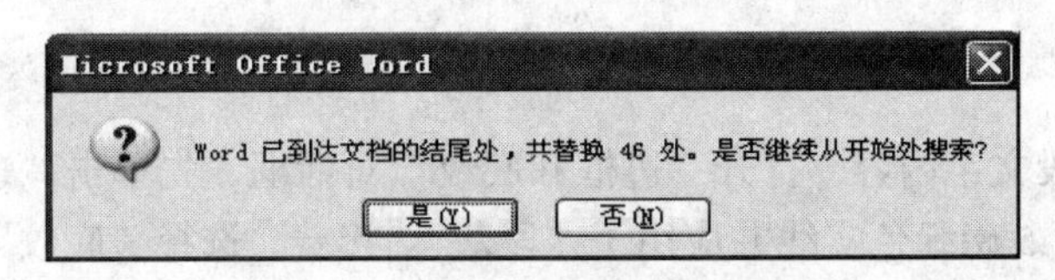

图 6-7　查找和替换确认对话框

注 意

有时在设置“替换为”文本框中内容的格式后，系统会显示出“查找内容”文本框中的内容格式被设置，如图 6-8 所示。则单击“全部替换”按钮后无法实现全部替换。此时必须将光标定位在“查找内容”文本框中，单击“不限定格式”按钮，取消“查找内容”格式。然后再继续将“替换为”项的格式设置为图 6-6 所示的效果后才能实现全部替换。

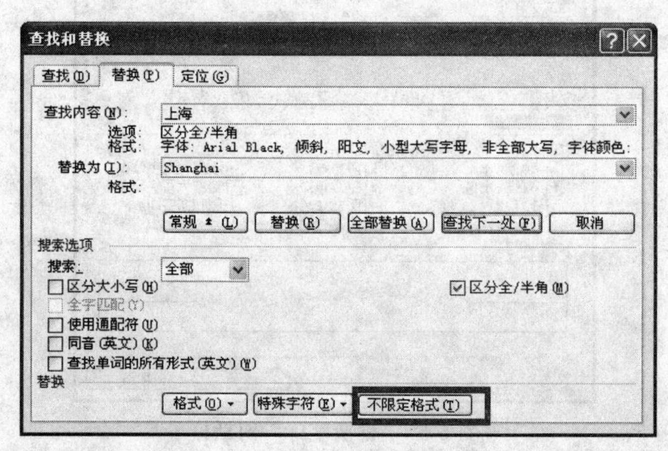

图 6-8　“查找和替换”对话框

5. 设置边框和底纹

选择“格式”→“边框和底纹”命令，弹出“边框和底纹”设置对话框，选择“页面边框”选项卡先将整个页面边框设置为“方框”、“艺术型”、宽度为“8 磅”，并应用于“整篇文档”，如图 6-9 所示。

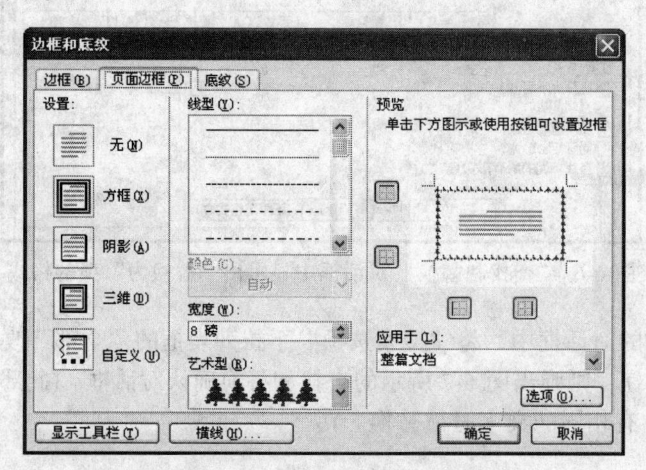

图 6-9　“页面边框”选项卡

选中倒数第四段文字内容，打开“边框和底纹”对话框，先单击“边框”按钮，“设置”项为阴影，线型为 1.5 磅绿色实线并应用于“段落”。接着，选择“底纹”选项卡，设置底纹为“灰色–10%”，前景色为 5%的橙色，并应用于“段落”，如图 6-10 所示。

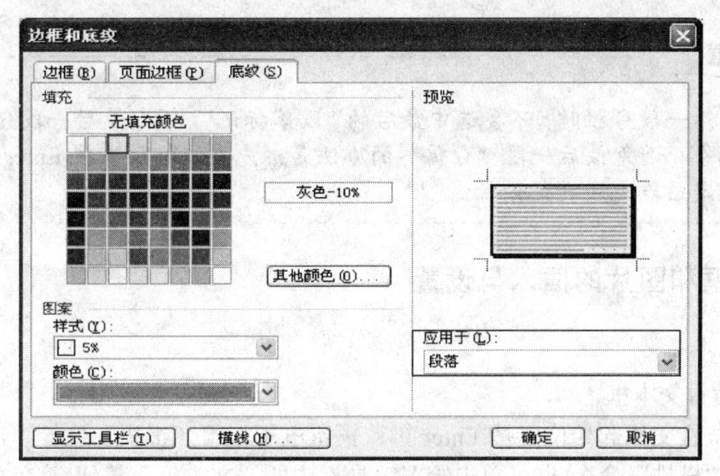

图 6-10 “底纹”选项卡

6. 设置项目符号

选中正文中第四段的“地理位置”等字，将字体改为小四、橙色、华文琥珀。选择“格式”→“项目符号和编号”命令，弹出“项目符号和编号”对话框，选择“项目符号”中的“棱形”，单击“自定义”按钮进一步打开“自定义项目符号列表”对话框，设置“字体”为“褐色”，如图 6-11 所示。

7. 格式刷的使用

选中文中已设置的项目符号 “地理位置”等字，双击主窗口常用工具栏中的“格式刷”按钮，然后将显示“刷子”形的鼠标指针依次去刷文中的“气候特征”和“基础设施和交通运输”等内容，使三行成为相同的项目符号格式。

8. 设置分栏

将文档最后一段分为等宽的两栏。选择“格式”→“分栏”命令，打开“分栏”对话框，设置两栏、有分隔线、栏宽为 8 厘米、栏间距为 1 厘米，如图 6-12 所示。

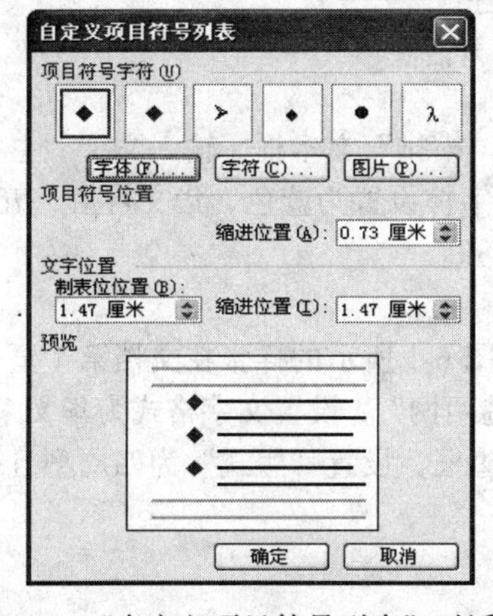

图 6-11 “自定义项目符号列表”对话框

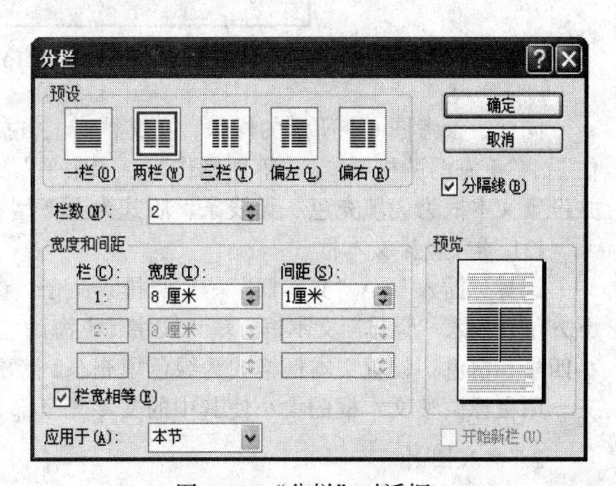

图 6-12 “分栏”对话框

将文档最后一段分栏时，不要选中最后的“段落标记”，否则最后一段分栏会出现“分偏”的错误现象。避免最后一段“分偏”的办法是：先在文档最末按 Enter 键产生一个空的段落，再选定该段文字进行分栏。

6.2.3 文本框和图片的插入与设置

1. 插入文本框

(1) 插入横排文本框

将光标定位在文档起始位置按 Enter 键，预留电子板报“报头”位置。选择“插入”→“文本框”→“横排”命令(也可单击绘图工具栏中的“文本框”按钮)，在文档顶部插入水平方向文本框。在文本框中输入“上海概况”，将字体设置为蓝色、二号、华文琥珀；字符间距为 200%；文字效果为礼花绽放。

右击该文本框并在弹出的快捷菜单中选择“设置文本框格式”命令，打开“设置文本框格式”对话框，设置为无填充颜色，2 磅绿色实线，如图 6-13 所示。继续在“版式”选项卡中单击“高级”按钮，在“文字环绕”选项卡中“上下型”，单击“确定”按钮，再选择“左对齐”，最后单击“确定”按钮。

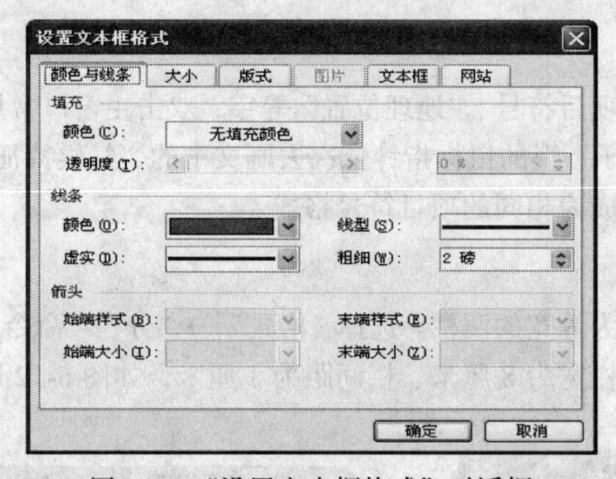

图 6-13 “设置文本框格式”对话框

同样，参考图 6-1 所示的样张，在文档右上方插入“横排”文本框，输入文字“主办单位”、“上海图腾机电”、“策划制作”、“张平”，将字体设置为蓝色、华文行楷、五号，并设置文本框为无填充色、无线条，版式为上下型右对齐。

(2) 插入竖排文本框

选择“插入”→“文本框”→“竖排”命令，参考图 6-1 所示的样张在文档第 1 页的右下方位置插入“竖排”文本框，输入文字：上海的“三港两网”，设置文字格式为华文宋体、小四号、白色；设置文本框格式为绿色填充、2 磅橙色边框，设置“版式”为四周型且右对齐。用鼠标调整文本框的大小使其中的文字能全部显示。

2. 插入图片

选择“插入”→“图片”→“来自文件”命令，在文档报头中间位置插入“任务 6”文件夹中的图片“一帆风顺.jpg”。右击该图片，打开“设置图片格式”对话框，选择“大小”选项卡，取消“锁定纵横比”复选框的“√”，设置图片高为 3cm，宽为 5cm，如图 6-14 所示。选择“版式”选项卡设置该图片为四周型且居中对齐。

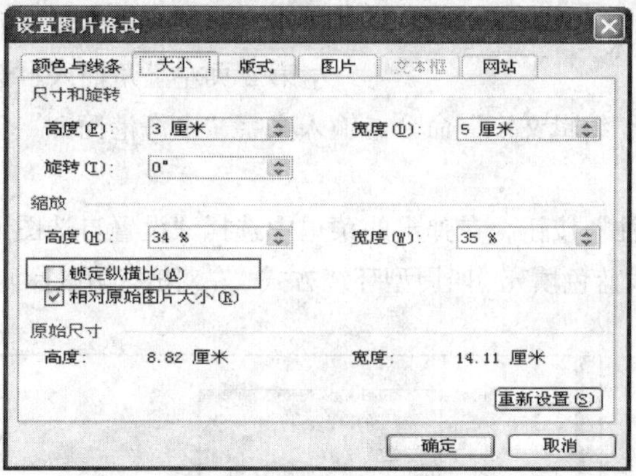

图 6-14　“大小”选项卡

同样的方法，在文档倒数第 3 段位置，插入“任务 6”中的图片“东方明珠广播电视塔.jpg”。右击该图打开“设置图片格式”对话框后，选择“颜色与线条”选项卡，设置线条为 2 磅红色实线，为文中的“东方明珠广播电视塔.jpg”图片加上红色边框。

6.2.4　绘图工具的使用

1. 线条绘制及设置

在主窗口下方选择“绘图工具”→“直线”命令，左手按住 Shift 键的同时在正文与报头间绘制一条直线，参考样张设置该直线：线型为“长划线-点”，粗细为 3 磅，颜色为橙色。

2. 插入艺术字并设置格式

将光标定位在第二段，单击绘图工具栏中的插入艺术字“A”按钮(也可以选择“插入”→“图片”→“艺术字”命令)打开“艺术字库”对话框。在“艺术字库”对话框中选择第三行且第一列的“艺术字”样式，便进一步打开“编辑‘艺术字’文字”对话框，在该对话框中输入文字“上海的历史简介”，并设置字号为 36，加粗，如图 6-15 所示。单击“确定”按钮后文档中便插入了艺术字样“上海的历史简介”。

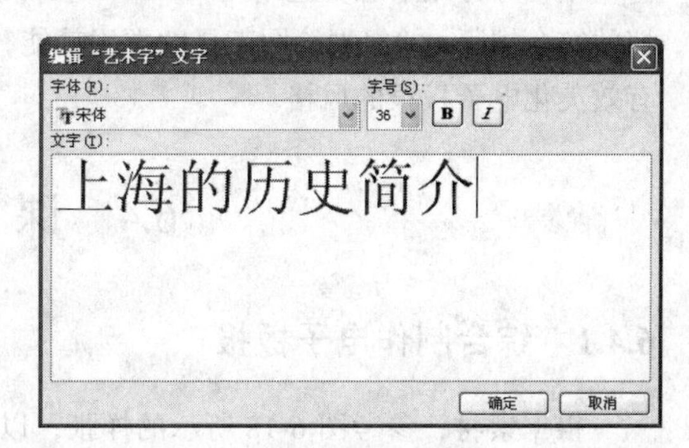

图 6-15　“编辑艺术字文字”对话框

在文档中选定已插入的艺术字，右击鼠标，在弹出的快捷菜单中执行“设置艺术字格式”命令，设置该艺术字的版式为四周型且居中显示。

继续右击该艺术字，选择“‘显示艺术字’工具栏”命令，打开艺术字工具栏。选择“艺术字形状”命令，如图 6-16 所示，进一步设

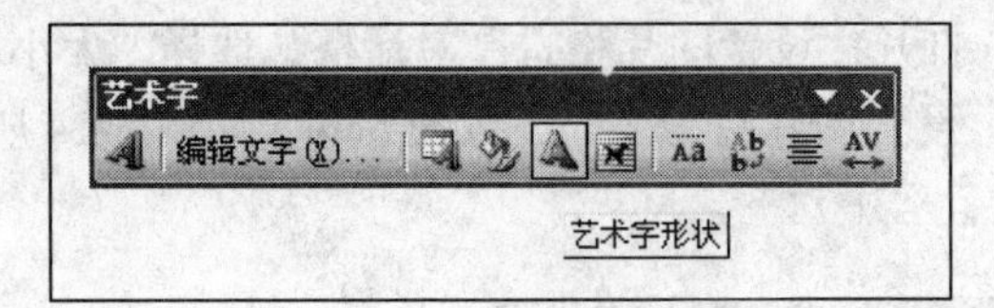

图 6-16 “艺术字”工具栏

置“艺术字形状”为“左远右近”。

3. 插入自选图形及设置

在绘图工具栏中选择“自选图形”→“标注”→“云形标注”命令，参考样张，在文档第 2 页左上角插入自选图形，如图 6-17 所示。右击该自选图形选择“编辑文字”命令，输入文字“上海港简介”，设置该文字为四号、宋体蓝色。

右击该“云形标注”按钮，在弹出的菜单中选择“设置自选图形格式”命令，设置自选图形格式为无边框、浅蓝色填充、四周型环绕方式、左对齐。用鼠标调整云形标注的箭头指向。

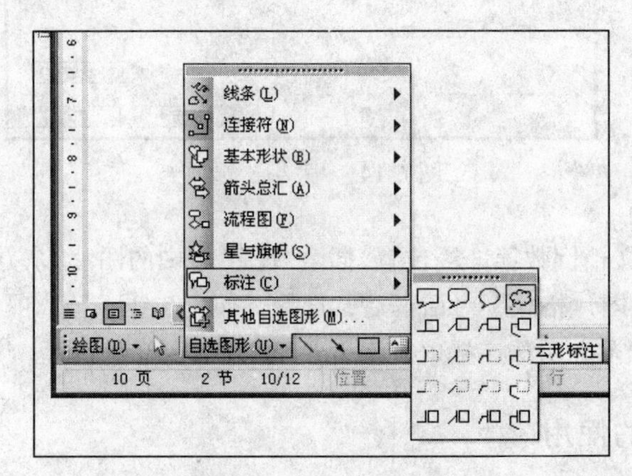

图 6-17 插入自选图形

最后，选择“文件”→“打印预览”命令，预览整篇文档。选择“文件”→“另存为”命令，打开“另存为”对话框，保存文件为“电子板报.doc”。选择“文件”→“打印”命令，打印文档。

6.3 案 例 总 结

本任务介绍了综合应用 Word 2003 软件制作电子板报的方法，主要包括文档的合并和文档的综合排版，并根据绘图工具的常用功能，绘制线条、插入艺术字、文本框和自选图形等，有效美化电子板报的风格。

6.4 课 后 练 习

6.4.1 综合制作电子板报

根据素材，参考图 6-18 所示的样张，以介绍“江苏概况”为主题编辑排版文档。

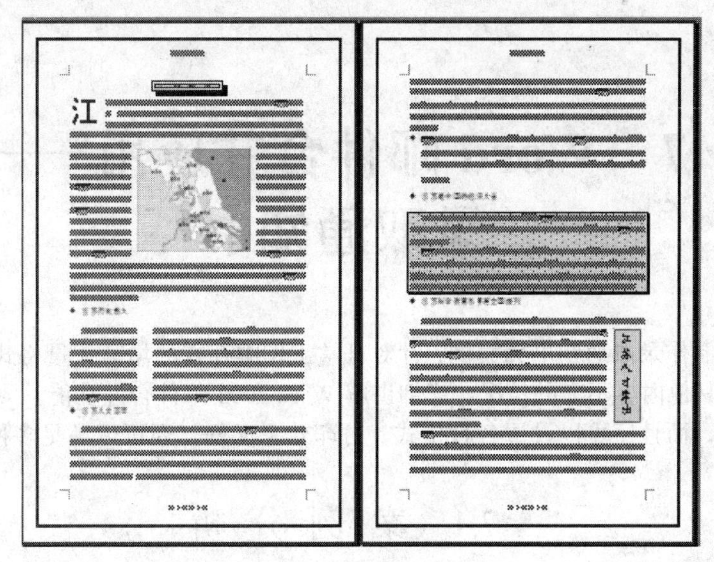

图 6-18　练习 6 参考样张

6.4.2　操作提示与基本要求

1) 启动 Word 2003 软件，选择“文件”→“打开”命令，找到文件夹“任务 6”中的“江苏概况.doc”打开该文档继续编辑。

2) 添加标题文字：江苏概况，并设置字体为黑体、三号、加粗，字符间距加宽 6 磅。为标题文字设置双实线 0.5 磅的阴影边框并应用于文字。

3) 将页面设置为 A4 纸，上页、下页、左、右页边距均为 3 厘米，每页 40 行，每行 42 个字符；整篇文档添加绿色、0.5 磅的双波浪线页面边框。

4) 设置奇数页页眉为“江苏历史悠久”，偶数页页眉为“江苏资源丰富”，页眉中的文字为五号并居中显示。在页脚中插入页码并设置居中显示。

5) 在文档的最前插入“江苏历史变迁.txt”中的内容，设置正文第一段首字下沉 3 行、距正文 0.45 厘米，首字字体为黑体，颜色为褐色。其余各段落设置为首行缩进 2 字符。

6) 合并第一、第二段，在文档第一段插入图片“江苏地图.jpg”，设置图片高度为 7cm，宽度为 7.5cm，版式为四周型且居中对齐。

7) 用格式刷将文档的小标题“江苏历史悠久”、“江苏人文荟萃”、“江苏是中国的经济大省”、“江苏科学教育水平居全国前列”等设为四号、绿色。选择格式菜单下的“项目符号和编号”命令，并设置为“棱形”。

8) 设置正文中所有的“江苏”格式为绿色、加粗、阴影并加着重号。

9) 将第二段(除小标题)分为两栏偏左，栏间无分隔线。

10) 将倒数第二段和第二段(除小标题)设为 2 磅蓝色阴影边框，底纹为-15%、图案为 10%的褐色。

11) 在文档最后段插入文本框“江苏人才辈出”，设置文本框的文字为二号、蓝色、华文行楷，设置文本框的格式为：淡绿色填充、2 磅褐色边框，版式为四周型右对齐，并参考样张适当调整其大小。

12) 选择“文件”→“另存为”命令，保存文档为“学号_练习 6.doc”。

任务 7　Word 邮件合并应用——制作录取通知书

本任务以制作录取通知书为案例，针对日常工作中存在的填写大量格式相同、只修改少数相关内容、其他内容不变的情况，详细讲解 Word 2003 邮件合并功能。灵活运用这项功能不仅操作简单，而且还可以设置各种格式，打印效果又好，还可以满足多种需求。

7.1　案 例 分 析

7.1.1　提出任务

在我们的日常工作中，经常需要将相同的信函内容分发给许多不同的人，在每一份信函上都要抄写长长的地址、收件人姓名、寄件人等信息，这些简单的重复性操作是非常令人生厌的。

学校每年新生入学之前都会印制大量的入学通知书，以便通知每个新生同学入校的时间、地点、录取所在系及相关专业等信息。我们可以利用 Word 提供的相关功能快速、高效地制作入学通知书。

7.1.2　解决方案

Word 的“邮件合并”功能将 Word 文档和数据库技术集成应用，使用户从这些简单的重复性操作中解脱出来，并且合并后的文档可以直接打印。下面以制作图 7-1 所示的“沙洲职业工学院录取通知书”为例，对 Word 中的“邮件合并”功能进行详细讲解，以便大家在日后的学习、工作中解决类似问题。

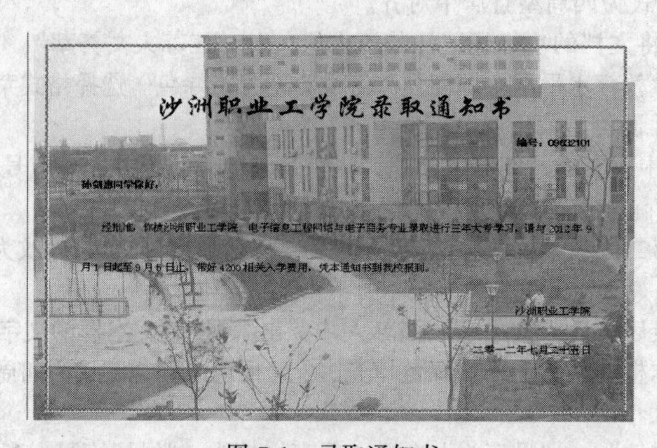

图 7-1　录取通知书

7.1.3　相关知识点

1. Word 2003 用户模板的使用

Word 2003 中的模板就类似于制作蛋糕和饼干的模具，使用模具制作的蛋糕和饼干都是一模一样的。模板是一种框架，对于那些需要处理具有规律和重复性的文档(如会议通知、企业公文、客户信函、传真等)的人来说，模板将是他们梦寐以求的工具。

2. 域的概念及使用方法

域相当于文档中可能发生变化的数据或邮件合并文档中套用信函、标签中的占位符。如果插入“数据库域”列表中的域，然后切换到不具有同名列的数据源中，Word 就不会在合并文档中插入域信息。使用 Word 域可以实现许多复杂的工作。主要有：自动编页码、图表的题注、脚注、尾注的号码；按不同格式插入日期和时间；通过链接与引用在活动文档中插入其他文档的部分或整体；实现无需重新键入即可使文字保持最新状态；自动创建目录、关键词索引、图表目录；插入文档属性信息；实现邮件的自动合并与打印等。

域的使用方法大致可归纳成三类。

1) 使用命令插入域(即利用 Word 插入菜单中的“域”命令可以插入大多数域类型。例如：索引和目录、自动编号、邮件合并功能等)。

2) 使用键盘插入域，但这种方法要求用户须对域的代码比较熟悉。其操作方法是：把光标放置到需要插入域的位置，按 Ctrl + F9 组合键插入域特征字符“{ }”。接着将光标移动到域特征代码的中间，按从左向右的顺序输入域类型、域指令、开关等。结束后按键盘上的 F9 键更新域，或者按 Shift + F9 组合键显示域结果。

3) 使用功能命令插入，由于许多域的域指令和开关非常多，采用上面两种方法很难控制和使用。为此，Word 2003 把常用到的一些功能以命令的形式集成在系统中，如“拼音指南”、“纵横混排”、“带圈文字”等。用户可以像用普通 Word 命令那样使用。

3. 邮件合并功能的应用

邮件合并是 Word 中节约时间的特性之一，如果你想要发送一个派对、一场婚礼的请帖，或是任何需要批量发送的邮件，利用这项功能可以节约大量的时间。

Word 2003 还提供了邮件合并的向导，以便用户一步一步地了解整个邮件合并使用的过程。

7.2　实 现 方 法

7.2.1　利用邮件合并制作录取通知书

1. 建立通知书的传真模板

1) 启动 Word 2003 进行编辑邮件合并的主文档，选择“文件”→“新建”命令，在 Word 的编辑窗口右侧会显示如图 7-2 所示的对话框，单击“本机上的模板”超链接，弹出图 7-2 所示的任务窗格。

在弹出图 7-3 所示的“模板”对话框中选择“信函和传真”选项卡，选择“专业型传真”类型并在右下角的“新建”选项组中选中“模板”单选按钮。

图 7-2 新建模板

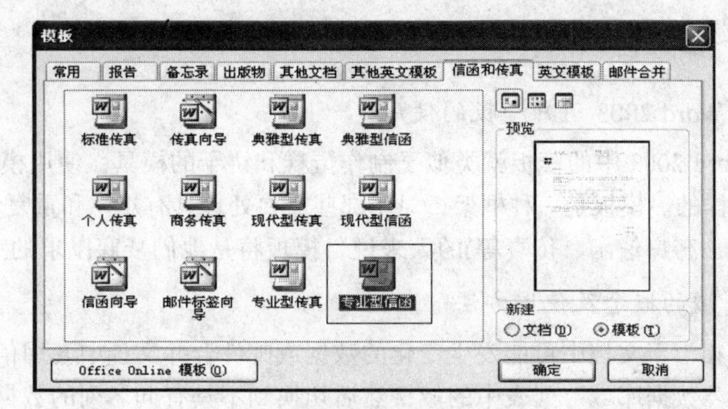

图 7-3 新建专业型信函模板

2) 参考范文，将文档的页面方向设置更改为“横向”，在“单位名称”文本框中输入“沙洲职业工学院录取通知书”并设置“标题 1”格式、“华文行楷”、“初号”。文本框水平居中，同时删除“收件人地址”文本框。

3) 参考范文，输入相应内容，其中“编号:”、“同学”设置为“黑体”、“小三号字”、“加粗”，正文字体设置“宋体”、“小三号”，段落格式为首行缩进 2 个字符、行间距为“3 倍行距”。

4) 设置背景水印效果。选择“格式”→“背景”→“水印”命令，如图 7-4 所示，在弹出的对话框中选中“图片水印”单选按钮，并单击“选择图片”按钮，将 004.jpg 设置为背景图片，设置图片缩放为 100%，取消“冲蚀”复选框的“√”，如图 7-5 所示。

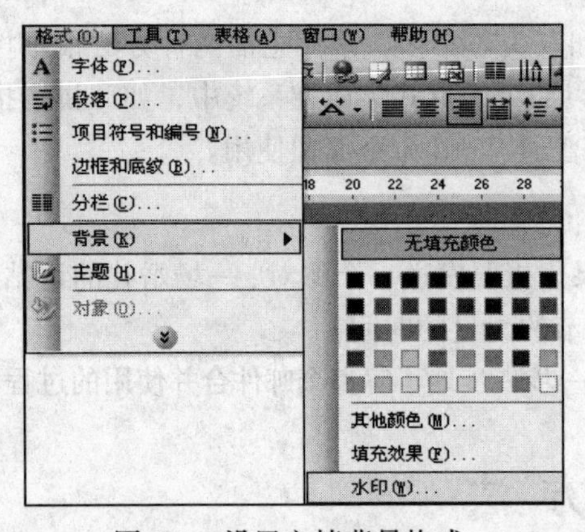

图 7-4 设置文档背景格式

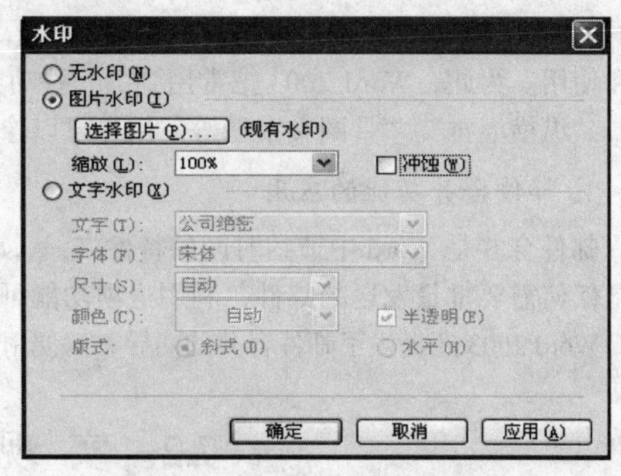

图 7-5 设置背景水印效果

5) 将光标定位在正文部分，选择“格式”→“边框和底纹”命令，为整篇文档设置为“红色”、“双波浪线”的方框。

6) 保存模板。选择“文件”→“另存为”命令，将文件名为“通知书”、文件类型“文档模板”保存到“任务 7”文件夹下。

2. 实现邮件合并功能

1) 选择“文件”→“新建”命令，单击“根据现有文档”超链接，弹出如图 7-6 所示的任务窗格，选择上面新建的“通知书”模板并新建“文档”。

2) 选择“工具”→“信函与邮件”→“显示邮件合并工具栏”命令，如图 7-7 所示。

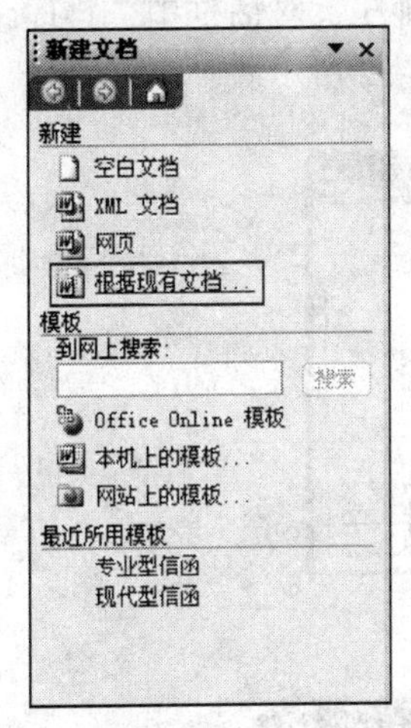

图 7-6　建立邮件合并主文档

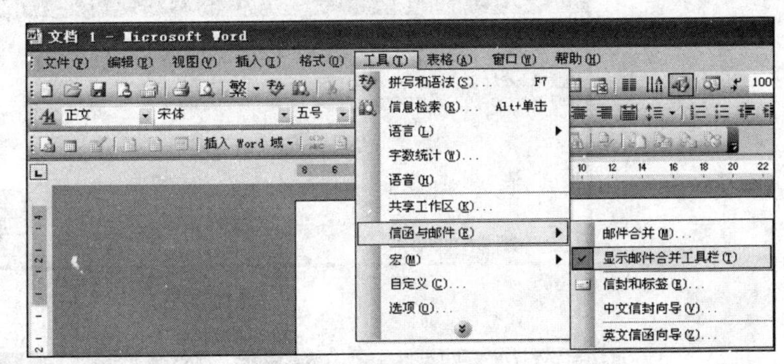

图 7-7　显示邮件合并工具栏

3) 通过邮件合并工具栏设置文档类型为“信函”类型，如图 7-8 所示。

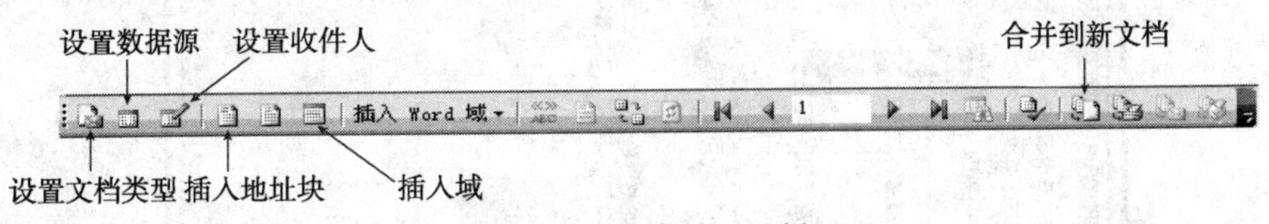

图 7-8　邮件合并工具栏

4) 在邮件合并工具栏中单击“设置数据源”按钮，这里数据源可以是表数据，也可以是 Word 表格，如本实验中设置数据源的就是“名单.xls”，选中数据源进行链接，如图 7-9 和图 7-10 所示。

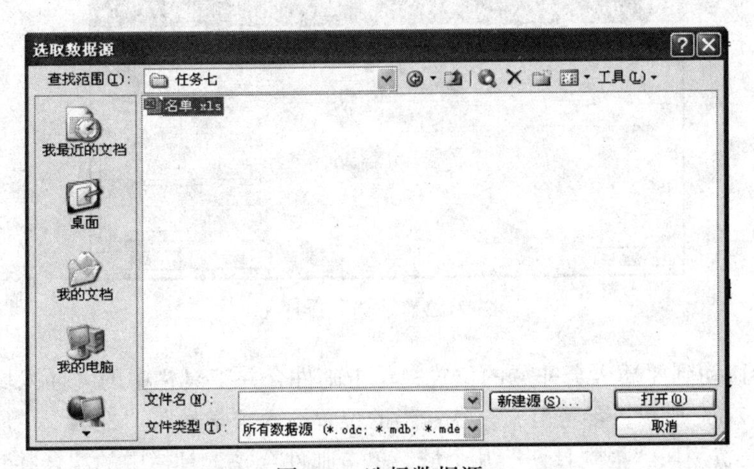

图 7-9　选择数据源

5) 通过“设置收件人”功能对收件人记录根据字段名称进行筛选，如根据“所在系”对记录进行筛选。单击“所在系”左侧的向下箭头按钮，在弹出的下拉列表框中选择“高级”

命令，打开“筛选和排序”对话框，在“筛选记录”选项卡中设置筛选条件，本例条件设置“所在系”为“机电工程系”。如果要排序记录，则单击“筛选和排序”对话框中“排序记录”选项卡，本例设置按“学号”升序方式排序，如图 7-11 和图 7-12 所示。

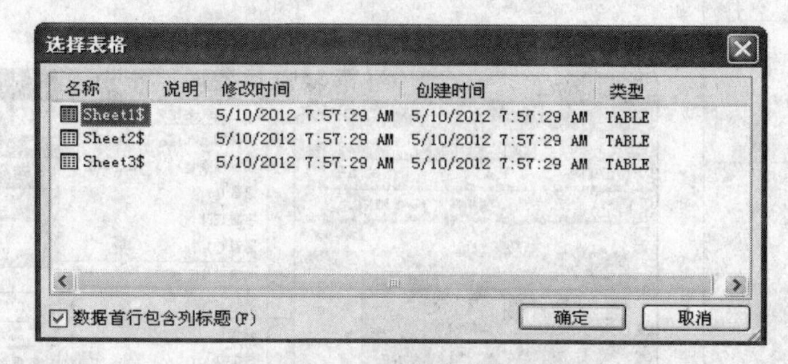

图 7-10 选择表格

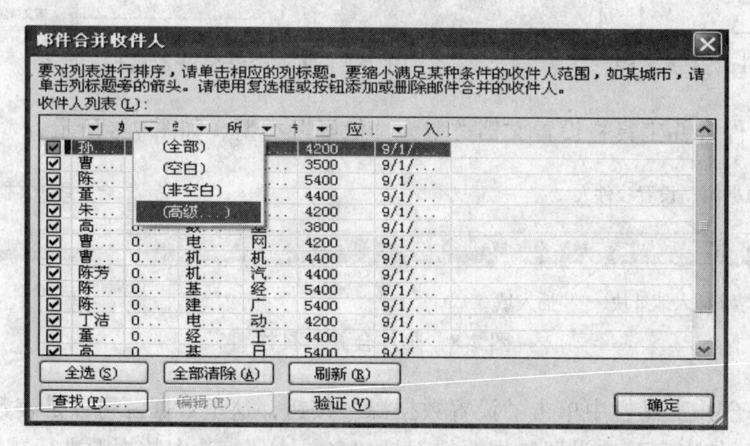

图 7-11 选择收件人列表文件

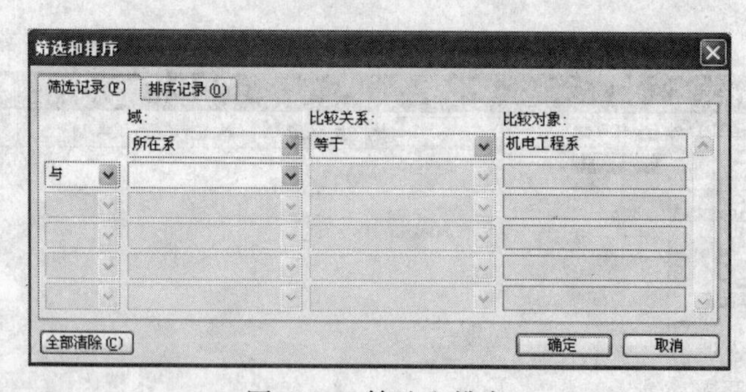

图 7-12 筛选和排序

6) 将光标移动到要插入合并域的位置，单击邮件合并工具栏中的“插入域”按钮插入合并域，如图 7-13 所示，参考范文，在适当的位置插入“学号”、“姓名”、“所在系”、“所在专业”、“应交费用”、“报到日期”几个域，单击邮件合并工具栏中的“合并到新文档”按钮进行邮件合并，如图 7-14 所示。

7) 将制作好的传真文档进行保存，以“录取通知书”为名，文件类型为 Word 文档类型保存到“任务 7”文件夹下，同时也可以通过打印功能直接打印输出。

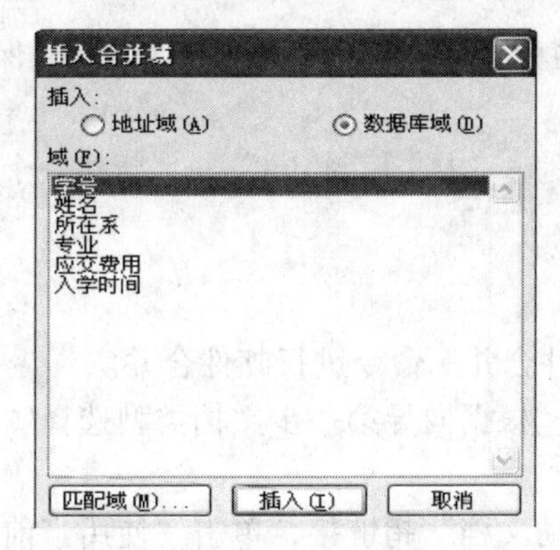

图 7-13　插入合并域

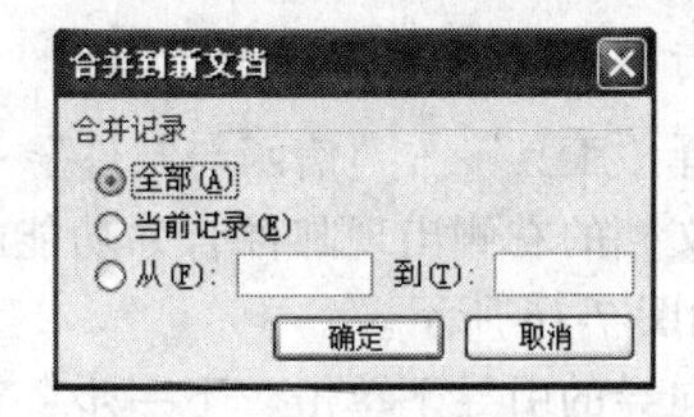

图 7-14　合并到新文档

8) 继续邮件合并。如果要停止邮件合并，可以保存并在以后继续合并。Word 保留域的信息，以及用户在“邮件合并”中的位置。在主菜单中选择“文件”→“另存为”命令，然后命名并保存文件。当准备好继续合并时，再打开文档。文档的文本，以及任何已插入的域将显示出来，继续进行合并就可以了。

7.2.2　应用邮件合并向导制作信封

利用邮件合并向导功能批量制作如图 7-15 所示的信封。

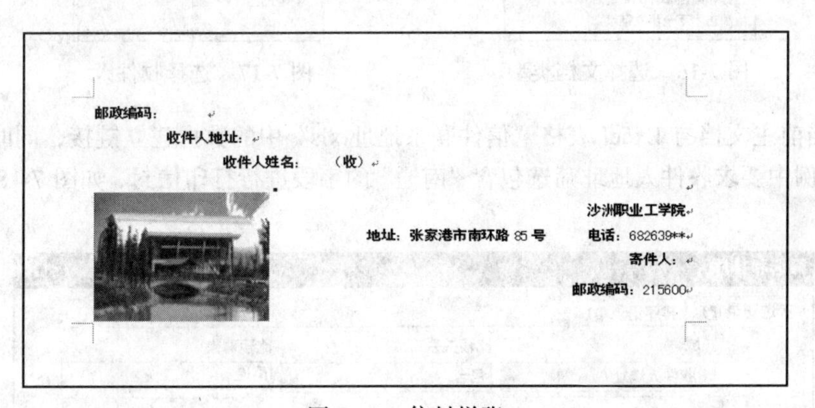

图 7-15　信封样张

1. 建立信封模板

1) 启动 Word 2003 编辑邮件合并的主文档，选择“文件”→“新建”命令，在编辑窗口右侧显示如图 7-2 所示的对话框，单击“本机上的模板”超链接，选择模板对话框中“信函和传真”选项卡，选择“专业型传真”类型，并在右下角的“新建”选项组中选择“模板”选项。

2) 页面设置。为上、下页边距分别设置为 2 厘米，方向为“横向”，纸张类型选择“DL 信封”。

3) 参考样张，将原有文本框删除，并设置正文部分的字体为黑体、小三号，行间距为最小值，段前段后均设置为 0.5 行。在文本的适当位置插入图片“003.jpg”，设置高为 4cm，宽为 5cm，版式为四周型且左对齐。

4) 将设置完成的模板进行保存，设置文件名为“中文信封”，文件类型为.dot 保存在“任务 7”文件夹下。

5) 在“文件”菜单中选择“根据现有文档”→“中文信封.dot”→“新建一个文档”命令，对这个文档进行邮件合并操作。

2. 进行邮件合并

1) 选择“工具”→“信函与邮件”→“邮件合并”命令进行邮件合并。

2) 在文档的右侧出现邮件合并功能的向导，根据向导第一步文档类型选择“信封”单选按钮，如图 7-16 所示。

3) 在向导的引导下单击“下一步：正在启动文档”超链接，单击“使用当前文档”单选按钮，接着单击“下一步：选取收件人”超链接。

4) 在“选取收件人”对话框中单击“浏览”按钮对数据源进行设置，如图 7-17 所示。

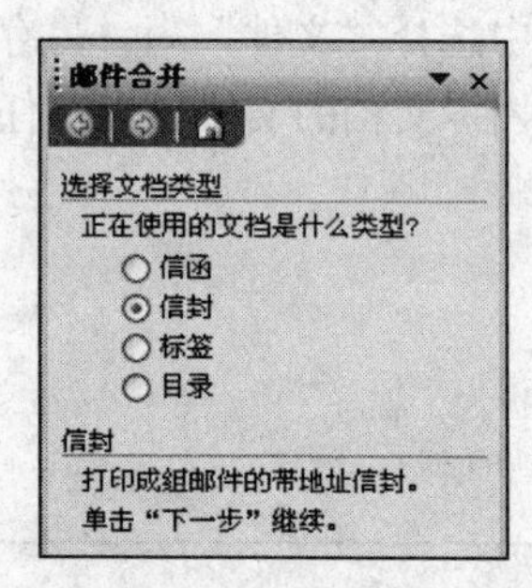

图 7-16　选择文档类型

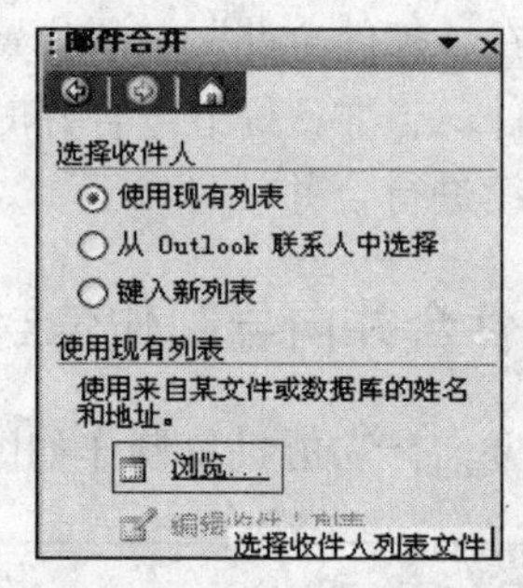

图 7-17　选择收件人

5) 将当前主文档与 Excel 表格“信件联系地址.xls”中的数据建立链接，同时设置筛选功能，在本例中要求收件人地址筛选包含“南通”的字段进行打印信封，如图 7-18 和图 7-19 所示。

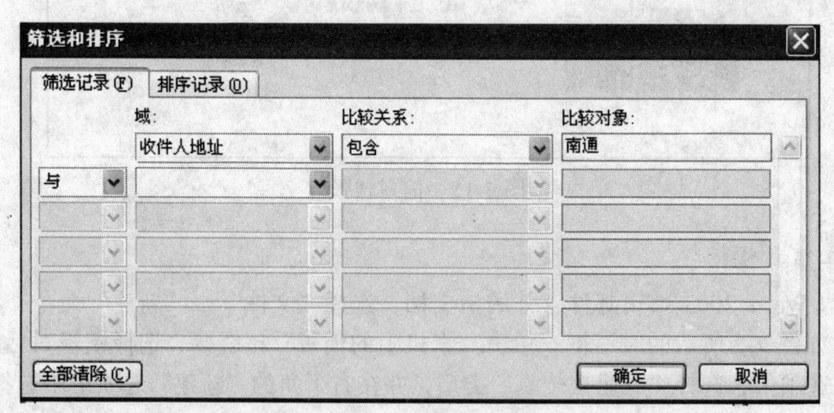

图 7-18　设置筛选条件

6) 单击“下一步：撰写信函”超链接，将光标定位在要插入域的指定位置上，单击“其他项目”按钮，根据“数据库域”提供的字段名插入对应域，如图 7-20 所示。

7) 单击“下一步：预览信函”超链接，可以通过预览信函给提供的按键进行页面切换，如图 7-21 所示。根据预览来判断合并后的结果。如果确认无误则根据向导继续下一步操作。

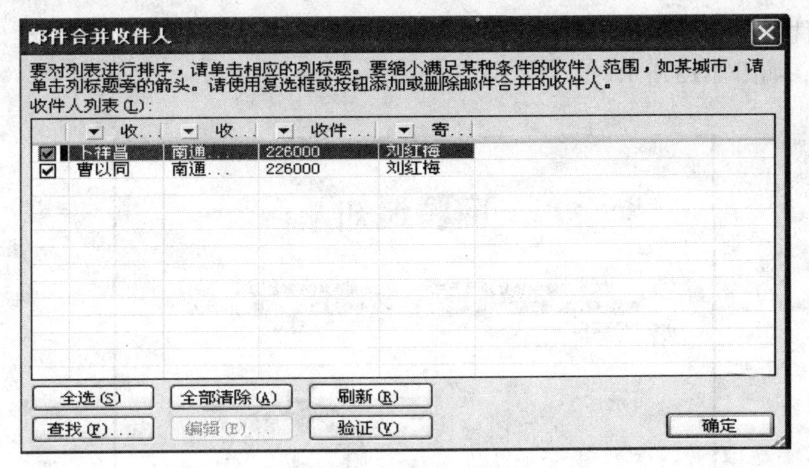

图 7-19　筛选结果

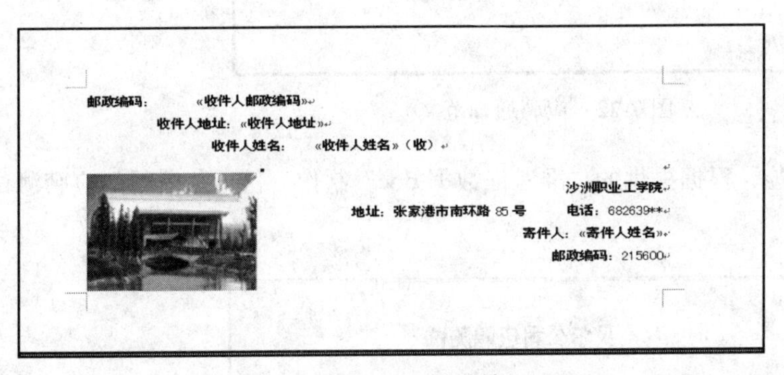

图 7-20　插入域

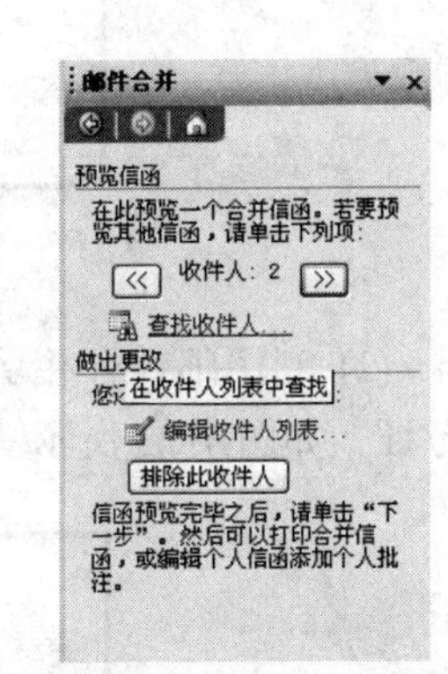

图 7-21　预览信函按键

8) 单击“下一步：完成合并”超链接，通过“编辑个人文档”功能可以将文档合并后生成一个新文档保存到“任务 7”文件夹中，也可以通过打印机直接打印输出。

7.3　案 例 总 结

本任务主要通过创建“沙洲职业工学院入学通知书”为例，便于学生掌握邮件合并功能，在制作通知书的这一过程中运用了系统自带的模板创建一个 Word 文档，并在新文档中利用域及邮件合并等一些典型功能对 Word 文档进行格式化。

通过本案例了解到邮件合并是 Word 的一项高级功能，其运算功能十分强大，在不到一分钟的时间就可将一千多份文档进行合并同时打印输出，是办公自动化人员应该掌握的基本技术之一。

7.4　课 后 练 习

(1) 利用邮件合并功能，根据提供的“学生信息.mdb”和“北京图格新知有限责任公司.bmp”文件制作一份应聘通知单，传给多位收件人，每个被邀请者的姓名、住址及出生日期都不相同，如图 7-22 所示。

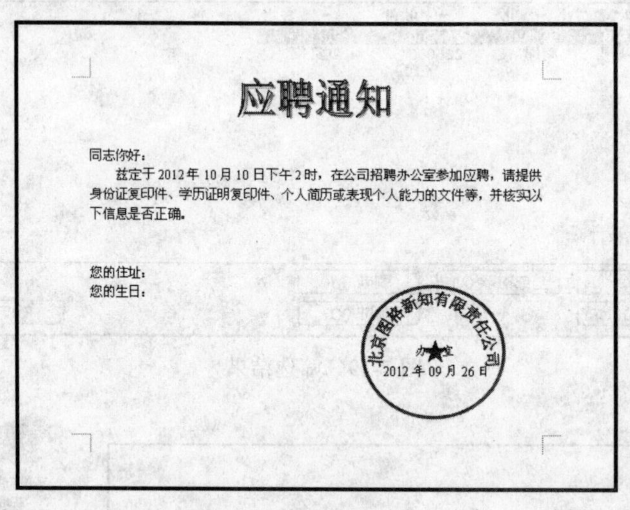

应聘通知

同志你好：

兹定于 2012年 10月 10日下午 2时，在公司招聘办公室参加应聘，请提供身份证复印件、学历证明复印件、个人简历或表现个人能力的文件等，并核实以下信息是否正确。

您的住址：
您的生日：

北京图格新知有限责任公司
办公室
2012 年 09 月 26 日

图 7-22　应聘通知范文

(2) 利用邮件合并功能，根据提供的“准考证数据.doc”制作一份贝尔公司的应聘测试准考证，如图 7-23 所示。

贝尔公司应聘测试

准考证

考号：204019903012	级别：1
考生姓名：李明	性别：男
专业：计算机	考室：103
场次：3	考试时间：23日下午

图 7-23　准考证范文

任务 8　Word 高级应用——毕业论文的排版

本任务以高校学生毕业之前必须要完成的最重要的毕业论文的编排为例，针对毕业设计(论文)格式编辑排版中的常见问题和一些排版技巧进行了详细说明，有助于学生按学院要求格式完成毕业设计(论文)。

8.1　案 例 分 析

8.1.1　提出任务

高校毕业生潘柳同学在毕业时必须要完成本专业的毕业论文的编写，并且要按照学校要求对论文进行统一的格式排版，通过前面几个任务的学习已经对 Word 的一些简单排版功能有了一定的了解，但是对于长篇文档的编辑排版却感觉无从下手，在指导老师的帮助和指导下潘柳同学完成了毕业论文的编辑和排版。

8.1.2　解决方案

Word 是一款功能强大的文字处理软件，可以利用 Word 的样式功能快速设置相应的标题格式，利用自动生成功能插入索引和目录，利用域灵活插入页眉和页脚等方法，对毕业论文进行相关格式的编辑排版。

8.1.3　相关知识点

在本任务中所涉及的 Word 对长文档编辑排版的方法和技巧概括起来，包括以下几个相关知识点。

1. Word 文档样式的应用

为了对论文进行快速排版，可以充分利用 Word 文档中的样式。样式是一套预先调整好的文本格式，这种文本格式中包括字体、字号、缩进等相关信息，同时每一个样式都有一个唯一的名字。样式可以应用于一段文本，也可以应用于几个字，所有格式都是一次完成的。

样式又分为系统自带的样式(即内置样式)和用户自定义的样式。内置样式可以根据用户需求进行修改，但是不允许删除。用户自定义样式可以根据用户的需要进行创建、修改和删除。

2. 添加目录

当我们拿来一本书想在最短的时间内了解书中所写的相关内容时，目录是必不可少的。

目录是一篇长篇文档或一本书的大纲提要，用户可以通过目录了解整个文档的整体结构，以便把握全局内容框架。在 Word 中可以直接将文档中套用样式的内容创建为目录，也可以根据需要添加特定内容到目录中。

3. 分节符的使用

在文档的编辑过程中，经常需要对同一个文档中的不同部分采用不同的版面设置，这时分节符就成为非常便捷的工具。

分节符是一种符号，所谓的“节”是指 Word 用来划分文档的一种方式。分节符是指在节的结尾处插入的标记。分节符包含节的格式设置内容，包括页边距、页眉、页脚、页面方向和页码顺序。

4. 特殊的页眉和页脚

页眉是指位于打印纸顶部的说明信息，页脚是指位于打印纸底部的说明信息。一篇文章为了方便排顺序与查看，一般在每页的页脚上都添加有页码。对文档的页眉和页脚进行设置有下面几种方法：

1) 对整篇文档创建统一的页眉或页脚。

2) 设置首页页眉和其他页页眉页脚不同。

3) 设置奇数页和偶数页页眉不同，页脚连续。

4) 设置不同章节的页眉不同，页脚连续。

毕业论文是比较正式的文稿，正式的文稿都需要设置页眉和页脚。得体的页眉和页脚，会使文稿显得更加规范，也会给阅读带来方便。设置文档不同部分显示不同的页眉内容，这时就需要用到之前所学的分节符。文档被分节符分隔成几部分且各自独立的样式(格式)，这样就可以为不同的“节”设置不同的页眉和页脚。

5. 自动化处理中的插入脚注和尾注

脚注和尾注是对论文添加的注释，经常在学术论文和一些专著中看到。在页面的底部所加的注释称为脚注；在文档的结尾所加的注释称为尾注。注释包括注释引用标记和注释文本两个部分，注释引用标记可以是数字也可以是字符，脚注和尾注可以相互转换。

脚注和尾注用于在打印文档时为文档中的文本提供解释、批注及相关的参考资料。可用脚注对文档的内容进行注释说明，而用尾注说明引用的文献。如果要移动注释引用标记，可将脚注或尾注直接拖动到新位置。

6. Word 文档模板的制作

样式和模板是 Word 为用户提供的时间节省器，使用它不但可以保证所有的文档外观非常漂亮，而且相关文档的外观保持一致。模板是一个文档，也可以形象地理解为一个容器，这个容器中包含了各种元素。样式也是这个容器中的一个元素，除了样式之外，模板还包含其他元素，如宏、自动图文集、自定义工具栏等。

系统中提供了大量的模板，每个模板都提供了一个样式集合，供用户格式化文档使用。因此可以把不同功能的模板自定义包含不同的元素。而一个模板中的这些元素，在处理同一类型的文档时可以重复使用，由此可以初步体会一下模板在避免重复劳动方面的重要意义。

除了系统提供的模板之外，用户也可以根据需要自己定义文档模板。方法很简单，新建一个 Word 文档，设置好文档的页眉和页脚，各种段落格式的字体、缩进颜色等内容。将文件另存为文档模板(.dot)即可。

8.2　实现方法

打开“任务 8”文件夹中的“计算机系毕业设计.doc”文档，对该毕业论文进行格式设置，使本文档符合毕业论文的格式要求。

8.2.1　页面设置

在进行页面设置之前，要确定打印纸张的大小和方向，这是非常重要的也是最基本的问题。毕业论文通常采用 A4 规格的纸张进行纵向单面打印，上、下、右页边距 2 厘米，左边距 2.5 厘米。通过“文件”菜单的“页面设置”对话框进行相关设置，如图 8-1 所示。

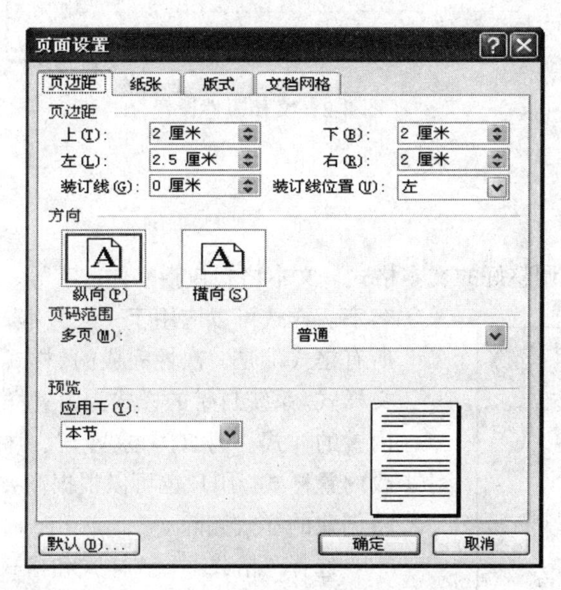

图 8-1　页面设置

在“纸张”选项卡的“纸张大小”下拉列表中选择预置的页边距，也可以在下拉列表中选择“自定义大小”，并在下方的“宽度”和“高度”文本框中设置自定义数据。在“文档网格”选项卡下可以通过“网格”选项组中的“指定行网格和字符网格”单选项对整篇文档显示多少行、每行显示多少个字符进行设置。

8.2.2　属性设置

文档编辑的原始创作人都希望作品能够保留自己的相关信息。通过几个月的毕业设计，完成的毕业论文也同样要标注上作者相关的信息。选择“文件”→“属性”命令，弹出文件属性对话框，在“摘要”选项卡的“标题”文本框中输入毕业论文的题目，“作者”文本框中输入编辑者的姓名，在“单位”文本框中输入所在班级，如图 8-2 所示。

计算机系毕业论文1. doc 属性

常规　摘要　统计　内容　自定义

标题(T): 毕业论文

主题(S):

作者(A): 潘柳

经理(M):

单位(O):

类别(E):

关键词(K):

备注(C):

超链接基础(H):

模板: Normal. dot

保存预览图片(V)

确定　取消

图 8-2　文档属性设置

8.2.3　使用样式

样式是一套预先调整好的文本格式。文本格式包括字体、字号、缩进等，并且样式都有名字。样式可以应用于一段文本，也可以应用于几个字，所有格式都是一次性完成的。样式又分为内置样式和自定义样式。系统自带的样式为内置样式，用户无法删除 Word 内置的样式。例如，“标题 1”、“标题 2”样式，但可以修改内置样式。用户也可以根据需要创建新的样式，还可以将创建的样式删除。

图 8-3　“样式和格式”任务窗格

选择“格式”→“样式和格式”命令，在编辑窗口右侧弹出“样式和格式”任务窗格，如图 8-3 所示，通过任务窗格可以进行设置所需的样式。

文中新建样式如表 8-1 所示。

创建新样式：创建新样式比较简单，首先在正文中选定要设置格式的字符或段落，选择“格式”→“样式和格式”命令，在如图 8-3 所示的任务窗格中单击“新样式”按钮，在弹出的“新样式”对话框中“名称”文本框中输入样式名称，再根据样式要求格式进行设置，并选中“添加到模板”复选框，一个新样式就建好了。

删除样式：删除样式也是非常简单的，在如图 8-3 所示的任务窗格中“请选择要应用的格式”下拉列表框中选择要删除的样式标题，单击鼠标右键，在弹出的快捷菜单中选择“删除”命令，用户新建的样式即可直接删除。

表 8-1 论文修改样式

名称	字体格式	段落格式	正文章节标题
标题 1	黑体，4 号	段前段后各空 0.5 行，居中对齐	一级标题
标题 2	宋体，小 4 号，加粗	段前段后各空 0.5 行，左对齐	二级标题
标题 3	宋体，小 4 号	段前段后各空 0.5 行，左对齐	三级标题
目录	宋体，小 4 号	1.5 倍行间距	目录正文

修改样式：在图 8-3 所示的任务窗格中“请选择要应用的格式”下拉列表框中选择要修改的样式标题，单击鼠标右键，在弹出的快捷菜单中选择“修改”命令，就会弹出“修改样式”对话框，“修改样式”对话框和前面介绍的“新建样式”对话框的设置方法基本类似，如图 8-4 所示。例如，修改“标题 1”，将“一级标题”样式的字体改为“黑体”、“四号”、格式段落设置段前段后各为 0.5 行，并将其“添加到模板”。

图 8-4 修改样式

同样方法将表 8-1 中所列样式中的“标题 1”、“标题 2”、“标题 3”进行修改，利用格式工具栏中“格式刷”对相应格式进行设置。

8.2.4 添加目录

在 8.2.3 节中如果已经将文章中的标题格式全部应用了样式,那么创建目录就非常简单了。

1) 按论文格式要求，目录放在正文的前面。在正文前插入一新页(在前言的标题前插入一个分节符)，光标移到“目录”二字的后面，按回车键(重新起段落)，将光标定位到要插入目录的位置。

2) 选择“插入”→“引用”→“索引和目录”命令。

3) 切换到“目录”选项卡，如图 8-5 所示，“显示级别”为 3 级。

4) 根据格式设置要求填写完成后单击“确定”按钮就可快速生成文档的目录。

5) 当重新修改文章内容后，需要更新一下目录，方法是：右击目录区域，在弹出的快捷菜单中选择“更新域”命令，如图 8-6 所示。

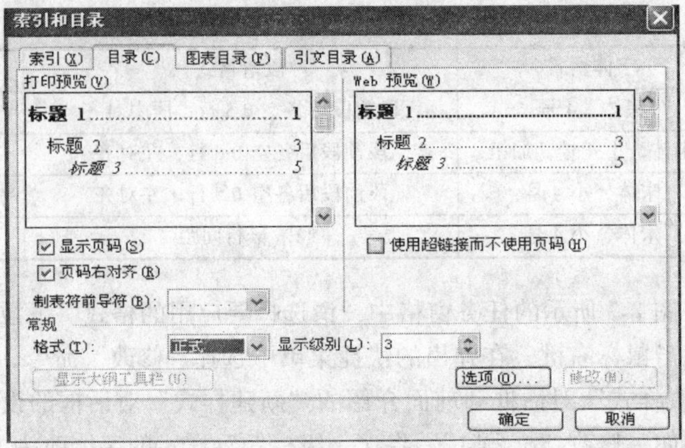

图 8-5　“索引和目录”对话框

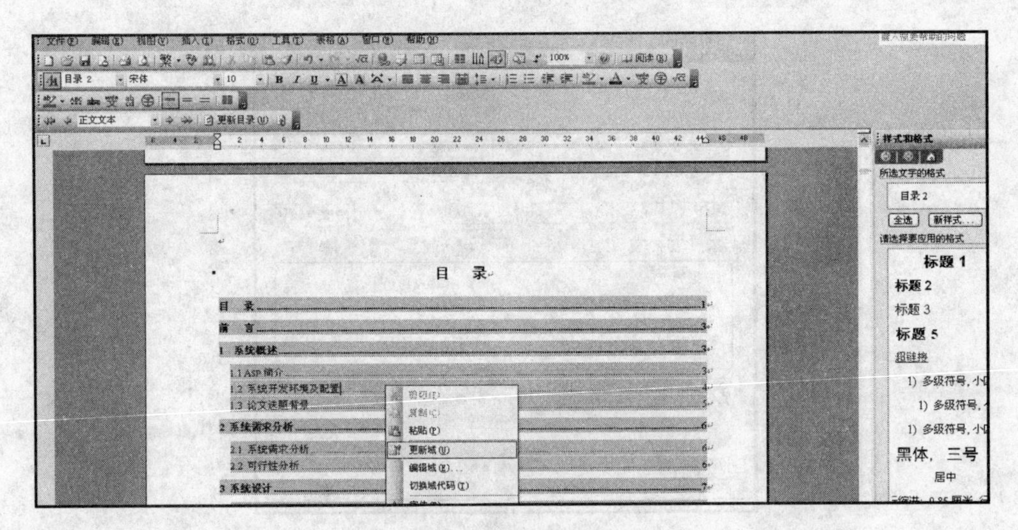

图 8-6　更新目录

若有章节标题不在目录中，肯定是正文中的相关标题没有使用标题样式或使用不当，不是 Word 的目录生成有问题，应该到相应章节检查。

很多高校对毕业论文的目录格式要求不同，有可能和系统中自带的目录格式不同，如果要利用自定义格式生成目录，可以先新建一个样式，再插入“目录”过程中应用用户自定义的目录样式，步骤如下。

1) 将光标定位到要插入目录的位置(第 3 页“目录”的下方)。

2) 选择“插入”→“引用”→“索引和目录”命令。

3) 切换到“目录”选项卡中，弹出如图 8-5 所示对话框。

4) 在左下角的“格式”下拉列表框选择恰当的格式，然后选择制表符前导符的类型，再设置是否显示页码、页码对齐方式和显示大纲级别的级数。

5) 如果对生成目录的字体和段落不满意，可以选择目录并单击鼠标右键，在弹出的快捷菜单中选择“字体”或“段落”命令，打开“字体”或“段落”对话框，进行相关设置，和设置普通文本一样。也可以通过“目录”选项卡的“修改”按钮进入“样式”对话框，分别对目录 1、目录 2、目录 3 的字体进行修改，如图 8-7 所示。

6) 如果因为修改文档而导致的页码不符，可以更新目录。

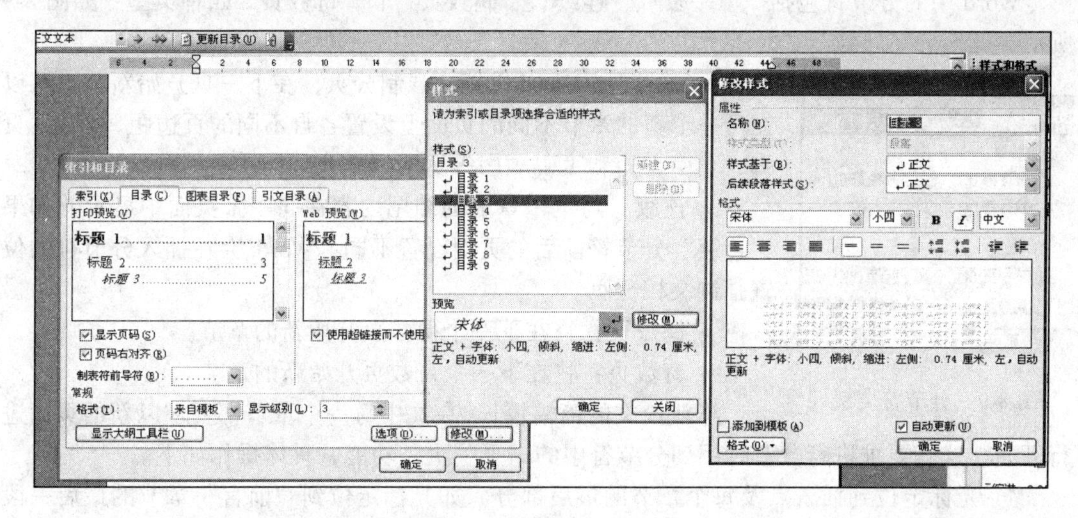

图 8-7　修改目录中字体

如果希望将文档创建的目录转换为普通文字，可以选择整个目录，然后按 Ctrl + Shift + F9 组合键，即可中断目录与正文的链接。

选择转换后的文本内容，通过“格式”菜打开“样式和格式”任务窗格，在任务窗格中选择“超链接”单击右键在弹出的快捷菜单中选择“修改”命令，在主菜单中选择“格式”→“字体”命令，弹出“字体”对话框，将所有字体颜色设置成“黑色”、下划线线型设置为“无”，然后单击“确定”按钮，如图 8-8 所示。这时，就可以像编辑普通文字那样直接编辑目录。

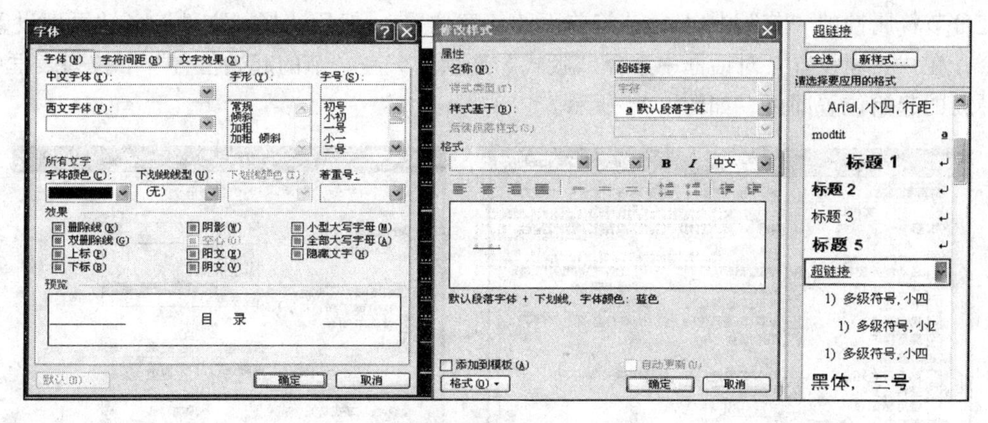

图 8-8　修改目录超链接字体格式

注 意

目录生成后，有时目录文字会有灰色的底纹，这是 Word 的域底纹，打印时不会打印出来。

8.2.5　插入分节符

Word 中的分节符包括“下一页”、“连续”、“偶数页”和“奇数页”四种类型，如图 8-9 所示。

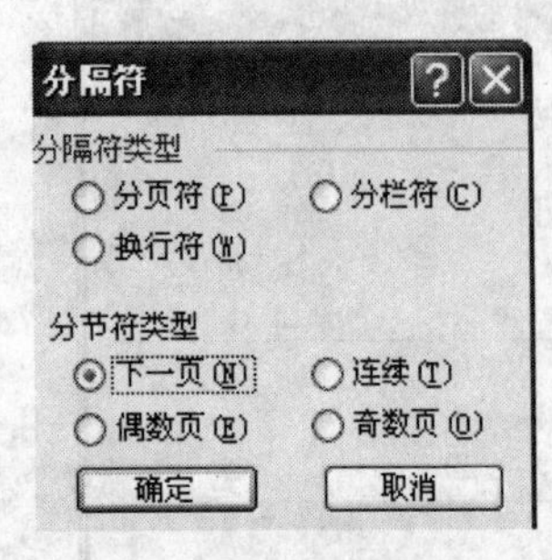

图 8-9　分节符类型

- 下一页：Word 文档会强制分页，在下一页开始新节。可以在每一个新的章节不同的页面上设置各自不同的页边距、页眉、页脚、页面方向和页码顺序等页面的格式。
- 连续：与上一章节的结尾内容在同一张页面中显示。如果“连续”分节符前后的页面设置不同，Word 会在插入分节符的位置强制文档分页。
- 偶数页：将在下一个偶数页开始新的章节。
- 奇数页：将在下一个奇数页开始新的章节。

毕业论文的篇幅较长，在文中每一个章节都要求以新的页面进行开始。这就要求进行分节时用到分节符中的“下一页”功能，具体操作如下。

1) 光标定位到插入点及每个章节的最后部分，如光标定位到“前言”章节的最后一段“……用户来实现。”的后面，按 Enter 键。

2) 选择“插入”→“分隔符”命令，打开图 8-9 所示的“分隔符”对话框。

3) 在“分页符类型”选项组中的选中“下一页”单选按钮，单击“确定”按钮。

4) 依此类推每个章节的最后都插入分节符类型中的“下一页”。

插入分节符之后，很可能看不到它。因为页面视图模式下用户通常是看不到分节符的。这时，通过视图切换功能切换到普通视图下就可以看到分节符并对其进行编辑，也可以选择“工具”→“选项”命令，打开“视图”对话框，在格式标记区域选中“全部”复选框，让分节符现出原形，如图 8-10 所示。

如果需要改变分节符属性，无需删除该分节符重新插入新的分节符。把光标放置在需要改变分节符属性的“节”中(即分节符前面的任意位置)，然后选择“文件”→“页面设置”命令，在“页面设置”对话框中选择“版式”选项卡，在“节的起始位置”下拉列表框中，选择新的起始位置即可，如图 8-11 所示。

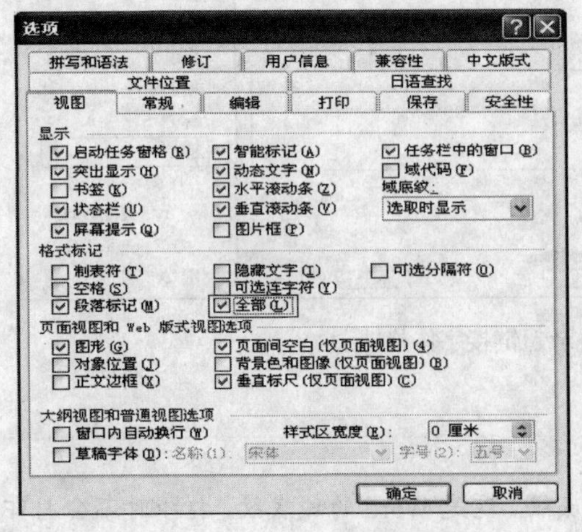

图 8-10　显示分页符设置

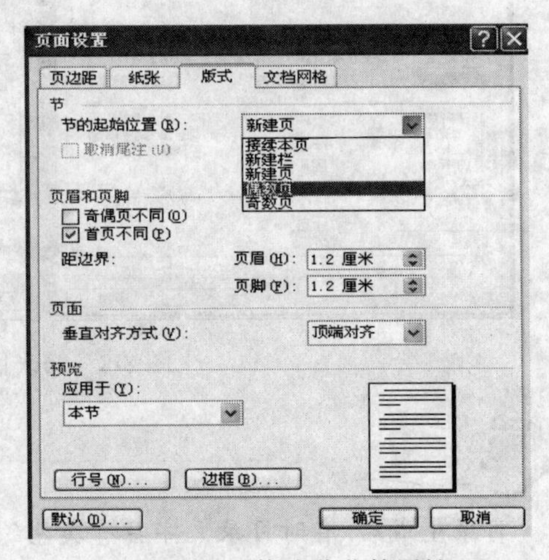

图 8-11　修改分节符属性

8.2.6 添加页眉

对高校毕业论文进行排版的过程中，通常对不同的章节设置不同的页眉，在本任务的论文中对不同章节分别设置如表 8-2 所示的页眉。

表 8-2 页眉格式设置

页眉设置页面	页眉设置内容	字体格式
摘要	在线商城系统设计与实现	宋体，小五号，居中
目录	沙洲职业工学院毕业设计(论文)	
前言	课题背景	
第一章	第一章 系统概述	
第二章	第二章 系统需求分析	
第三章	第三章 系统概要设计	
第四章	第四章 系统详细设计	
第五章	第五章 系统实现	
第六章	第六章 系统测试	
总结	总结	
参考文献	参考文献	
致谢	致谢	

前面插入分节符必须要正确，否则在这里不同页眉将无法设置。创建不同章节不同页眉的具体操作步骤如下。

1) 选择“视图”→“页眉和页脚”命令，打开页眉和页脚工具栏。

2) 将光标定位在要设置页眉的位置，在页眉的右上角是否有“与上一节相同”字样。如果有，单击页眉和页脚工具栏中的“链接到上一节”按钮，使其按钮处于关闭状态，如图 8-12 所示。

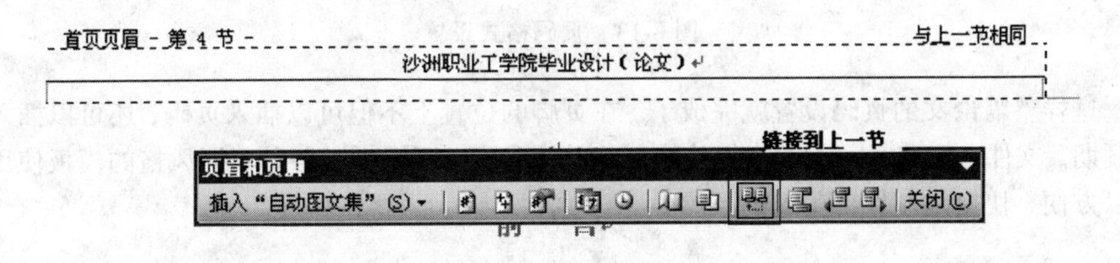

图 8-12 设置页眉

3) 在不同的章节页眉中输入对应的内容，并通过格式工具栏设置其格式。

4) 设置完成后检查一遍，看是否有错误或遗漏的地方，进行修改。

8.2.7 添加页脚

由于摘要、目录和正文是三个不同的内容，所以设置页码时采用重新排序的方式，具体操作步骤如下。

1) 通过“视图”菜单打开页眉和页脚工具栏。

2) 将光标定位到摘要页脚位置，单击页眉和页脚工具栏中的“插入页码”按钮。

3) 选中插入的页码域，单击页眉和页脚工具栏中的“设置页码格式”按钮，如图 8-13 所示。

4) 在页码格式中设置数字格式“1,2,3…”，页码编排中选择起始页码为“1”，单击“确定”按钮。

5) 将光标定位到英文摘要的页脚处设置页码格式中页码编排“续前节”。

6) 将光标定位到目录页面中的页脚位置，先将如图 8-12 所示的“链接到上一节”按钮关闭。

7) 通过页眉和页脚工具栏插入页码并设置页码编排起始页码从“1”开始。

8) 同样方法，将光标定位到前言页面中的页脚位置，将“链接到上一节”按钮关闭，并设置页码格式中页码编排“起始页码”从“1”开始。

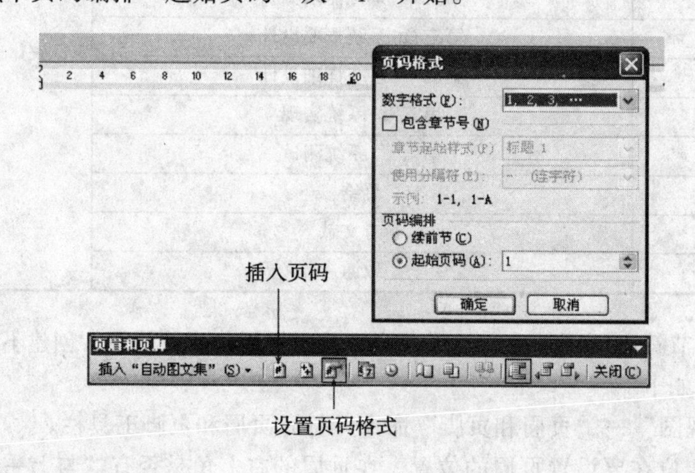

图 8-13 页码格式设置

这样整篇论文的页码设置就完成了。在页脚的位置上不但可以插入页码，还可以插入创建日期、文件名和路径、作者等相关信息，同时系统中还提供了各种不同风格的模板使用户可以方便、快捷地制作出美观的页脚。

8.2.8 不同的页面格式设置

利用 Word 编辑论文时，很多人喜欢使用图表这种简明的表达方式。有时某张图表列数太多，纵向 A4 纸的页面无法容纳整张图表，如果把图表放在横向的 A4 纸页面上却非常合适。怎样为 Word 文档中的部分页面单独设置页面方向呢？即只让这张图表所在页面变成横向而其他页面仍保持纵向。

首先确定在图表所在页面的起始位置上插入一个“下一页”的分节符，在图表的下方也插入一个“连续”分节符，光标定位到图表所在页面上，选择“文件”→“页面设置”命令，打开“页面设置”对话框，在“页边距”选项卡中选中“横向”单选按钮，然后单击“确定”

按钮。

在本任务中将“前言”页面设置为横向排版，其他页面仍保持纵向，具体操作步骤如下。

1) 前面已对前言章节插入了分节符，这里只需要光标定位在本页面中就可以了。

2) 选择“文件”→“页面设置”命令，打开“页面设置”对话框。

3) 选中“页边距”选项卡，单击“方向”选项组中的“横向”单选按钮，单击“确定”按钮。

分节符是在节的结尾处插入的标记，在文档中插入分节符后，各节可以有不同的设置，而不会影响其他节的设置。

8.2.9　添加脚注和尾注

本论文中插入如表 8-3 所示的脚注和尾注，以及脚注和尾注插入的具体位置。插入方法如图 8-14 所示，在弹出的“脚注和尾注”对话框中可以对脚注和尾注的格式进行编辑和更改。

表 8-3　脚注和尾注

注释类型	插入点	注释内容
脚注	“1.2”中的“…ASP 的运行环境”后面	引用自《ASP 动态网站案例开发》
尾注	“2.2 可行性分析”后面	陈益材 谭英明.《企业网站完美设计与制作》.2006 年 1 月第 1 版，人民邮电出版社
尾注	“3.2”中的“…系统结构设计图”后面	吴教育，曾东海，曾文权.《Web 开发技术——ASP 》.2006 年 12 月第 1 版，清华大学出版社
尾注	“6.1.3”中“…数据库管理”后面	申莉莉.《数据库系统与教程 》.2006 年 8 月第 5 次印刷，清华大学出版社、中国劳动社会保障出版社

具体操作步骤如下。

1) 将光标移到要插入注释处，选择“插入”→“引用”→“脚注和尾注”命令，如图 8-14 所示。

2) 在打开“脚注和尾注”对话框中选择脚注，编号方式为“连续”，所在位置为“页面底端”，如图 8-15 所示。

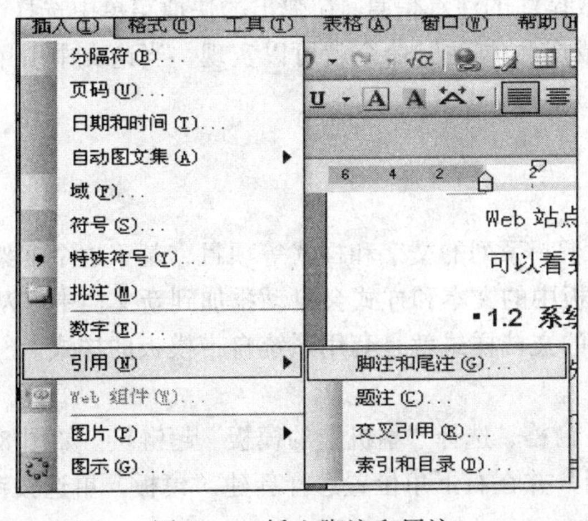

图 8-14　插入脚注和尾注

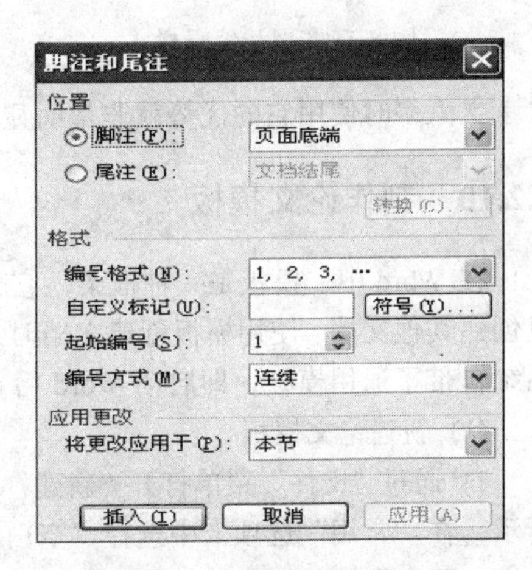

图 8-15　设置脚注和尾注格式

3) 如果“编号格式”后不是阿拉伯数字，则选右下角的“选项”，在编号格式中选中阿拉伯数字。

4) 确定后在该处就插入了一个上标“1”，光标自动跳到页面结尾，前面是一个上标“1”，这是输入脚注注释的地方。

5) 将注释中的上标“1”格式通过字体格式设置去除上标，使“1”格式正常。(不能将上标删掉重新输入，否则注释以后如果移动位置，这个序号就不会随之改变)然后在它后面输入所插入的注释。

6) 双击参考文献前面的“1”，光标就回到了文章内容中插入参考文献的地方，可以继续写文章了。

7) 在下一个要插入注释的位置再次按以上方法插入尾注，光标自动跳到文档结尾，前面是一个上标“1”，在这里输入尾注注释的信息。

8) 依此类推，就会出现一个“2”(Word 2003 自动为脚注和尾注进行排序)，继续输入所要插入的参考文献。

所有参考文献都引用完后，发现在第一篇参考文献前面有一条短横线(普通视图里才能看到)，如果参考文献跨页，在跨页的地方还有一条长横线，这些线无法选中，也无法删除，这是尾注的标志。一般科技论文格式中都不能有这样的线，所以一定要把它们删除。具体操作步骤如下。

1) 切换到普通视图，选择“视图”→“脚注”→“尾注的编辑栏”命令。

2) 在编辑窗口会弹出如图 8-16 所示的尾注编辑栏，尾注右边的下拉菜单中选择“尾注分隔符”，这时那条短横线出现了，选中它，删除。

3) 在下拉菜单中选择“尾注延续分隔符”，这时那条长横线出现了，选中它，删除。

4) 切换回到页面视图，参考文献插入已经完成。

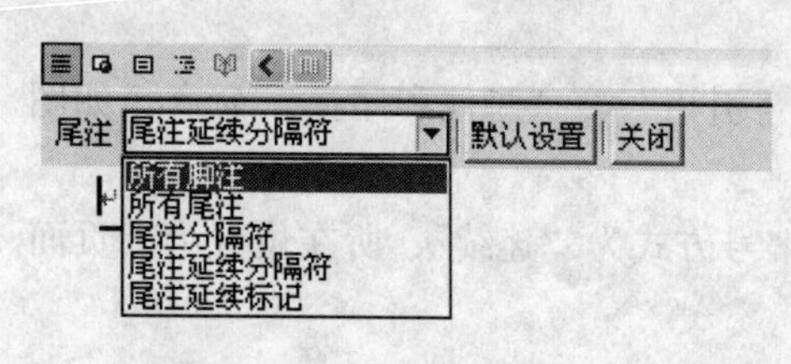

图 8-16 尾注编辑栏

这时，无论文章如何改动，参考文献都会自动排好序。如果删除了前面的尾注符号，后面的参考文献也会自动消失，绝不出错。

脚注和尾注也可以相互转换，方法是：右击脚注或尾注的注释信息，在弹出的快捷菜单中选择“转换成尾注/脚注”命令就可以实现。当论文中引用的参考文献多时使用它的优势就非常明显。

8.2.10 制作论文模板

在 Word 中，模板是一种框架，它包含了一系列的文字和样式等项目，基于这个框架可以创建其他文档。使用模板创建文档时，模板中的文本和样式会自动添加到新文档中。Word 系统自带了通用模板，即启动 Word 后新建的文档样式就是套用系统自带模板的样式。

(1) 新建论文模板

1) 通过“文件”菜单打开“新建”任务窗格，选择“本机上的模板”超链接。如图 8-17 所示，在“常用”选项卡中选择“空白文档”并在右下角位置选择新建“模板”单选按钮，单击“确定”按钮。

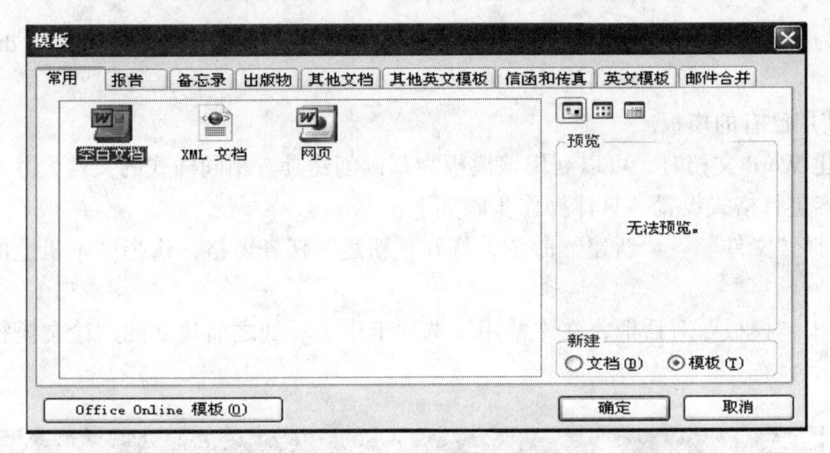

图 8-17　新建论文模板

2) 设置页面：设置纸张 A4 类型、上、下、右页边距 2 厘米、左边距 2.5 厘米，其他默认就可以了。

3) 设置正文的格式：通过“格式”菜单，打开“样式和格式”任务窗格，选择“正文”样式，单击鼠标右键，在弹出的快捷菜单中选择“修改”命令，弹出“修改样式”对话框并对正文字体进行设置，设置中文字体为“宋体”，西文字体为“Times New Roman”，“字型”为常规，小四号字，段落设置首行缩进 2 个字符、行间距为 1.25 倍，如图 8-18(a)所示。

4) 设置标题：分别对“标题 1”、“标题 2”、“标题 3”三种样式进行修改，使它们的格式符合高校对论文中的章、节和要点的格式设置要求，如图 8-18(b)所示。

5) 生成目录：根据表 8-1 所示的“目录”样式，修改样式中的“目录 1”、“目录 2”和“目录 3”对生成的三级目录进行格式设置。

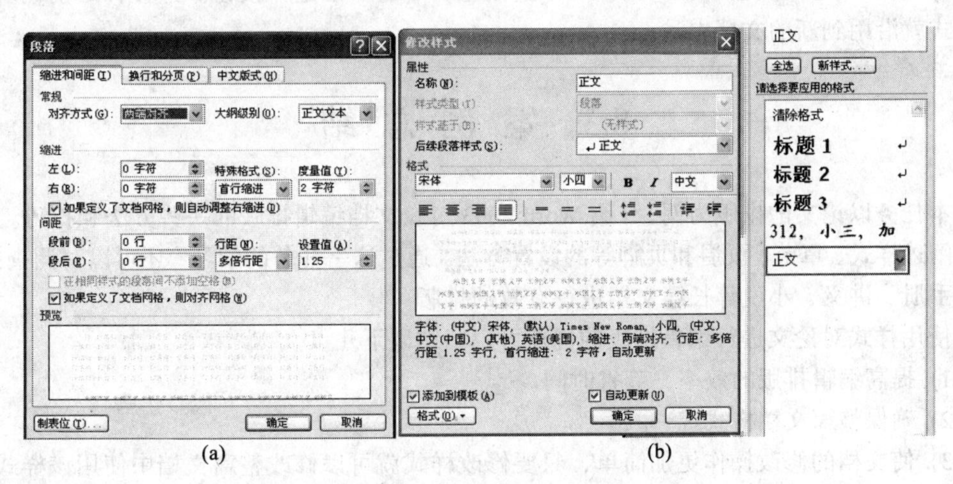

图 8-18　设置模板正文样式

6) 设置页眉页脚：论文中要求页脚要从“目录”后的页面正文部分重新进行排序，所以在目录后面插入一个“下一页”分节符，并通过“视图”菜单的页眉和页脚工具栏对页脚中的页面进行重新排序。

到此为止，论文的模板制作完成，通过“文件”菜单将模板以“论文模板.dot”名称进行保存即可。

(2) 使用已有的模板

当新建 Word 文档时，可以利用该模板为基础创建具有相同样式的文档，并对新文档中的具体内容进行格式设置，具体操作步骤如下。

1) 选择“文件”→“新建”命令，打开“新建”任务窗格，选择“本机上的模板”超链接。

2) 弹出“模板”对话框，在“常用”选项卡中会看到之前建立的“论文模板.dot”，如图 8-19 所示。

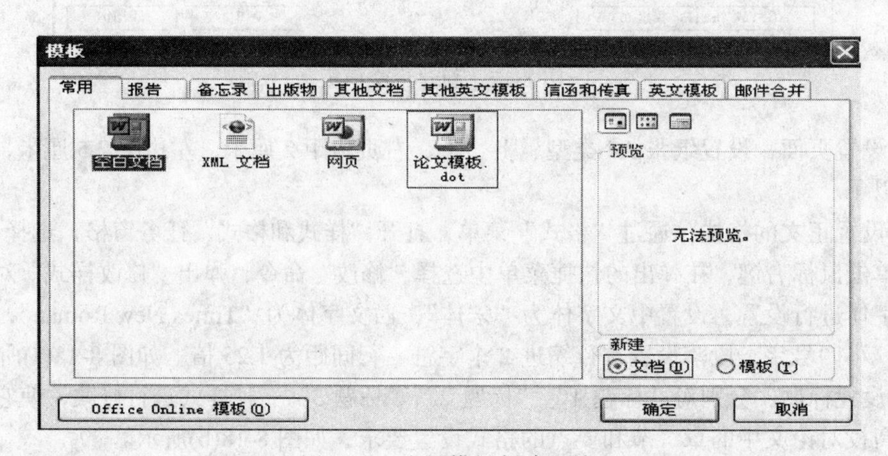

图 8-19 应用模板创建文档

3) 选中“论文模板”和“文档”单选按钮，单击“确定”按钮。这样，之前编辑的文档格式就沿用到新的文档中。

8.3 案例总结

本任务以论文的排版为例，介绍 Word 2003 对长文档编辑排版的一些方法和技巧。其中，着重阐述样式、章节、页眉和页脚等的设置方法。通过这一任务的学习，还可以对调查报告、使用手册、讲义、小说等长篇文档进行有效的排版。

使用样式对论文进行编辑排版的优点可以归纳以下几点。

1) 提高编辑排版的效率，节省时间。

2) 确保整篇文档格式统一。

3) 使文档的修改操作更加简单，只要修改样式就可以修改整篇文档中使用该样式的文档格式。

4) 样式设置完成后可以在不同文档中同时使用一个统一的样式或模板，有利于格式的复制。

本任务还通过在论文中根据具体情况插入若干“分节符”，将整篇文档分为若干节，通过断开节与节之间的页面或页脚链接，对不同节中的页眉和页脚进行格式设置，对长篇文档排版的方法与技巧进行了详尽的阐述。

8.4 课 后 练 习

(1) 参考范文对“2010 年暑期社会实践调查报告.doc”进行格式排版，其中包括：利用“分页符”对页眉和页脚进行格式设置，利用“样式”对三级标题格式进行设置，修改“目录”格式并自动生成目录，如图 8-20 和图 8-21 所示。

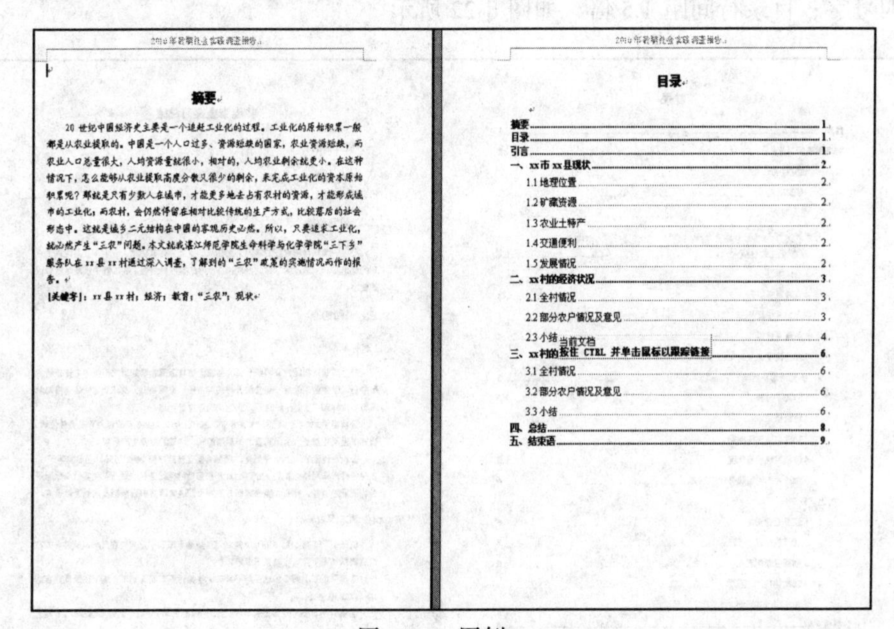

2010年暑期社会实践调查报告

摘要

20 世纪中国经济史主要是一个追赶工业化的过程。工业化的原始积累一般都是从农业提取的。中国是一个人口过多、资源短缺的国家，农业资源短缺，而农业人口总量很大，人均资源量就很小，相对的，人均农业剩余就更小。在这种情况下，怎么能够从农业提取高度分散又很少的剩余，来完成工业化的资本原始积累呢？那就是只有少数人在城市，才能更多地去占有农村的资源，才能形成城市的工业化；而农村，会仍然停留在相对比较传统的生产方式，比较落后的社会形态中。这就是城乡二元结构在中国的客观历史必然。所以，只要追求工业化，就必然产生“三农”问题。本文就我湛江师范学院生命科学与化学学院“三下乡”服务队在 xx 县 xx 村通过深入调查，了解到的“三农”政策的实施情况而作的报告。

【关键字】：xx 县 xx 村；经济；教育；“三农”；现状

2010年暑期社会实践调查报告

目录

当前文档
按住 CTRL 并单击鼠标以跟踪链接

图 8-20　图例(一)

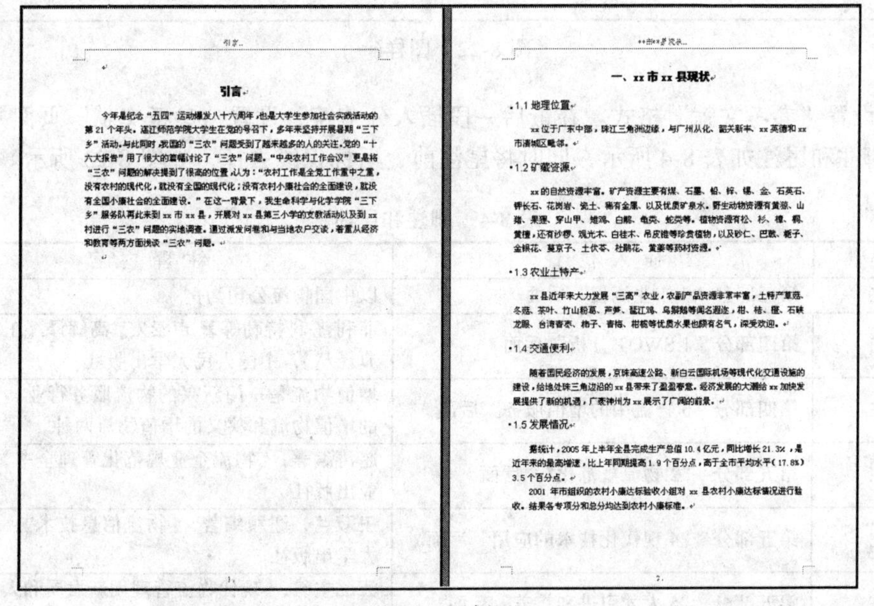

引言

引言

今年是纪念“五四”运动爆发八十六周年，也是大学生参加社会实践活动的第 21 个年头。湛江师范学院大学生在党的号召下，多年来坚持开展暑期“三下乡”活动。与此同时，我国的“三农”问题受到了越来越多的人的关注。党的“十六大报告”用了很大的篇幅讨论了“三农”问题。“中央农村工作会议”更是将“三农”问题的解决提到了很高的位置，认为：“农村工作是全党工作重中之重，没有农村的现代化，就没有全国的现代化；没有农村小康社会的全面建设，就没有全国小康社会的全面建设。”在这一背景下，我生命科学与化学学院“三下乡”服务队再此来到 xx 市 xx 县，开展对 xx 县第三小学的支教活动以及到 xx 村进行“三农”问题的实地调查。通过派发问卷和与当地农户交谈，着重从经济和教育等两方面浅谈“三农”问题。

xx市xx县现状

一、xx 市 xx 县现状

1.1 地理位置

xx 位于广东中部，珠江三角洲边缘，与广州从化、韶关新丰、xx 英德和 xx 市清城区毗邻。

1.2 矿藏资源

xx 的自然资源丰富。矿产资源主要有煤、石墨、铅、锌、锡、金、石英石、钾长石、花岗岩、瓷土、稀有金属、以及优质矿泉水。野生动物资源有黄猄、山猪、果狸、穿山甲、雉鸡、白鹇、龟类、蛇类等。植物资源有松、杉、樟、桐、黄檀，还有沙椤、观光木、白桂木、吊皮锥等珍贵植物，以及砂仁、巴戟、栀子、金银花、莫京子、土伏苓、杜鹃花、黄姜等药材资源。

1.3 农业土特产

xx 县近年来大力发展“三高”农业，农副产品资源非常丰富，土特产草菇、冬菇、茶叶、竹山粉葛、芦笋、鹰江鸡、乌鬃鹅等闻名遐迩，柑、桔、橙、石硖龙眼、台湾香蕉、柿子、青梅、柑榄等优质水果也颇有名气，深受欢迎。

1.4 交通便利

随着国民经济的发展，京珠高速公路、新白云国际机场等现代化交通设施的建设，给地处珠三角边沿的 xx 县带来了盈盈春意。经济发展的大潮给 xx 加快发展提供了新的机遇，广袤神州为 xx 展示了广阔的前景。

1.5 发展情况

据统计，2005 年上半年全县完成生产总值 10.4 亿元，同比增长 21.3%，是近年来的最高增速，比上年同期提高 1.9 个百分点，高于全市平均水平（17.8%）3.5 个百分点。

2001 年市组织的农村小康达标验收小组对 xx 县农村小康达标情况进行验收。结果各专项分和总分均达到农村小康标准。

2

图 8-21　图例(二)

(2) 参考范文对“物流专业实习总结.doc”文档进行编辑排版，排版内容包括：

1) 页面设置。A4 纸，页边距上、下、左、右 2.5cm，每页显示 42 行，每行 44 个字符，在页脚位置插入页码居中显示。

2) 标题格式设置。正文中一级目录：黑体，三号字，加粗，居中显示；二级目录：宋体，四号字，左对齐；三级目录：宋体，小四号字，左对齐，一级、二级和三级目录段前段后空 0.5 行，行间距 1.5 倍；正文：宋体，小四号字，1.25 倍行间距，段落首行缩进 2 个字符。

3) 自动生成目录。三级目录，一级目录：宋体，小四号字，加粗；二级三级目录：宋体，小四号字；目录行间距 1.5 倍，如图 8-22 所示。

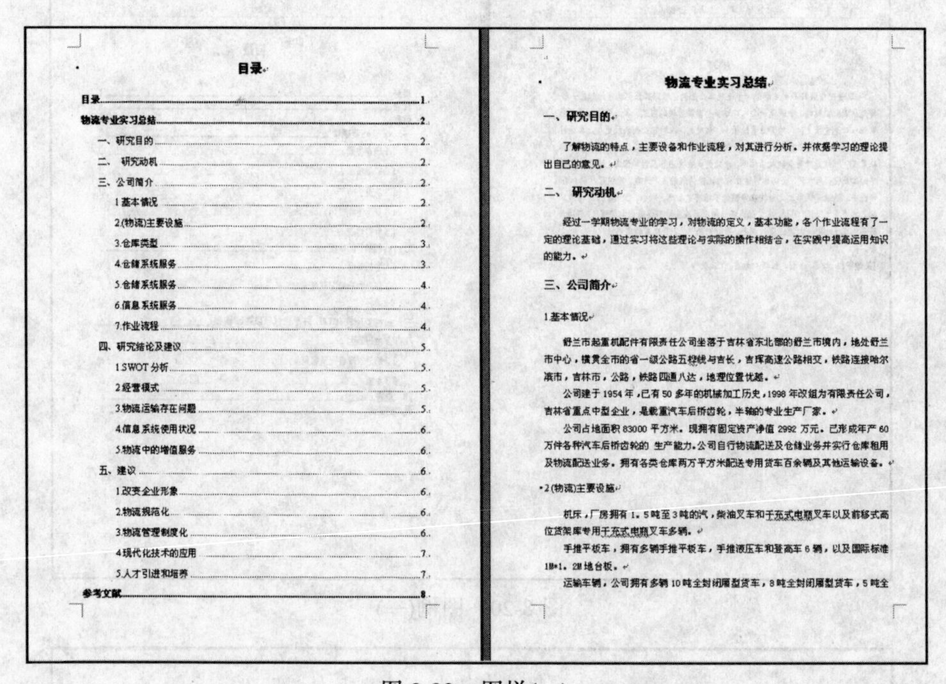

目录

物流专业实习总结

一、研究目的

了解物流的特点，主要设备和作业流程，对其进行分析。并依据学习的理论提出自己的意见。

二、 研究动机

经过一学期物流专业的学习，对物流的定义，基本功能，各个作业流程有了一定的理论基础，通过实习将这些理论与实际的操作相结合，在实践中提高运用知识的能力。

三、公司简介

1基本情况

舒兰市起重机配件有限责任公司坐落于吉林省东北部的舒兰市境内，地处舒兰市中心，横贯全市的省一级公路五桦线与吉长，吉珲高速公路相交，铁路连接哈尔滨市，吉林市，公路，铁路四通八达，地理位置优越。

公司建于 1954 年，已有 50 多年的机械加工历史，1998 年改组为有限责任公司，吉林省重点中型企业，是载重汽车后桥齿轮，半轴的专业生产厂家。

公司占地面积 83000 平方米。现拥有固定资产净值 2992 万元。已形成年产 60 万件各种汽车后桥齿轮的 生产能力。公司自行物流配送及仓储业务并实行仓库租用及物流配送业务。拥有各类仓库两万平方米配送专用货车百余辆及其他运输设备。

2(物流)主要设施

机床，厂房拥有 1．5 吨至 3 吨的汽，柴油叉车和千充式电瓶叉车以及前移式高位货架库专用千充式电瓶叉车多辆。

手推平板车，拥有多辆手推平板车，手推液压车和登高车 6 辆，以及国际标准 1M*1．2M 地台板。

运输车辆，公司拥有多辆 10 吨全封闭厢型货车，8 吨全封闭厢型货车，5 吨全

图 8-22　图样(一)

4) 设置“参考文献”格式。在最后一段插入分节符，设置“参考文献”页面并对应位置插入脚注和尾注如表 8-4 所示，同时将尾注前、后标识线去掉，如图 8-23 所示。

表 8-4　脚注和尾注

注释类型	插 入 位 置	注 释 内 容
脚注	第三部分“7.作业流程”后面	以中国物流公司为例
尾注	第四部分“1.SWOT 分析”后面	菲利普·科特勒等著.卢泰宏，高辉译.《工商管理经典译丛》，中国人民大学出版社
脚注	第四部分“5.物流中的增值服务”后面	增值物流是一门新兴的物流服务行业，分为广义的增值物流和狭义的增值物流两种
尾注	第五部分 “2.物流规范化” 后面	赵涛编著，《物流企业规范化管理全书》，电子工业出版社
尾注	第五部分 “4.现代化技术的应用”后面	王菽兰，谢颖编著，《物流信息技术》，北京交通大学出版社
尾注	第五部分 “5.人才引进和培养”后面	汪泓主编，《现代物流管理创新发展和人才培养》，上海交通大学出版社

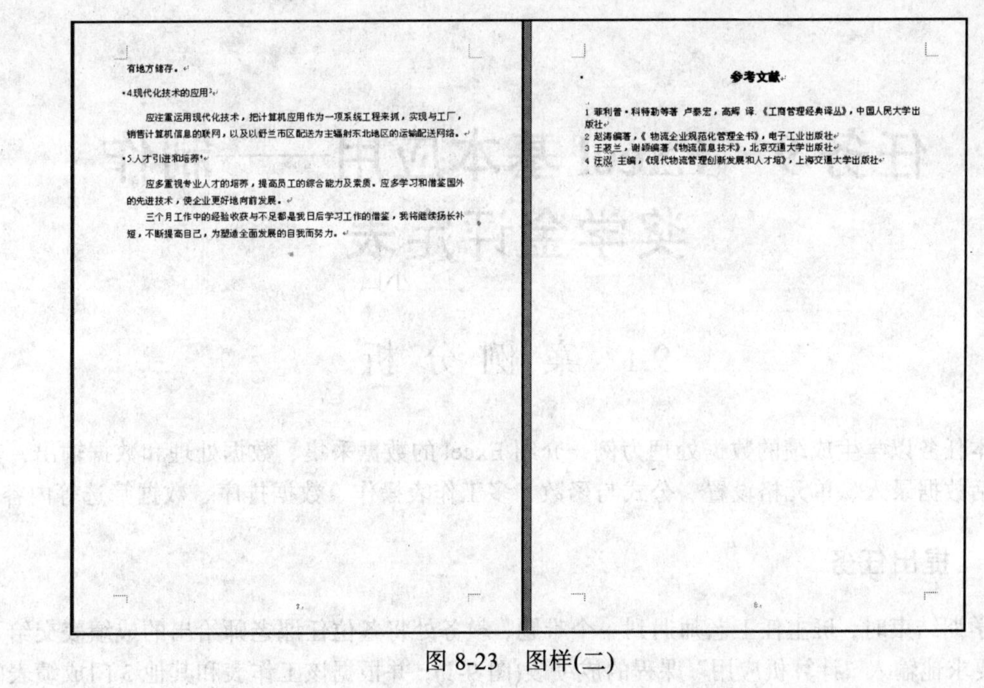

有地方储存。

4.现代化技术的应用[3]

应注重运用现代化技术，把计算机应用作为一项系统工程来抓，实现与工厂，销售计算机信息的联网，以及以舒兰市区配送为主辐射东北地区的运输配送网络。

5.人才引进和培养[4]

应多重视专业人才的培养，提高员工的综合能力及素质。应多学习和借鉴国外的先进技术，使企业更好地向前发展。

三个月工作中的经验收获与不足都是我日后学习工作的借鉴，我将继续扬长补短，不断提高自己，为塑造全面发展的自我而努力。

2

参考文献

1 菲利普·科特勒等著 卢泰宏，高辉 译.《工商管理经典译丛》，中国人民大学出版社
2 赵涛编著，《 物流企业规范化管理全书》，电子工业出版社
3 王菽兰，谢颖编著《物流信息技术》，北京交通大学出版社
4 汪泓 主编，《现代物流管理创新发展和人才培》，上海交通大学出版社

8

图 8-23　图样(二)

任务9 Excel基本应用——制作奖学金评定表

9.1 案 例 分 析

本任务以学生成绩的数据处理为例，介绍Excel的数据采集、数据处理和数据输出，其中包括数据录入、单元格设置、公式与函数、多工作表操作、数据排序、数据筛选等内容。

9.1.1 提出任务

学期结束时，班主任王老师遇到一个难题，教务处将各位任课老师给出的成绩表交给了他，要求他输入“计算机应用”课程的成绩表(图9-1)，并根据该工作表和其他3门成绩表的数据得到“各科成绩表”(图9-2)，并根据各科成绩表制作学生奖学金评定表(图9-3)。

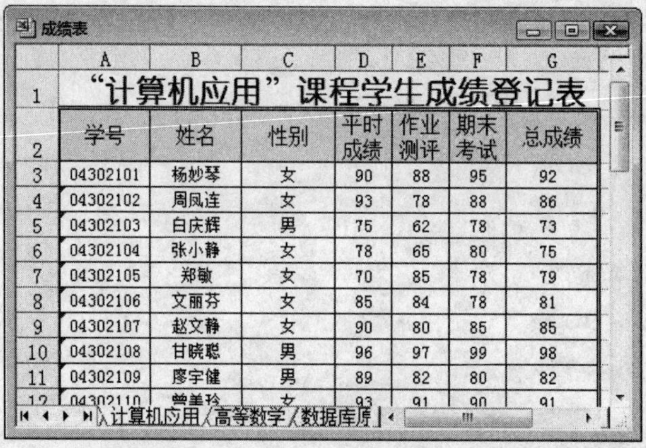

成绩表

	A	B	C	D	E	F	G
1	“计算机应用”课程学生成绩登记表						
2	学号	姓名	性别	平时成绩	作业测评	期末考试	总成绩
3	04302101	杨妙琴	女	90	88	95	92
4	04302102	周凤连	女	93	78	88	86
5	04302103	白庆辉	男	75	62	78	73
6	04302104	张小静	女	78	65	80	75
7	04302105	郑敏	女	70	85	78	79
8	04302106	文丽芬	女	85	84	78	81
9	04302107	赵文静	女	90	80	85	85
10	04302108	甘晓聪	男	96	97	99	98
11	04302109	廖宇健	男	89	82	80	82
12	04302110	曾美玲	女	93	91	90	91

计算机应用 / 高等数学 / 数据库原

图9-1 “计算机应用”课程成绩表

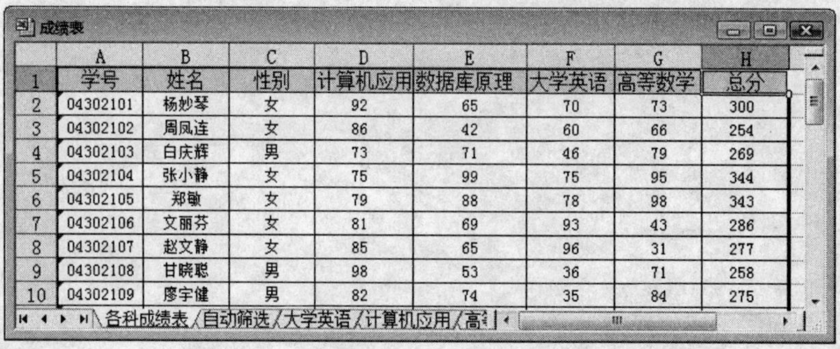

成绩表

	A	B	C	D	E	F	G	H
1	学号	姓名	性别	计算机应用	数据库原理	大学英语	高等数学	总分
2	04302101	杨妙琴	女	92	65	70	73	300
3	04302102	周凤连	女	86	42	60	66	254
4	04302103	白庆辉	男	73	71	46	79	269
5	04302104	张小静	女	75	99	75	95	344
6	04302105	郑敏	女	79	88	78	98	343
7	04302106	文丽芬	女	81	69	93	43	286
8	04302107	赵文静	女	85	65	96	31	277
9	04302108	甘晓聪	男	98	53	36	71	258
10	04302109	廖宇健	男	82	74	35	84	275

各科成绩表 / 自动筛选 / 大学英语 / 计算机应用 / 高

图9-2 各科成绩表

成绩表

	A	B	C	D	E	F	G	H	I	J
1–2	学号	姓名	课程 成绩 性别	计算机应用	数据库原理	大学英语	高等数学	平均学分成绩	名次	获奖等级
3				7	5	9	5			
4	04302138	张军凤	女	80	90	90	90	87.33	1	一
5	04302112	刘昱森	男	82	86	96	74	85.97	2	一
6	04302137	李妙嵘	女	82	78	96	74	84.48	3	二
7	04302105	郑敏	女	79	88	78	98	83.90	4	二
8	04302104	张小静	女	75	99	75	95	83.49	5	二
9	04302126	黄莉	女	89	91	68	94	83.16	6	二
10	04302118	吴文静	女	82	75	92	72	82.06	7	三
11	04302113	黄小惠	女	78	81	76	85	79.34	8	三
12	04302139	唐志高	男	83	78	78	78	79.24	9	三
13	04302119	何军	男	60	77	83	91	77.11	10	
14	04302111	王艳平	女	99	98	47	79	76.88	11	
15	04302114	黄斯华	女	61	47	94	94	76.08	12	
16	04302106	文丽芬	女	81	69	93	43	75.59	13	
17	04302101	杨妙琴	女	92	65	70	73	75.51	14	三

高等数学 / 数据库原理 / 奖学金评定表

图 9-3　奖学金评定表

9.1.2　解决方案

首先建立一个新的 Excel 工作簿，并在一张空白工作表中输入原始数据。接着打开所有的成绩工作簿(大学英语、计算机应用、高等数学等)，将相应的工作表复制到新建工作簿中。要得到各科成绩表，应该按要求将内容复制到一张空白工作表中。特别注意，在复制成绩时，必须使用选择性粘贴或引用其他工作表相应单元格的数据，否则就会提示出错。

9.1.3　相关知识点

1. 常用数据类型及输入技巧

在 Excel 中有多种数据类型，最常用的数据类型有文本型、数值型、日期型等。

文本型数据可以包括字母、数字、空格和符号，其对齐方式为左对齐；数值型数据包括 0~9、(89)、+89、–89 等符号，其对齐方式为右对齐。

快速输入数据有很多技巧，如利用填充柄自动填充、自定义序列、按 Ctrl + Enter 组合键可以在不相邻的单元格中自动填充重复的数据等。

2. 单元格的格式化设置

单元格的格式化包括设置数据类型、单元格对齐方式、设置字体、设置单元格边框及底纹等。

3. 多工作表的操作

多工作表的操作，包括对工作表的重命名，工作表之间的复制、移动、插入、删除等，对工作表操作时一定要先选定工作表标签。

4. 公式和函数的使用

Excel 中的“公式”是指在单元格中执行计算功能的等式，所有公式都必须以“=”开头，“=”后面是参与计算的运算数和运算符。

Excel 函数是一种预定义的内置公式，它使用一些称为参数的特定数值按特定的顺序或结构进行计算，然后返回结果。所有的函数都包含函数名、参数和圆括号 3 部分。

5. 单元格引用

单元格引用是指公式中指明的一个单元格或一组单元格。公式中对单元格的引用分为相对引用、绝对引用和混合引用。

6. 数据排序

排序并不是针对某一列进行的，而是以某一列的大小为顺序，对所有的记录(行)进行排序。也就是说，无论怎么排序，每一条记录(行)的内容都不会改变，改变的只是它在数据清单中实际的位置。

7. 数据筛选

数据筛选是使数据清单中只显示满足制订条件的数据记录，而将不满足条件的数据记录从视图中隐藏起来。

9.2 实 现 方 法

本节将利用 Excel 完成如图 9-1~图 9-3 所示的创建工作。

1) 利用各种输入技巧，建立如图 9-1 所示的“计算机应用”课程成绩表，并对单元格进行格式化设置。

2) 根据已有的文件夹“任务 9”中的“大学英语(素材).xls”、“数据库原理(素材).xls”和“高等数学(素材).xls”数据，利用工作表复制、单元格复制等方法，建立如图 9-2 所示的各科成绩表。

3) 从图 9-2 所示的各科成绩表数据中，进行奖学金评定工作表的制作。

9.2.1 输入单科成绩表

1. 工作簿的建立

1) 启动 Excel。

2) 单击常用工具栏上的“保存”按钮，在“另存为”对话框中将文件名由“Book1.xls”改为“成绩表.xls”，单击“保存”按钮，将文件保存在相应的文件夹中。

2. 在工作表 Sheet1 中输入数据

(1) 在工作表 Sheet1 中输入数据，输入如图 9-1 所示的标题及表头数据，操作步骤如下。

1) 在当前工作表 Sheet1 中，选中单元格 A1，输入标题“‘计算机应用’课程学生成绩登记表”，按 Enter 键。

2) 在单元格 A2 中，输入“学号”并右击鼠标，使 B2 单元格成为当前单元格。

3) 输入“姓名”，也可按 Tab 键，使 C2 单元格成为当前单元格。用同样的方法依次输入表头的其他内容。

(2) 输入“学号”列数据操作步骤如下。

1) 单击 A3 单元格，在 A3 单元格中，输入学号“04302101”，按 Enter 键后发现单元格中的内容变为“4302101”，说明在自动格式中以数字方式显示，所以数据前面的“0”被忽略了。正确的输入方法是：首先输入西文单引号“’”加上“04302101”，也就是“’04302101”。

2) 将鼠标指针指向 A3 单元格的“填充柄”，此时鼠标指针变为黑“十”字形，按住鼠标向下拖动填充柄，拖动过程中填充柄的右下角出现填充的数据，托至目标单元格 A42 时释放鼠标，填充效果如图 9-4 所示。

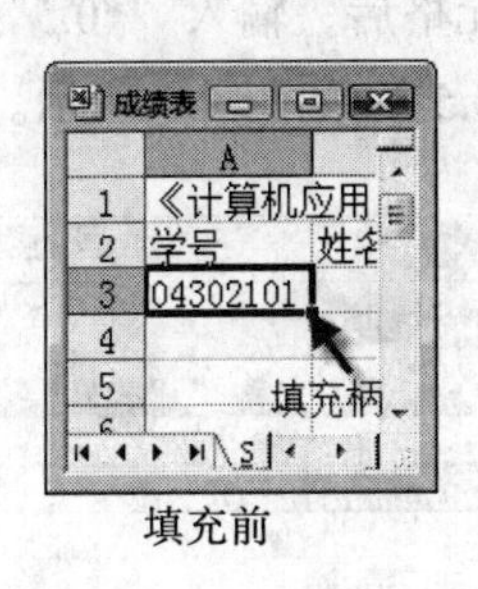

填充前

填充中

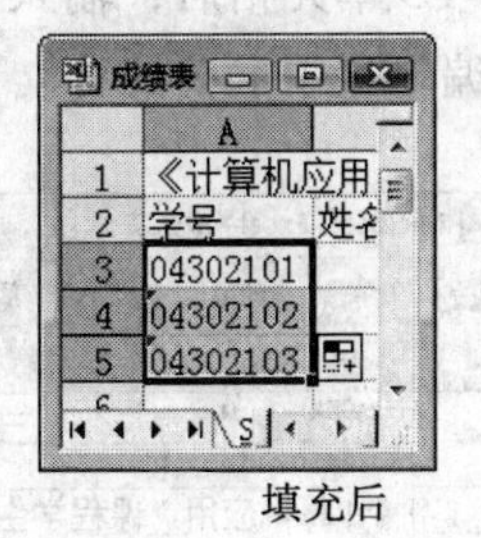

填充后

图 9-4　用填充柄填充数据

(3) 输入“姓名”列数据的操作步骤如下。

1) 选择 B3 单元格，在 B3 单元格中输入姓名“杨妙琴”，按 Enter 键。

2) 在 B4 单元格中，输入姓名“周凤连”，按 Enter 键，用同样的方法依次输入“姓名”列的其他内容。(可以参照“计算机应用(素材).doc”文档，进行复制和粘贴，在如图所示的智能选项中选择匹配目标格式)

(4) 输入“性别”列数据的操作步骤如下。

1) 选择 C3 单元格，在 C3 单元格中输入“女”。将鼠标指针指向 C3 单元格的“填充柄”，当鼠标指针变为黑“十”字形时，双击填充柄，这时“性别”列的内容全部填充为“女”。但在实际情况中“性别”列有些单元格的内容应该改为“男”。

2) 选择第一个应该修改为“男”的单元格(如 C5)，在按住 Ctrl 键的同时，分别单击其他应修改的单元格，在被选中的最有一个单元格中输入“男”，然后按 Ctrl + Enter 键，可以看到，所有被选中单元格的内容同时变为“男”。(可以参照“计算机应用(素材).doc”文档，进行复制和粘贴，匹配目标格式)

(5) 输入“平时成绩”、“作业测评”、“期末考试”列的数据，操作步骤如下。

1) 单击 D2 单元格，输入“平时成绩”，然后依次输入“平时成绩”列的其他单元格的数据。

2) 单击 E2 单元格，输入“作业测评”，然后依次输入“作业测评”列的其他单元格的数据。

3) 单击 F2 单元格，输入“期末考试”，然后依次输入“期末考试”列的其他单元格的数据。

说明

可以参照“计算机应用(素材).doc”文档，进行复制和粘贴，匹配目标格式。

3. 单元格计算

计算所有学生的总成绩(其中，总成绩=平时成绩*20%+作业测评*30%+期末考试*50%)，操作步骤如下。

1) 选择目标单元格 G3，在该单元格中先输入“=”，表示后面输入的内容是公式。

2) 单击 D3 单元格，该单元格周围出现闪烁的虚线框，表示引用此单元格中的数据，再输入“*0.2 + ”。

3) 单击 E3 单元格后，输入“*0.3 + ”；再单击 F3 单元格后，输入“*0.5”。此时 G3 单元格及公式编辑栏中的公式为：“ = D3*0.2 + E3*0.3 + F3*0.5”，如图 9-5 所示。

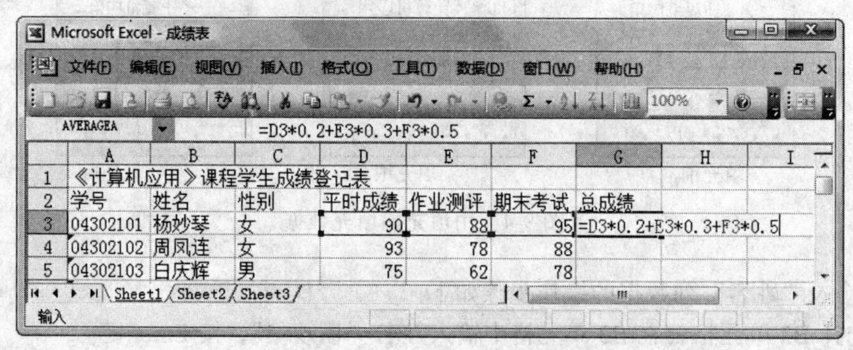

图 9-5 输入公式

4) 按 Enter 键确认，此时 G3 单元格中将显示计算结果。

5) 将鼠标指针指向 G3 单元格的“填充柄”，当鼠标指针变为黑“十”字形时，双击填充柄，将 G3 单元格的计算公式自动复制到 G4、G5 等其他单元格中。

4. 单元格格式设置

(1) 将标题字体设置为幼圆、加粗、18 号，并使标题在单元格区域 A1:G1 内合并及居中，操作步骤如下。

1) 选择 A1 单元格，在菜单栏中选择“格式”→“单元格”命令，打开“单元格格式”对话框，选择“字体”选项卡，在“字体”下拉列表框中选择“幼圆”，在“字形”下拉列表框中选择“加粗”，在“字号”下拉列表框中选择“18”，如图 9-6 所示，单击“确定”按钮。

2) 选择单元格区域 A1:G1，在格式工具栏上，单击“合并及居中”按钮，这时，被选中的单元格区域 A1:G1 合并为一个单元格，并且居中显示单元格中包含的内容。

(2) 将数据区域所有单元格的字号设置为 10，水平对齐方式和垂直对齐方式都设置为“居中”，操作步骤如下。

1) 选择单元格区域 A3:G42，在格式工具栏的“字号”下拉列表框中选择字号为“10”。

2) 在菜单栏中选择“格式”→“单元格”命令，选择“对齐”选项卡，分别在“水平对齐”、“垂直对齐”下拉列表框中选择居中，如图 9-7 所示。

3) 单击“确定”按钮。

(3) 将表格的外边框设置为双细线，内边框设置为单细线，操作步骤如下。

1) 选择单元格区域 A2:G42。

2) 在菜单栏中选择“格式”→“单元格”命令，选择“边框”选项卡，在“线条”区域的“样式”下拉列表框中选择双细线，在预置栏中单击“外边框”按钮，为表格添加外边框。

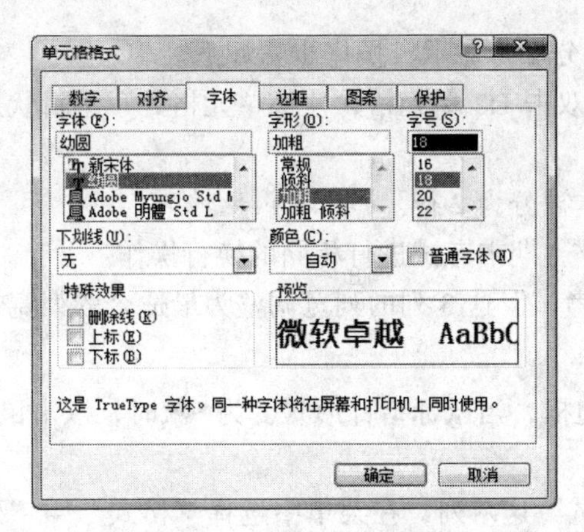

图 9-6　“字体”选项卡

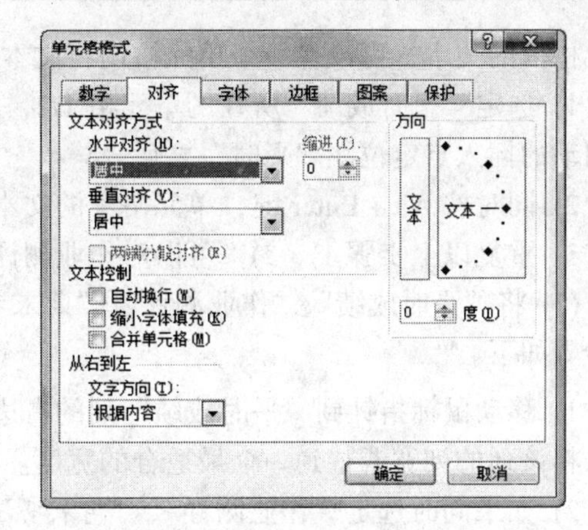

图 9-7　“对齐”选项卡

3) 在“线条”区的样式列表框中选择单细线 ——，在预置栏中单击“内部”按钮 ，为表格添加内边框。设置如图 9-8 所示。

4) 单击“确定”按钮。

(4) 为表格列标题区域添加浅绿色底纹，并设置水平对齐方式和垂直方式为居中，操作步骤如下。

1) 选择表格列标题单元格区域 A2:G2。

2) 在菜单栏中选择“格式”→“单元格”命令，选择“图案”选项卡，在“单元格底纹”颜色栏中选择“浅绿”，如图 9-9 所示。

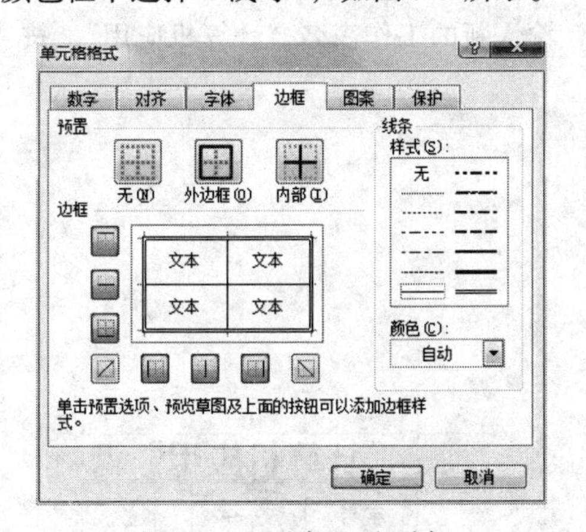

图 9-8　“边框”选项卡

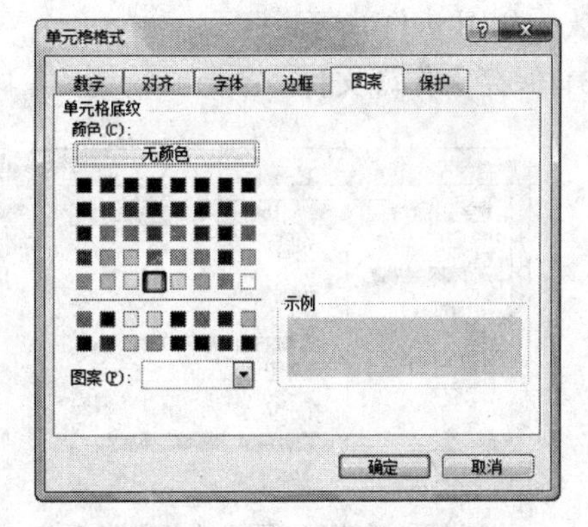

图 9-9　“图案”选项卡

3) 在“对齐”选项卡中分别设置“水平对齐”、“垂直对齐”为居中。

4) 单击“确定”按钮。

(5) 将表格列标题行的行高设置为 30，将平时成绩列的列宽适当调窄，操作步骤如下。

1) 选择第 2 行，选择菜单“格式”→“行”→“行高”命令，设置行高为 30。

2) 移动鼠标指针到平时成绩列的右边框，当鼠标指针形状变为 时，向左拖动鼠标，到适当位置释放鼠标，列宽变窄。

(6) 这时会发现“平时成绩”列的文字不能完全显示出来。为了在列宽变窄的同时显示单元格内的文本，可以在一个单元格内将文本分 2 行显示，操作步骤如下。

1) 选定“平时成绩”所在的单元格 D2，双击 D2 单元格，使该单元格处于编辑状态，将闪动的插入点定位在“平时”之后。

2) 同时按 Alt + Enter 键，单元格中的文本被分为 2 行。

3) 重复以上步骤 1)、2)，可以对作业测评、期末考试进行相同的换行操作。

(7) 将“平时成绩”、“作业测评”、“期末考试”这 3 列的列宽调整为最适合的列宽，操作步骤如下。

1) 移动鼠标指针到“平时成绩”列的右边框，当鼠标指针形状变为✥时，双击鼠标，可以将该列的列宽调整到一个最适合的宽度。

2) 如果同时选定“作业测评”、“期末考试”这两列，在菜单中选择“格式”→“列”→“最适合的列宽”命令，可以同时将多列调整到一个最适合的列宽。

(8) 通过减小位数，将总成绩的结果以整数位呈现，操作步骤如下。

1) 选择单元格区域 G3:G42。

2) 在菜单栏中选择“格式”→“单元格”命令，选择“数字”选项卡，在“分类”列表框中选择“数值”，在小数位数数字框中输入或选择 0，如图 9-10 所示。

3) 单击“确定”按钮。

5. 工作表的更名

将当前工作表的名称 Sheet1 改为“计算机应用”，操作步骤如下。

1) 双击工作表 Sheet1 的标签。

2) 当工作表标签出现反白(黑底白字)时，输入新的工作表名“计算机应用”，按 Enter 键确认，如图 9-11 所示。

3) 保存工作簿文件。

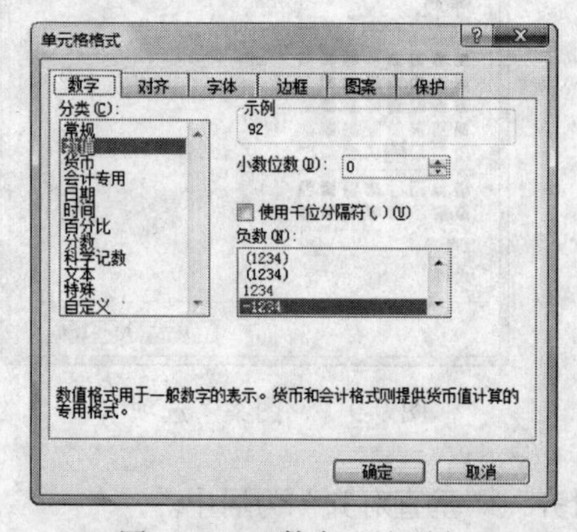

图 9-10　“数字“选项卡

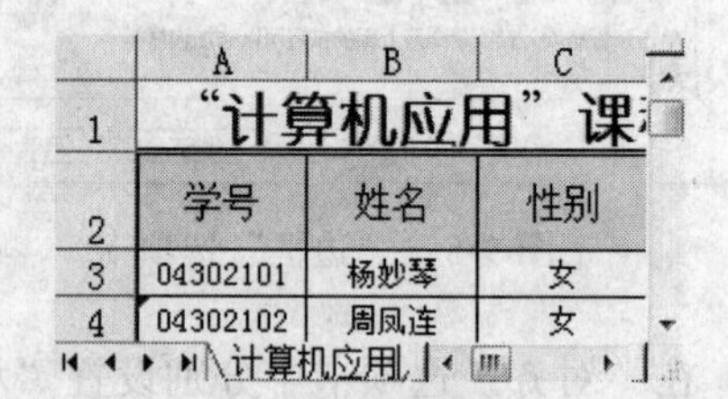

图 9-11　重命名工作表

9.2.2　由多工作表数据生成“各科成绩表”

1. 工作表的复制和移动

(1) 将“大学英语(素材).xls”工作簿中的工作表 Sheet1，复制到“成绩表.xls”工作簿中的“计算机应用”工作表之前，并将复制后的目的工作表 Sheet1 更名为“大学英语”，操作步骤如下。

1) 分别打开“大学英语(素材).xls”和“成绩表.xls”工作簿。

2) 选择“大学英语(素材)”工作簿中的工作表 Sheet1 作为当前工作表(源表)，在 Sheet1 工作表标签上右击鼠标，在弹出的快捷菜单中选择“移动或复制工作表”命令，打开图 9-12 所示的“移动或复制工作表”对话框。

3) 在对话框的“工作簿”下拉列表框中，选择“成绩表.xls”，在“下拉选定工作表之前”列表框中，选择“计算机应用”，同时选中“建立副本”复选框，如图 9-13 所示。

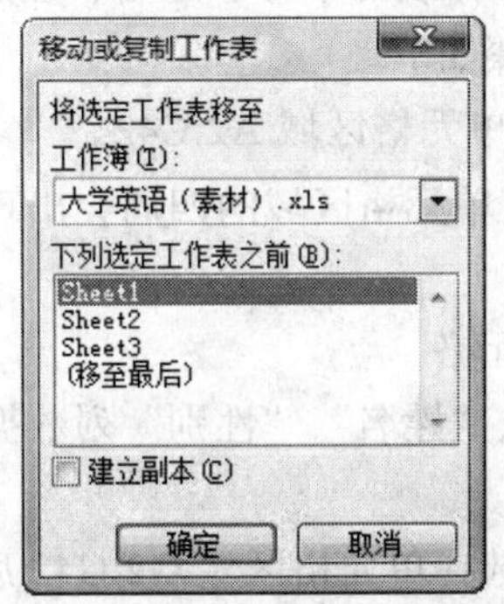

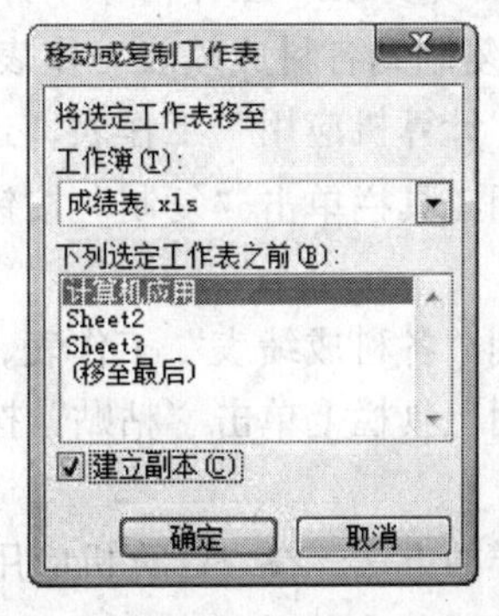

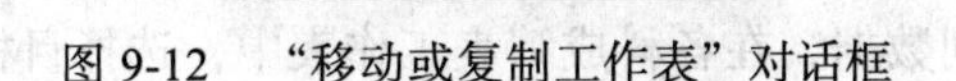

图 9-12　“移动或复制工作表”对话框　　　　图 9-13　选择目标工作表的位置

4) 单击“确定”按钮，这时，当前工作表已经变成“成绩表.xls”工作簿中的工作表 Sheet1。

5) 右击当前的 Sheet1 工作表标签，在弹出的快捷菜单中选择“重命名”命令，输入新的工作表名“大学英语”，按 Enter 键确认。

6) 重复步骤 1)~4)，用同样的方法分别将“数据库原理(素材).xls”工作簿中的数据库原理工作表，“高等数学(素材).xls”工作簿中的高等数学工作表复制到“成绩表.xls”工作簿的工作表 Sheet2 之前。

(2) 在“成绩表”工作簿中，将前 4 个工作表的排列顺序调整为大学英语、计算机应用、高等数学、数据库原理，操作步骤如下。

1) 单击“高等数学”工作表标签。

2) 按住鼠标左键，这时工作表标签左上角出现一个黑色三角形，鼠标指针变为□。

3) 按住鼠标指针向左拖动，当黑色三角形到达目标位置后释放鼠标，这时就把“高等数学”工作表移动到“数据库原理”工作表之前了。

2. 工作表的删除与插入

(1) 删除“成绩表”工作簿中的 Sheet2、Sheet3 工作表，操作步骤如下。

1) 单击工作表标签 Sheet2。

2) 在菜单栏中选择“编辑”→“删除工作表”命令，将 Sheet2 工作表从当前的工作簿中删除。

3) 右击当前工作簿中的工作表标签 Sheet3，在弹出的快捷菜单中选择“删除”命令，将 Sheet3 工作表从当前的工作簿中删除。

(2) 在“成绩表.xls”工作簿中的“大学英语”工作表之前插入一张新的工作表，并将新工作表更名为“各科成绩表”，操作步骤如下。

1) 选定“大学英语”工作表。

2) 在菜单栏中选择“插入”→“工作表”命令，在当前“大学英语”工作表之前添加一张新的工作表，同时新工作表为当前工作表。

3) 右击新工作表标签，在弹出的快捷菜单中选择“重命名”命令，输入新工作表名“各科成绩表”，按 Enter 键确认。

3. 单元格数据的复制与粘贴

(1) 将“成绩表.xls”工作簿中“计算机应用”工作表的学号、姓名、性别，以及“总成绩”列的数据复制到各科成绩表工作表中，操作步骤如下。

1) 选定“计算机应用”工作表，选择要复制的单元格区域 A2:C42。

2) 在常用工具栏单击“复制”按钮，被选定单元格区域的四周会出现一个闪烁的虚线框。

3) 切换到“各科成绩表”工作表，选择 A1 单元格。

4) 在常用工具栏上单击“粘贴”按钮，“学号”、“姓名”、“性别”列数据被粘贴到目标单元格。

5) 用同样的方法，在“计算机应用”工作表中选择单元格区域 G2:G42 后，复制“总成绩”列数据，在各科成绩表工作表中，选择目标单元格 D1 进行粘贴。但粘贴后目标单元格却出现了错误的结果，如图 9-14 所示。

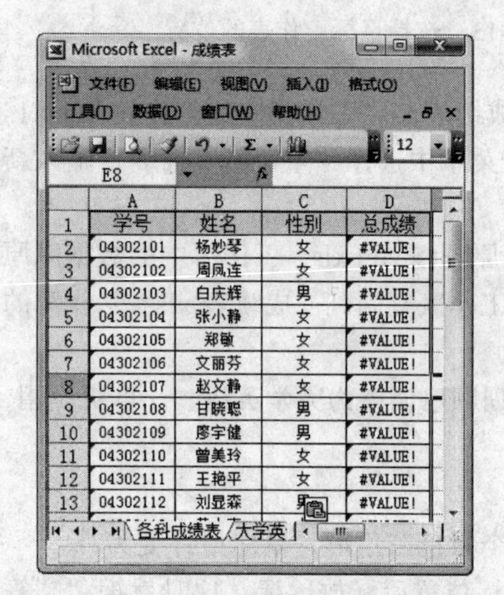

图 9-14　粘贴单元格后出现错误结果

6) 单击常用工具栏上的“撤销”按钮，取消刚才进行的错误粘贴。(这是因为 G3:G42 单元格中包含公式，对于包含公式的单元格来说，通常具有公式和值两种属性)

(2) 利用选择性粘贴，将“计算机应用”工作表中“总成绩”列的数据复制到“各科成绩表”的目标单元格中，并分别将“数据库原理”、“大学英语”、“高等数学”列数据，复制到“各科成绩表”的相应位置，操作步骤如下。

1) 选定“计算机应用”工作表，选择单元格区域 G2:G42。

2) 在菜单栏中选择“编辑”→“复制”命令。

3) 选定“各科成绩表”工作表，选择目标单元格为 D1，在菜单栏中选择“编辑”→“选择性粘贴”命令，打开“选择性粘贴”对话框，选择粘贴“数值”。然后选择单元格区域 D2:D41，设置小数位数为 0。

4) 将 D1 单元格中的总成绩改为“计算机应用”。

5) 用同样的方法，分别将“数据库原理”工作表中的“数据库原理”列数据、“大学英语”工作表中的“大学英语”列数据、“高等数学”工作表中的“高等数学”列数据复制到“各科成绩表”的相应位置。

6) 设置单元格区域 D1:G1 的底纹为浅绿色底纹。设置单元格区域 A2:G41 字号为 10，水平和垂直对齐方式为居中。

7) 选择单元格区域 A1:G41，设置外粗内细的边框线。

8) 完成后，右击“各科成绩表”工作表，选择“移动或复制工作表命令”，选择“移至最后”，然后选中“建立副本”复选框复制“各科成绩表”，然后重命名为“奖学金评定表”。

4. 函数及单元格引用

(1) 在“各科成绩表”工作表中，增加“总分”列，计算每位学生的总分，操作步骤如下。

1) 选择 H1 单元格，在 H1 单元格中输入“总分”。选择 G1 单元格，单击“格式刷”按钮，单击 H1 单元格，将 G1 单元格的格式复制到单元格 H1 中。

2) 选择目标单元格 H2，单击常用工具栏上的“自动求和”按钮 Σ ▾，单元格中出现了求和函数 Sum，Excel 自动选择了范围 D2:G2，按 Enter 键确认。此时，H2 单元格中显示出计算结果。

3) 将鼠标指针指向 H2 单元格右下角的填充柄，当鼠标指针编成黑“十”字形时，双击填充柄，求出其他学生的总分。

(2) 在各科成绩表工作表中，计算出各门课程的平均分、班级最高分及班级最低分。

1) 在 A42，A43，A44 单元格中，分别输入文字“班级平均分”、“班级最高分”、“班级最低分”。

2) 选择目标单元格 D42，选择“插入”→“函数”命令，如图 9-15 所示。在“插入函数”对话框中，选择统计类的 Average( )函数，将插入点定位到第一个参数 Number 处，从当前工作表中选择单元格区域 D2:D41，单击“确定”按钮，即可求出该门课程的平均值。

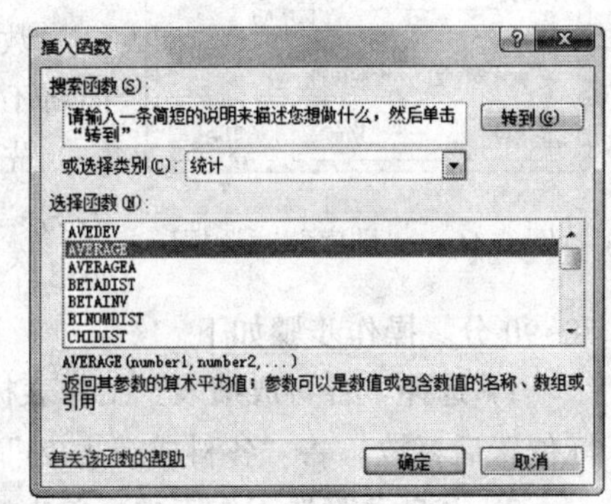

图 9-15　插入函数对话框

3) 用鼠标向右拖动 D42 单元格的填充柄至 G42 单元格，得到 4 门课程的平均成绩。

4) 选择目标单元格 D43。单击常用工具栏上“自动求和”按钮旁边的下拉箭头，在弹出的菜单中选择“最大值”命令，直接用鼠标在工作表中重新选择参数范围 D2:D41，此时编辑栏中的函数为 = MAX(D2:D41)，按回车键确认。在 D43 单元格中显示出计算结果。

5) 将鼠标向右拖动 D43 单元格的填充柄至 G43 单元格，得到 4 门课程的班级最高分。

6) 选择目标单元格 D44。重复步骤 4) ~ 5)，注意将最大值改为最小值(MIN)，就可在 D44:G44 单元格中得到班级最低分的计算结果。

7) 设置单元格区域 A2:H44 字号为 10。水平和垂直对齐方式为居中。

8) 选择单元格区域 A1:H41，设置外粗内细的边框线。

9.2.3 各科成绩表的排序和筛选

1. 数据清单

数据清单是指工作表中包含相关数据的一系列数据行，可以理解为工作表中的一张二维表格，如前面建立的成绩表等。

在执行数据库操作，如排序、筛选或分类汇总时，Excel 会自动将数据清单视为数据库来组织数据。

2. 排序

建立数据清单时，各记录按照输入的先后次序排列。但是，当直接从数据清单中查找需要的信息时就很不方便。为了提高查找效率需要重新整理数据时，最有效的方法就是对数据进行排序。

在“高等数学”工作表中，以“性别”为主要关键字降序排列，以“高等数学”为第二关键字降序排列，以“姓名”为第三关键字升序排列，操作步骤如下。

1) 在“高等数学”工作表中，单击数据清单中的任一单元格。

2) 在菜单栏中选择“数据”→“排序”命令，打开“排序”对话框。

3) 在“排序”对话框的“主要关键字”下拉列表框中选择“性别”字段，单击旁边的“降序”单选按钮；在“次要关键字”下拉列表框中选择“高等数学”字段，单击旁边的“降序”单选按钮；在“第三关键字”下拉列表中框选择“姓名”字段，单击旁边的“升序”单选按钮，设置结果如图 9-16 所示。

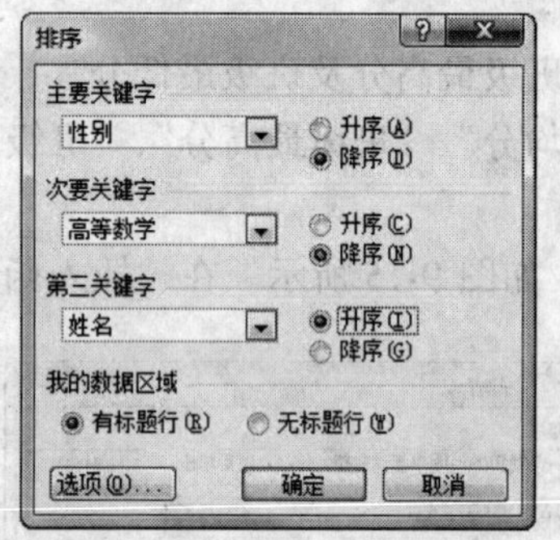

图 9-16 “排序”对话框

4) 单击“确定”按钮，“高等数学”工作表中的数据已经按要求进行排序。

3. 自动筛选

数据筛选是使数据清单只显示满足指定条件的数据记录，而将不满足条件的数据记录在视图中隐藏起来。

先将各科成绩表工作表复制一份，并将复制后的工作表改名为“自动筛选”。在“自动筛选”工作表筛选出同时满足一下 3 个条件的数据记录：性别为女，姓黄，计算机应用成绩为 80~90 分。操作步骤如下。

1) 选择“各科成绩表”工作表标签，按住 Ctrl 键，把“各科成绩表”工作表拖动到目标位置后释放。将“各科成绩表(2)”工作表重命名为“自动筛选”。

2) 在自动筛选工作表中，单击数据清单中的任一单元格。

3) 在菜单栏中选择“数据”→“筛选”→“自动筛选”命令，此时标题列中自动出现下拉箭头。

4) 单击“性别”列表旁的下拉列表箭头，在下拉列表中选择“女”。

5) 单击“姓名”列表旁的下拉列表箭头，在下拉列表中选择“自定义”，打开“自定义自动筛选方式”对话框。

6) 在对话框中，设置第一个条件为“始于”、“黄”，如图 9-17 所示。单击“确定”按钮，设置了条件的字段姓名，“性别”下拉列表箭头变成了蓝色，同时满足条件的记录行号也变成了蓝色。

7) 单击“计算机应用”列表旁的下拉列表箭头，在下拉列表中选择“自定义”，打开“自定义自动筛选方式”对话框，设置如图 9-18 所示，单击“确定”按钮得到最后结果。

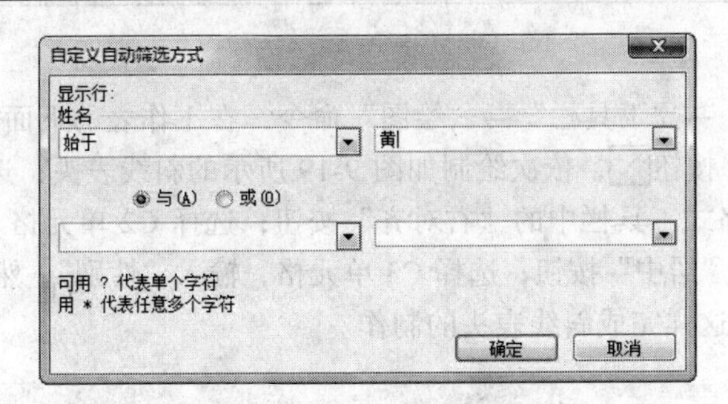

图 9-17 自定义姓黄的条件

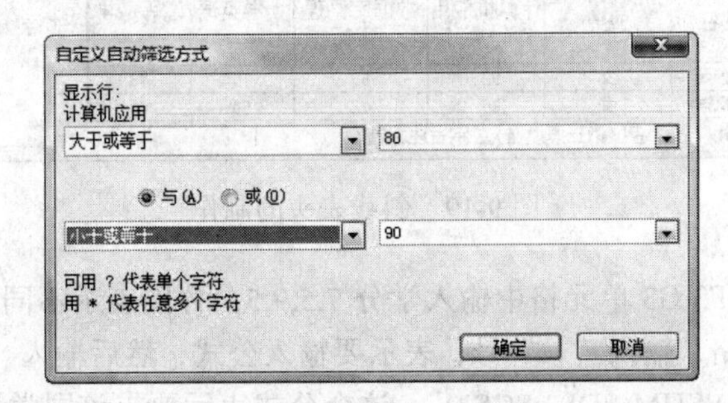

图 9-18 自定义计算机应用成绩为 80~90 分的条件

9.2.4 评定获奖等级

根据学校的奖学金评定规则，凡是课程中有一门成绩不合格(小于 60)的学生不能获得奖学金；奖学金的评定是按照平均学分成绩的高低来进行评定的。例如：高等数学 70 课时共 7 个学分(学分 = 课时/10)，英语 90 课时共 9 个学分，某同学高等数学得了 85 分，而英语得了 90 分，则他的平均学分成绩为(85*7 + 90*9)/(7 + 9) = 87.8125。一般情况下，一等奖名额为班级总人数的 5%，二等奖为 10%，三等奖为 15%。

(1) 在奖学金评定工作表中，增加“平均学分成绩”和“名次”两列，然后计算平均学分成绩，并根据平均学分成绩排列名次，然后按照名次进行排序，求出学生获奖等级，具体操作步骤如下。

1) 打开“成绩表.xls”工作簿，单击“奖学金评定表”工作表，使“奖学金评定表”作为当前工作表。

2) 单击 H1 单元格，输入“平均学分成绩”，并适当调整该列列宽；单击 I1 单元格，输入“名次”。

3) 选中第二行，然后选择“插入”→“行”命令，然后再执行一次，连续插入 2 行。

4) 连续选中单元格区域 A1:A3，然后单击格式工具栏中的“合并居中”按钮；用同样的方法合并单元格区域 B1:B3，单元格区域 D1:D2，单元格区域 E1:E2，单元格区域 F1:F2，单元格区域 G1:G2，单元格区域 H1:H3，单元格区域 I1:I3，清除 C1 单元格文字“性别”。

5) 连续选中单元格区域 C1:C3，选择 “格式”→“单元格”命令，单击“边框”选项卡，先单击“无”，然后选择细线，然后再单击外边框，使单元格区域 C1:C3 的内部边框线消失。

6) 选择“视图”→“工具栏”→“绘图”命令，在工作表的下面出现绘图工具栏。

7) 单击“直线”按钮，依次绘制如图 9-19 所示的斜线表头；选择 C1 单元格，输入“课程”，然后单击格式工具栏中的“右对齐”按钮；选择 C2 单元格，输入“成绩”，然后单击格式工具栏中的“居中”按钮；选择 C3 单元格，输入“性别”，然后单击格式工具栏中的“左对齐”按钮；这样完成斜线表头的制作。

成绩表

	A	B	C	D	E	F	G	H	I
1	学号	姓名	课程	计算机应用	数据库原理	大学英语	高等数学	平均学分成绩	名次
2			成绩						
3			性别						
4	04302101	杨妙琴	女	92	65	70	73		
5	04302102	周凤连	女	86	42	60	66		

计算机应用 / 高等数学 / 数据库原理 / 奖学金评定表

图 9-19　斜线表头的制作

8) 依次在 D3,E3,F3,G3 单元格中输入学分 7,5,9,5，分别表示不同课程的学分。

9) 单击 H4 单元格，输入“＝”号，表示要输入公式，然后输入“(D4*$D$3 + E4*$E$3 + F4*$F$3 + G4*$G$3)/SUM($D$3:$G$3)”，这个公式表示要求该同学课程的平均学分成绩，用鼠标指针指向 H4 单元格右下角的填充柄，当鼠标指针变成黑“十”字形时，双击填充柄，求出其他学生的平均学分成绩，并保留两位小数。

(2) 根据平均学分成绩，计算名次，具体操作步骤如下。

1) 选择目标单元格 I4，选择 “插入”→“函数”命令，打开“插入函数”对话框，在“或选择类别”下拉列表框中选择“统计”。

2) 在“选择函数”列表框中选择 Rank 函数，单击“确定”按钮，打开“函数参数”对话框。

3) 在对话框中，将插入点定位到第一个参数 Number 处，从当前工作表中选择 H4 单元格，再将插入点定位到第二个参数 Ref 处，从当前工作表中选择单元格区域 H4:H43，然后按 F4 键，此时第二个参数变为$H$4:$H$43，表示绝对引用范围，公式复制时不会改变，如图 9-20 所示，单击“确定”按钮，在 I4 单元格返回计算结果。鼠标指针指向 I4 单元格右下角的填充柄，当鼠标指针变成黑“十”字形时，双击填充柄，求其他学生的名次。

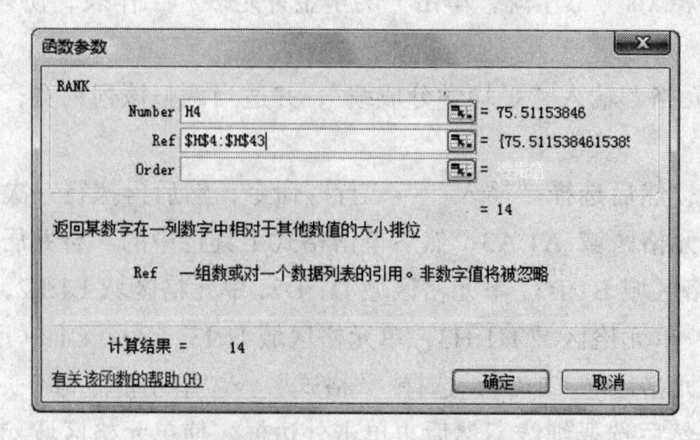

图 9-20　Rank 函数设置

(3) 根据名次重新对工作表进行排序，对课程不及格的学生做个标记，然后根据班级人数和获奖比例进行奖学金等级的评定。

1) 选定目标单元格区域 D4:G43，选择“格式”→“条件格式”命令，打开“条件格式对话框”，在对话框中添加条件 1 中设置，具体如图 9-21 所示，单击“格式”按钮，设置字体颜色为红色，然后单击“确定”按钮，凡是有不及格的课程都以红色表示，表示不具备获奖条件。

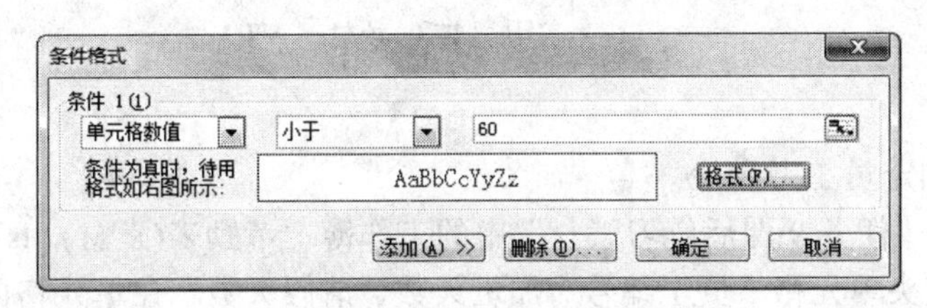

图 9-21　条件格式设置

2) 选中单元格区域 A4:I43，选择“数据”→“排序”命令，单击无标题行，在“主要关键字”中选择列 I，升序，单击“确定”按钮，整个数据将以名次进行排列。

根据班级人数和获奖比例进行奖学金等级的评定。

1) 选择目标单元格 J1，输入获奖等级，然后合并单元格区域 J1:J3，利用格式刷进行与 I1 相同的格式设置。假设班级人数是 40 人，获一等奖学金的比例是 5%，也就是 2 人，因此根据名次排序，前 2 名获一等奖学金，因此在 J4,J5 单元格输入“一”，表示获得一等奖学金。二等奖获奖百分比为 10%，即 4 人次，三等奖获奖百分比为 15%，即 6 人次。(注意，如果此行中有红色文字，代表其有不及格课程，不能获奖，下面一位同学自动向上填充)。

2) 设置单元格区域 A1:J43 外粗内细的边框。

9.3　案 例 总 结

本任务主要介绍了工作表的操作，如 Excel 的基本输入方法，工作表的格式化，单元格的复制、移动，工作表的插入、删除、重命名、移动和复制等，公式和函数的计算，数据的排序、筛选，等等。

在 Excel 中有很多快速输入数据的技巧，如自动填充、自定义序列等，熟练掌握这些技巧可以提高输入速度。在输入数据时，要注意数据单元格的数据分类、对于学号、邮编、电话号码等数据应该设置为文本型。

在 Excel 中对工作表的格式化操作包括：工作表中各种类型数据的格式化、字体格式、行高和列宽、数据的对齐方式、表格的边框和底纹。

在进行公式和函数的计算时，要熟悉公式的输入规则、函数的输入方法、单元格的 3 种引用方式，以及跨工作表和工作簿的单元格引用等。还应注意以下几点：

1) 公式必须以“=”开始。

2) 函数的引用形式为：函数名(参数 1, 参数 2, …)，参数之间必须用逗号隔开。如果单独使用函数，需要在函数名称前面输入“=”构成公式。

3) 公式中的单元格引用可分为相对引用、绝对引用和混合引用 3 种，按 F4 键可在这 3

种引用之间进行转换。要特别注意这 3 种引用的适用场合。复制公式时，当公式中使用的单元格引用需要随着所在位置的不同而改变时，应该使用“相对引用”；当公式中使用的单元格引用不随所在位置而改变时，应该使用“绝对引用”。

Excel 中建立的数据库称为数据清单。数据清单的每一列必须有列名，并且每一列中的数据必须是相同类型的。对数据清单可以进行排序、筛选、分类汇总和数据透视分析。

9.4 课后练习

根据素材，制定员工考勤表。

(1) 打文件夹“任务 9\课后练习素材”中的工作簿“考勤表(素材).xls”，在“Sheet1”工作表中，要求将表头单元格“员工编号、加班天数、请假天数”在单元格内分 2 行显示。(参考考勤表(样例).xls)

(2) 将标题行文字“欣欣公司考勤表”在单元格区域 A1:G1 内合并及居中，并将文字标题设置为隶书、18 号、加粗、蓝色。

(3) 将标题行(第 2 行)行高设置为 30，底纹设置为浅绿色，并分别设置水平对齐、垂直对齐为“居中”。

(4) 将“员工编号”、“姓名”、“性别”、“部门”、“职务”列数据的内容水平居中对齐。

(5) 将标题行(第 1 行)以外其他数据单元格的字号设置为“10 号”，并为表格设置内框为点线┈┈┈┈、外框线为双实线════。(参考考勤表(样例).xls)

(6) 将 Sheet1 工作表重命名为“一月考勤”工作表。

(7) 将“一月考勤”工作表复制 2 份，并将复制后的工作表“一月考勤(2)”更名为“二月考勤”、“一月考勤(3)”更名为“三月考勤”。

(8) 分别在“二月考勤”、“三月考勤”工作表中修改“加班天数”和“请假天数”的数据。(参考考勤表(样例).xls)

(9) 在“三月考勤”之后插入一张新的工作表、并将新工作表更名为“一季度加班”。

(10) 将“一月考勤”工作表中的“员工编号”、“姓名”、“部门”列的数据复制到“一季度加班”工作表中。

(11) 在“一季度加班”工作表中的“部门”列之后，分别输入列标题“一月加班天数”、“二月加班天数”、“三月加班天数”，并将“一月考勤”表中的“加班天数”数据复制到“一月加班天数”列的相应单元格中，用相同的方法分别将“二月考勤”、“三月考勤”表中的“加班天数”数据复制到“二月加班天数”、“三月加班天数”列的相应单元格中。

(12) 在“三月加班天数”列之后，输入“一季度加班天数”，并计算出每位员工 3 个月加班的总天数。

(13) 将“一季度加班”工作表复制 2 份，并将复制后的工作表改名为“排序”、“自动筛选”。

(14) 在“排序”工作表中，以部门为主要关键字升序排列；以“一季度加班天数”为第二关键字降序排列。

(15) 在“自动筛选”工作表中，筛选出同时满足两个条件的记录；部门为“销售部”；一季度加班天数在“3 天以上”的数据记录。

任务 10　Excel 综合应用——超市商品销售数据管理

10.1　案 例 分 析

本任务以超市商品销售数据的处理为例，介绍了利用计算机来帮助完成商品的销售和自动计算。通过制作超市商品清单及收银单完成简易的超市商品销售管理系统的构建，实现超市商品销售的计算机管理。

10.1.1　提出任务

商品清单就是一个 Excel 表，表中通常包含商品的编码、名称、单价等信息，创建一个新 Excel 表后，录入商品的编码、名称、单价等信息，即完成商品清单的制作。在超市购物时，收银员要做的工作是输入商品编码、输入购买数量、输入实付款，商品的名称、单价、应收款、找零等信息是自动生成的。因此，在收银单制作时，除了包含商品的编码、名称、单价等信息外，还要包含交易时间、交易数量、应收款、实付款、找零等信息，并且根据收银员输入的数据能自动生成所需的数据。

10.1.2　解决方案

首先，新建一个 Excel 工作簿，在 Sheet1 工作表中录入商品信息，进行相应的格式排版，制作出商品清单，如图 10-1 所示；然后，在 Sheet2 工作表中，制作出收银单的雏形；最后，根据输入的商品编码自动生成商品名称及单价，根据输入的购买数量自动计算出金额及应收款，根据输入的实付款自动计算出找零，如图 10-2 所示。

10.1.3　相关知识点

1. 条件格式

条件格式的功能是突出显示满足特定条件的单元格。如果单元格中的值发生了改变而不满足设定的条件时，Excel 会暂停突出显示的格式。

2. Vlookup 函数

Vlookup 函数的功能：查找数据区域首列满足条件的元素，并返回数据区域当前行中指定列出的值。

超市商品清单			
商品编码	商品名称	商品单价（元）	单位
A001	娃哈哈矿泉水	¥1.00	瓶
A002	农夫山泉矿泉水	¥1.50	瓶
A003	统一红烧牛肉面	¥2.50	碗
A004	康师傅老坛酸菜面	¥3.00	碗
A005	奥利奥夹心饼干	¥4.50	袋
A006	闲趣饼干	¥4.00	袋
A007	可口可乐	¥3.00	瓶
A008	雪碧	¥2.50	瓶
A009	小洋人	¥3.50	瓶
A010	营养快线	¥4.00	瓶
A011	心相印面巾纸	¥0.50	包
A012	面包	¥2.00	个

图 10-1　超市商品清单

超市收银单				
交易时间	2012-5-13 8:03			
商品编码	商品名称	单价	数量	金额
A004	康师傅老坛酸菜面	¥3.00	3	¥9.00
A001	娃哈哈矿泉水	¥1.00	2	¥2.00
A007	可口可乐	¥3.00	4	¥12.00
A002	农夫山泉矿泉水	¥1.50	2	¥3.00
A010	营养快线	¥4.00	3	¥12.00
A012	面包	¥2.00	2	¥4.00
A008	雪碧	¥2.50	4	¥10.00
应收款：	¥52.00		实付款：	¥60.00
大写：	伍拾贰			
找零：	¥8.00			
货款请当面点清 超市欢迎您再次光临！				

图 10-2　超市收银单

10.2　实 现 方 法

10.2.1　制作商品清单

1. 新建一个 Excel 工作簿

1) 选择“开始”→“所有程序”→“Microsoft Office”→“Microsoft Office Excel 2003”命令，新建一个 Excel 工作簿。

2) 单击“保存”按钮，将 Excel 工作簿保存文件名为“超市收银系统”，保存类型为“Microsoft Office Excel 工作簿”，如图 10-3 所示；将 Sheet1 工作表重命名为“商品清单”、Sheet2 工作表重命名为“收银单”，删除 Sheet3 工作表。

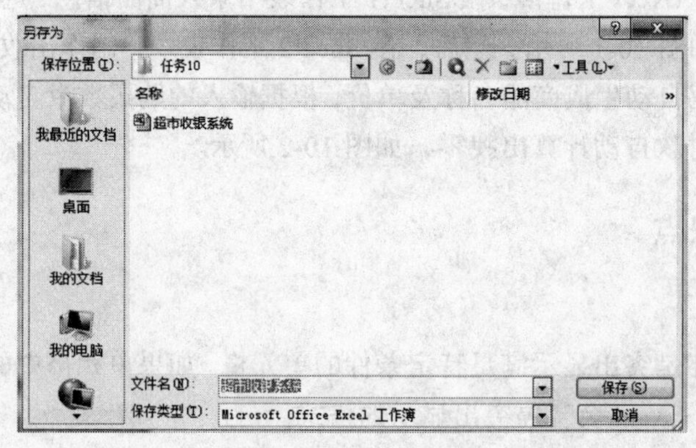

图 10-3　保存工作簿

2. 录入商品清单数据

1) 单击“商品清单”工作表，在 A1 单元格录入标题“超市商品清单”，在 A2、B2、C2、D2 分别录入文字“商品编码”、“商品名称”、“商品单价”、“单位”。

2) 根据超市的商品信息，从第 3 行起依次完成各商品信息的录入，如图 10-4 所示。

3) 单击常用工具栏上的“保存”按钮，保存录入的文字信息。

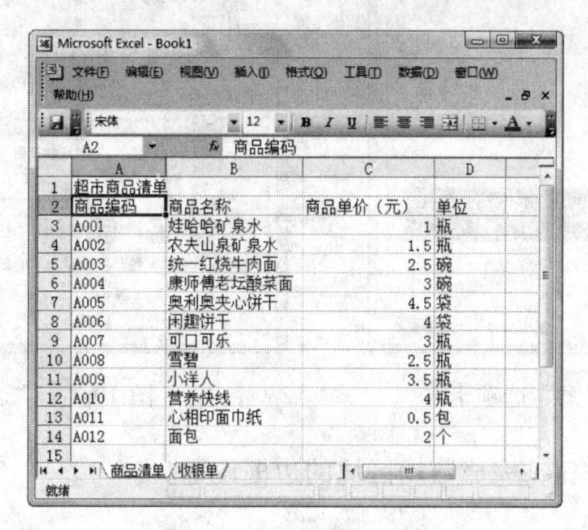

	A	B	C	D
1	超市商品清单			
2	商品编码	商品名称	商品单价（元）	单位
3	A001	娃哈哈矿泉水	1	瓶
4	A002	农夫山泉矿泉水	1.5	瓶
5	A003	统一红烧牛肉面	2.5	碗
6	A004	康师傅老坛酸菜面	3	碗
7	A005	奥利奥夹心饼干	4.5	袋
8	A006	闲趣饼干	4	袋
9	A007	可口可乐	3	瓶
10	A008	雪碧	2.5	瓶
11	A009	小洋人	3.5	瓶
12	A010	营养快线	4	瓶
13	A011	心相印面巾纸	0.5	包
14	A012	面包	2	个
15				

图 10-4　超市商品清单

3. 设置标题格式

1) 选中标题行“超市商品清单”要合并的单元格区域 A1:D1，单击工具栏上的“合并及居中”按钮，将标题行合并及居中显示，如图 10-5 所示。

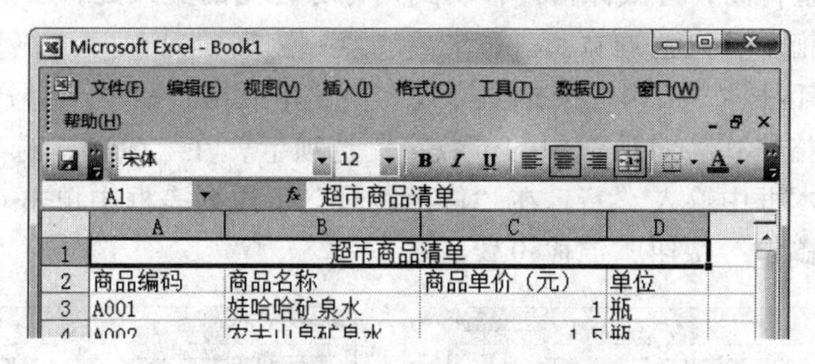

	A	B	C	D
1	超市商品清单			
2	商品编码	商品名称	商品单价（元）	单位
3	A001	娃哈哈矿泉水	1	瓶

图 10-5　设置“商品清单”标题格式

2) 选中标题文字“超市商品清单”，将标题文字设置为黑体、14 号、加粗。

4. 设置字段名称格式

1) 选中单元格区域 A2:D2，单击格式工具栏上的“加粗”按钮，将字段名称设置为加粗。

2) 接着选择“格式”→“单元格”命令，打开“单元格格式”对话框；单击“单元格格式”对话框中“图案”选项卡，单击“灰色-40%”，如图 10-6 所示。

3) 单击“确定”按钮，将字段名称填充为灰色底纹。

5. 设置数据区域格式

1) 选定数据区域 A2:D14，选择“格式”→“单元格”命令，打开“单元格格式”对话框。

2) 单击“单元格格式”对话框中“边框”选项卡，首先选择线条样式为双线，颜色为蓝色，单击“外边框”按钮，将外边框设置为蓝色双线；然后选择线条样式为单线，颜色为红色，单击“内部”按钮，将内边框设置为红色单线，如图 10-7 所示。

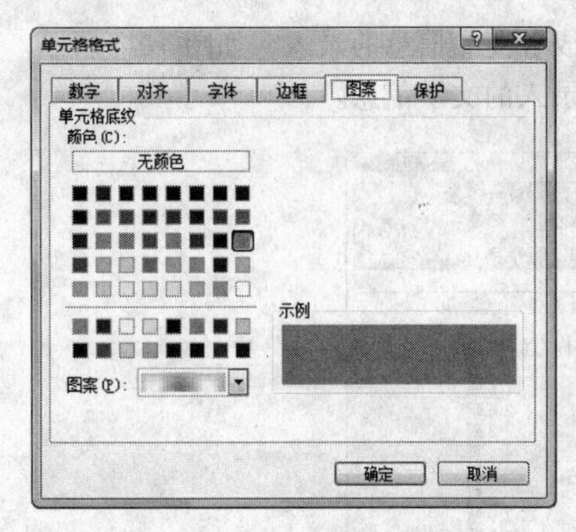

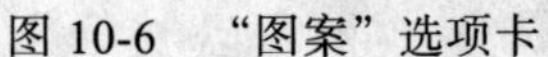

图 10-6　“图案”选项卡

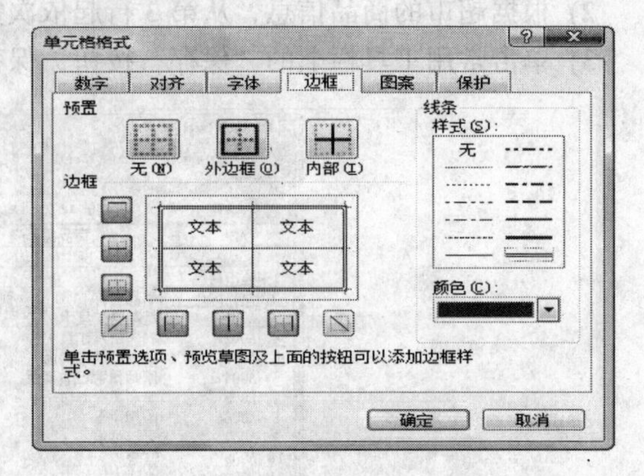

图 10-7　“边框”选项卡

3) 单击“确定”按钮，完成数据区域的边框设置。

6. 商品清单设置

1)　单击左上角行标号和列标号的交叉处，选中整个工作表；然后，选择“格式”→“单元格”命令，打开“单元格格式”对话框；单击“单元格格式”对话框中的“对齐”选项卡，如图 10-8 所示；将“水平对齐”、“垂直对齐”都设置为“居中”后，单击“确定”按钮。

2) 将鼠标指针移动到行标号或列标号之间的交叉处，在鼠标指针变成双向箭头时按住左键上下拖动，调整行高；将鼠标指针移动到列标号之间的交叉处，在鼠标指针变成双向箭头时按住左键左右拖动，调整列宽。

3) 选中单元格区域 C3:C14，选择“格式”→“单元格”命令，打开“单元格格式”对话框；单击“单元格格式”对话框中的“数字”选项卡，在“分类”选项中单击“货币”，在“小数位数”文本框中输入“2”，在“货币符号”下拉列表框中单击“¥”，如图 10-9 所示；最后，单击“确定”按钮，完成设置。

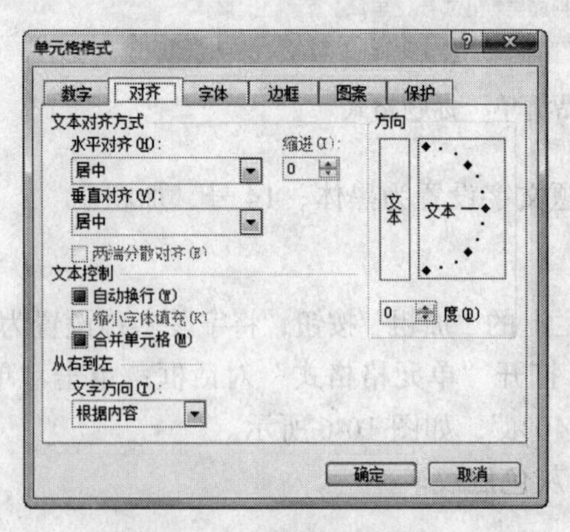

图 10-8　“对齐”选项卡

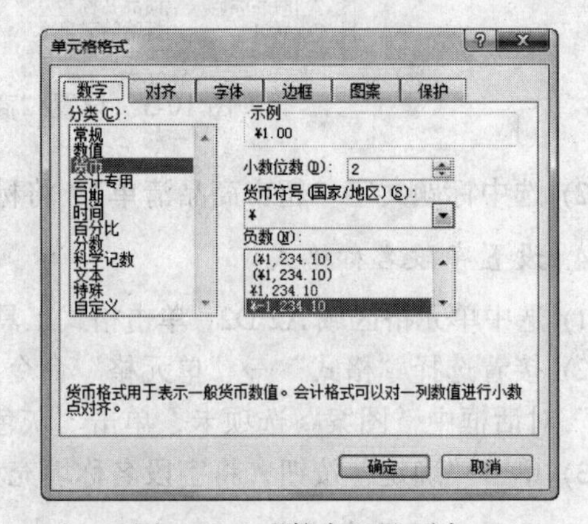

图 10-9　“数字”选项卡

10.2.2　制作收银单

1. 录入收银单中的文字信息

1) 单击“收银单”工作表，在 A1 单元格录入标题“超市收银单”，在第 2 行的 A2 单元格录入“交易时间”，在第 3 行的 A3、B3、C3、D3、E3 分别录入“商品编码”、“商品名称”、“单价”、“数量”、“金额”。

2) 在 A16 单元格录入“应收款:”，在 D16 单元格录入“实付款:”，在 A17 录入“大写:”，在 A18 录入“找零:”，在 A19 录入“货款请当面点清超市欢迎您再次光临!”，如图 10-17 所示。

3) 单击常用工具栏上的“保存”按钮，保存录入的文字信息。

2. 设置格式

1) 选中标题行“超市收银单”要合并的单元格区域 A1:E1，单击工具栏上的“合并及居中”按钮，将标题行合并及居中显示；选中“超市收银单”，将标题行文字设置为黑体、14 号、加粗；选中单元格区域 A19:E19，单击常用工具栏上的“合并及居中”按钮，在编辑栏中，把光标定位到“货款请当面点清”文字后，按 Alt + Enter 键，将“货款请当面点清超市欢迎您再次光临!”分成 2 行显示，如图 10-10 所示。

2) 选中单元格区域 B2:E2，单击工具栏上的“合并及居中”按钮，将交易发生的时间值居中显示。

3) 选中字段名称行区域 A3:E3，单击格式工具栏上的“加粗”按钮；接着单击工具栏上的“填充颜色”按钮，将底纹填充为“灰色–40%”。

4) 选中单元格区域 B16:C16，单击工具栏上的“合并及居中”按钮；选中单元格区域 B17:C17，单击常用工具栏上的“合并及居中”按钮；选中单元格区域 D16:D17，单击常用工具栏上的“合并及居中”按钮；选中单元格区域 E16:E17，单击常用工具栏上的“合并及居中”按钮；选中单元格区域 B18:E18，单击常用工具栏上的“合并及居中”按钮。

5) 选中 B16，选择“格式”→“单元格”命令，弹出“单元格格式”对话框，在“单元格格式”对话框中的“数字”选项卡，在“分类”选项中选中“货币”，在“小数位数”文本框中输入“2”，在“货币符号”下拉列表框中单击“¥”，单击“确定”按钮；用同样的方法设置 B18 和 E16 单元格的数字货币格式。

6) 选中 B17，在编辑栏中输入公式“ = B16”，然后选择“格式”→“单元格”命令，在“数字”选项卡的“分类”中选择“特殊”选项，在“类型”中选择“中文大写数字”选项，最后单击“确定”按钮，如图 10-11 所示。

图 10-10　制作收银单

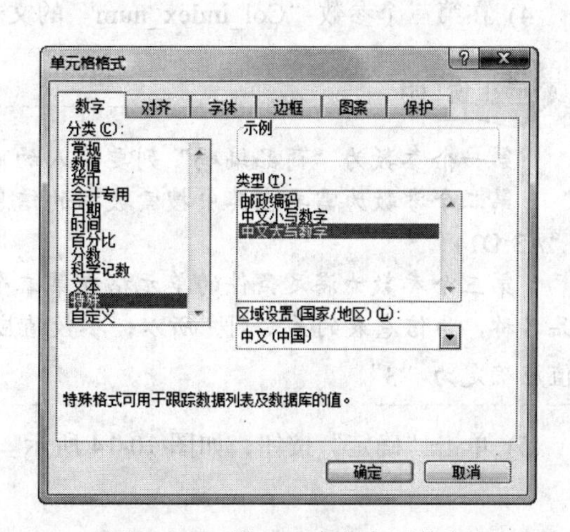

图 10-11　设置“中文大写数字”

7) 选中单元格区域 A2:E19，选择“格式”→“单元格”命令，打开“单元格格式”对话框。

8) 单击“单元格格式”对话框中“边框”选项卡，将外边框设置为黑色粗线，内边框设置为虚线。

3. 在收银单中使用公式与函数

在单元格区域 A4:A15 内任一单元格输入商品编码，相对应商品清单表中的商品名称、单价自动显示在收银单中的操作步骤如下。

1) 选中 B4 单元格，单击“插入函数”按钮，打开“插入函数”对话框，如图 10-12 所示；在“或选择类别”下拉列表框中选择“查找与引用”，然后在“选择函数”列表框中选择“VLOOKUP”函数。

2) 单击“确定”按钮，打开“函数参数”对话框，如图 10-13 所示；在第一个参数“Lookup_value”文本框中输入“A4”。

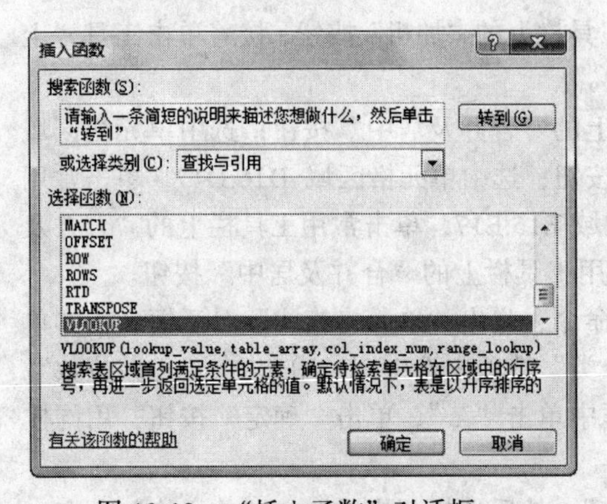

图 10-12　“插入函数”对话框

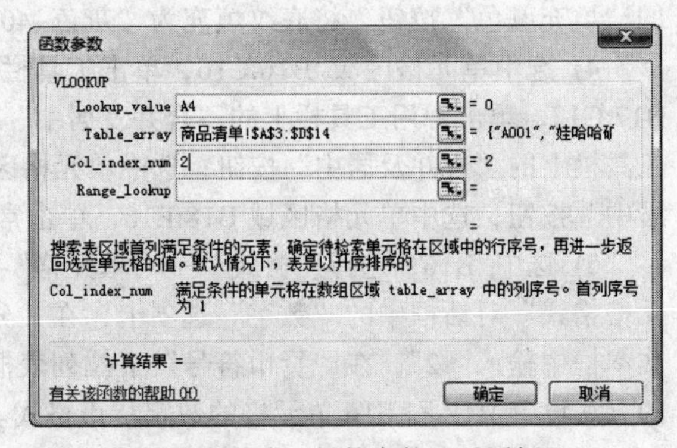

图 10-13　“函数参数”对话框

3) 在第二个参数“Table_array”的文本框中输入“商品清单!$A$3:$D$14”。

4) 在第三个参数“Col_index_num”的文本框中输入“2”。

说 明

第一个参数为“商品编码”列要输入的商品编码，当前的参数应确定为 A4。

第二个参数为需要在其中搜索数据的信息表，即为“商品清单”表中的商品信息区域“A3:D14”。

第三个参数为满足条件的单元格在第二个参数区域的列序号。此处，需要返回的是商品名称，为信息表的第二列。所以，参数值应为“2”。同理，若是返回商品单价，则参数值应确定为“3”。

5) 单击“确定”按钮，如图 10-14 所示。

说 明

此时，由于没有在 A 列输入商品编码，所以会出现如图 10-14 所示的提示符号，表示此时函数不可用。可以在 A4 的任意单元格内输入一商品编码，商品名称即可显示。

图 10-14 函数使用情况

6) 同样的方法设置 C4 即单价列的公式为：= VLOOKUP(A4,商品清单!$A$3:$D$14,3)。

7) 当在 A5 单元格输入商品编码时，只要将 B4 单元格的公式分别向下拖动即可完成公式的复制。具体方法如下：将鼠标指针移至当前的 B4 单元格的右下角，鼠标呈现“十”字实心形，按住鼠标左键并拖动至 B5 单元格，松开鼠标即可。用同样的方法完成 C5 单元格公式的复制。

4. 自动生成购买时间

选中 B2 单元格，在单元格内输入“ = NOW( )”，按 Enter 键，即可返回当前的系统时间。

5. 自动计算应收款

根据输入商品的编码、购买的数量，自动计算应收款的操作步骤如下。

1) 选中 E4 单元格，在单元格内输入“ = C4*D4”，完成后按 Enter 键。

2) 将鼠标指针移至当前的 E4 单元格的右下角，鼠标呈现“十”字架实心的形状，按住鼠标左键并拖动至 E15 单元格，松开鼠标。

3) 输入顾客购买的一种商品编码和数量，如“A004”、“3”，计算出相应的金额，如图 10-15 所示。

4) 选中 B16 单元格，插入使用“SUM”函数，“函数参数”设置为“E4:E15”，即可自动计算出应付款。例如，输入某顾客购买的商品编码、购买数量后计算出的商品应付款，如图 10-16 所示。应付款的大写金额显示在 B17 单元格中。

6. 自动计算找零

根据输入的实付款，自动计算找零的操作步骤为：选中 B18 单元格，在单元格内输入“ = E110-B16”，按 Enter 键即可。至此，收银单制作完毕。

图 10-15 自动计算购买一种商品的金额

图 10-16 自动计算应付款

为了提醒收银员，可使用条件格式设置找零。找零为负数时，以红色底纹显示，提示收银员实付款金额不足；找零为正数时，以绿色底纹显示，提示收银员付款成功，按数找零。

具体操作步骤如下。

1) 选中 B18 单元格后，选择“格式”→“条件格式”命令，打开“条件格式”对话框。

2) 在“条件格式”对话框中，设置条件“单元格数值”、“小于”、“0”；单击“格式”按钮，在“单元格格式”对话框中单击“图案”选项卡，设置红色底纹，如图 10-17 所示。

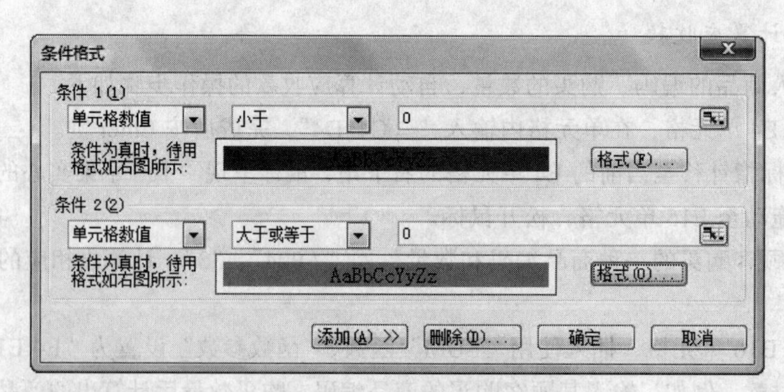

图 10-17 设置条件格式

3) 单击“添加”按钮，设置条件 2“单元格数值”、“大于等于”、“0”；单击“格式”按钮，在“单元格格式”对话框中单击“图案”选项卡，设置绿色底纹，如图 10-17 所示。

4) 单击“确定”按钮，完成设置。此时，输入某顾客实付款“60”元后，收银单如图 10-18 所示。

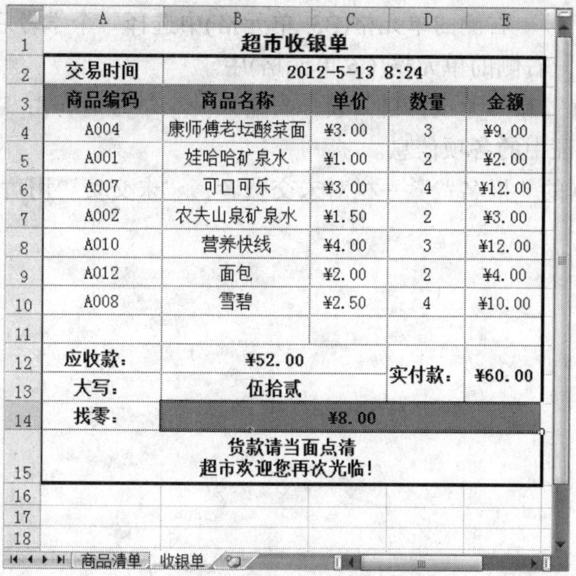

	A	B	C	D	E
1	超市收银单				
2	交易时间	2012-5-13 8:24			
3	商品编码	商品名称	单价	数量	金额
4	A004	康师傅老坛酸菜面	¥3.00	3	¥9.00
5	A001	娃哈哈矿泉水	¥1.00	2	¥2.00
6	A007	可口可乐	¥3.00	4	¥12.00
7	A002	农夫山泉矿泉水	¥1.50	2	¥3.00
8	A010	营养快线	¥4.00	3	¥12.00
9	A012	面包	¥2.00	2	¥4.00
10	A008	雪碧	¥2.50	4	¥10.00
11					
12	应收款:	¥52.00		实付款:	¥60.00
13	大写:	伍拾贰			
14	找零:	¥8.00			
15	货款请当面点清 超市欢迎您再次光临!				
16					
17					
18					

商品清单 收银单

图 10-18 收银单效果图

10.3 案例总结

本任务主要介绍了工作表的操作技巧，如 Excel 的基本输入方法、工作表的格式化、工作表的插入、删除、重命名等，公式和函数的计算，条件格式的使用。

本任务是在上一任务的基础上深化工作表的格式化技巧，如自动转换大小写，条件格式的使用。另外，介绍了一些常用函数的使用，其中 Vlookup 函数的使用是本任务的重点和难点。在使用 Vlookup 函数时，首先要正确定义数据区域，注意把要查找的内容定义在数据区域的首列；然后要注意数据区域的引用方式。

10.4 课后练习

根据素材，制定 MLC 考试报名表。

(1) 打文件夹“任务 10\课后练习素材”中的工作簿“MLC 考试报名表(素材).xls”，将其另存为“MLC 考试报名表(学号姓名).xls”。

(2) 利用“数据有效性”，将“准考证”、“收据打印”工作表 B3 单元格设置成只可以选择“报名表”中学生的“学号”。

(3) 根据“考试科目”表中的报名费，填写出“报名表”中各考生的“报名费”，对“是否缴费”为“否”的填写未缴费。要求：

1) 用 IF 函数的嵌套完成。

2) 使用 IF 函数与 Vlookup 函数的嵌套完成。

(4) 在“准考证”、“收据打印”工作表要实现如下功能。

1) 在“请选择学号”右侧的单元格(B3 单元格)中选择一个学号后，可将该学号显示在报名费收据的“学号”右侧的单元格(C6 单元格)中。

2) 根据“报名表”和“考试科目”表，当输入一个学号后，由 Vlookup 函数自动填写出报名费收据和准考证中的各项信息。

3) 在报名费收据的“报名费”一栏对未交费者，“未交费”用黄色底纹红色字体显示。

任务 11　Excel 高级应用——超市商品销售数据分析

11.1　案 例 分 析

现代超市都会利用计算机来帮助完成商品的统计分析以及员工的工资发放。本任务通过制作超市销售日报表、制作超市员工工资表两个任务，完成简易的超市商品销售管理的数据分析，实现超市商品销售的计算机管理。

11.1.1　提出任务

超市销售日报表是对超市一天销售的商品做一个统计分析。报表通常包含商品编码、商品名称、销售时间、销售数量、单价、(销售)金额等信息，数据来自收银单。为便于掌握顾客的购买习惯、商品的受欢迎程度，需要对销售数据按商品编码、销售时间进行排序，并分类汇总、制成图表。超市的管理者根据这些信息提示，可以合理地调配人员，补充适销商品，撤换滞销商品。

超市员工的工资一般由基本工资、考勤奖等组成。其中：基本工资的多少由岗位决定，每个月基本上是固定的；考勤奖与出勤天数挂钩，每个月都会有浮动。工资表中除了包含工资收入信息外，还要包含各种保险费、个人所得税等支出信息。因此，制作超市员工工资表时，不仅要对收入和支出进行核算，计算出应发工资、实发工资，而且还要熟悉业绩奖金、考勤奖的核算方法、各种保险费及个人所得税扣缴的规则。掌握了这些知识和技能，才能完成超市员工工资表的制作。

11.1.2　解决方案

首先，新建一个 Excel 工作簿，在工作表中录入当天的商品销售数据，制作“日商品销售明细”表；然后，对表中数据按商品编码、销售时间进行排序；最后，对表中数据进行分类汇总、筛选查看，并制作成图表，完成超市日销售报表。

根据工资构成制作一张工资表的空表；然后，在空表中录入员工编号、员工姓名、岗位、基本工资等基本信息，根据出勤天数核算考勤奖；最后，根据各种保险费及个人所得税扣缴比例计算扣缴金额，核算出实发工资，完成员工工资表的制作。

11.1.3　相关知识点

1. 图表

利用工作表中的数据制作图表，可以更加清晰、直观和生动地表现数据。图表比数据更容易表达数据之间的关系和数据变化的趋势。

2. 分类汇总

分类汇总是指对工作表中的某一项数据进行分类，再对需要汇总的数据进行汇总计算。在分类汇总前要先对分类字段进行排序。

3. 逻辑判断函数 IF

IF 函数的功能是判断给出的条件是否满足，如果满足返回一个值，如果不满足则返回另一个值。

11.2 实 现 方 法

11.2.1 制作超市日商品销售报表

1. 制作超市日商品销售报表

(1) 新建一个 Excel 工作簿

打开 Excel，将新工作簿命名为“超市销售日报表”，并保存到文件夹“任务 11”中，重命名 Sheet1 工作表为“日商品销售明细”，重命名 Sheet2 工作表为“员工工资”，删除 Sheet3 工作表。

(2) 录入报表数据

在“日商品销售明细”工作表中，完成一天超市商品销售信息的录入，如图 11-1 所示。录入完毕后，单击常用工具栏上的“保存”按钮，保存录入的数据(可以参照超市销售日报表(素材).xls)。

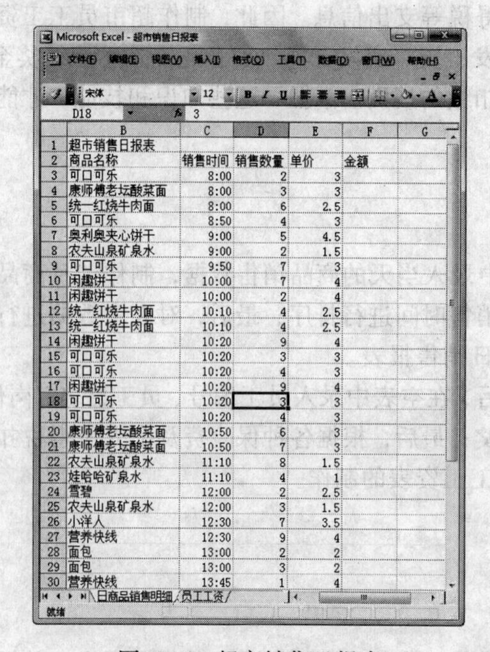

	B	C	D	E	F	G
1	超市销售日报表					
2	商品名称	销售时间	销售数量	单价	金额	
3	可口可乐	8:00	2	3		
4	康师傅老坛酸菜面	8:00	3	3		
5	统一红烧牛肉面	8:00	6	2.5		
6	可口可乐	8:50	4	3		
7	奥利奥夹心饼干	9:00	5	4.5		
8	农夫山泉矿泉水	9:00	2	1.5		
9	可口可乐	9:50	7	3		
10	闲趣饼干	10:00	7	4		
11	闲趣饼干	10:00	2	4		
12	统一红烧牛肉面	10:10	4	2.5		
13	统一红烧牛肉面	10:10	4	2.5		
14	闲趣饼干	10:20	9	4		
15	可口可乐	10:20	3	3		
16	可口可乐	10:20	4	3		
17	闲趣饼干	10:20	9	4		
18	可口可乐	10:20	3	3		
19	可口可乐	10:20	4	3		
20	康师傅老坛酸菜面	10:50	6	3		
21	康师傅老坛酸菜面	10:50	7	3		
22	农夫山泉矿泉水	11:10	8	1.5		
23	娃哈哈矿泉水	11:10	4	1		
24	雪碧	12:00	2	2.5		
25	农夫山泉矿泉水	12:00	3	1.5		
26	小洋人	12:30	7	3.5		
27	营养快线	12:30	9	4		
28	面包	13:00	2	2		
29	面包	13:00	3	2		
30	营养快线	13:45	1	4		

图 11-1 超市销售日报表

	A	B	C	D	E	F
1	超市销售日报表					
2	商品编码	商品名称	销售时间	销售数量	单价	金额
3	A007	可口可乐	8:00	2	¥3.00	¥6.00
4	A004	康师傅老坛酸菜面	8:00	3	¥3.00	¥9.00
5	A003	统一红烧牛肉面	8:00	6	¥2.50	¥15.00
6	A007	可口可乐	8:50	4	¥3.00	¥12.00
7	A005	奥利奥夹心饼干	9:00	5	¥4.50	¥22.50
8	A002	农夫山泉矿泉水	9:00	2	¥1.50	¥3.00
9	A007	可口可乐	9:50	7	¥3.00	¥21.00
10	A006	闲趣饼干	10:00	7	¥4.00	¥28.00
11	A006	闲趣饼干	10:00	2	¥4.00	¥8.00
12	A003	统一红烧牛肉面	10:10	4	¥2.50	¥10.00
13	A003	统一红烧牛肉面	10:10	4	¥2.50	¥10.00
14	A006	闲趣饼干	10:20	9	¥4.00	¥36.00
15	A007	可口可乐	10:20	3	¥3.00	¥9.00
16	A007	可口可乐	10:20	4	¥3.00	¥12.00
17	A006	闲趣饼干	10:20	9	¥4.00	¥36.00
18	A007	可口可乐	10:20	3	¥3.00	¥9.00
19	A007	可口可乐	10:20	4	¥3.00	¥12.00
20	A004	康师傅老坛酸菜面	10:50	6	¥3.00	¥18.00
21	A004	康师傅老坛酸菜面	10:50	7	¥3.00	¥21.00

图 11-2 编排后的超市销售日报表

(3) 编排格式

将标题行合并居中、文字加粗，给数据清单区域添加边框；根据数据类型，将数据设置成相应的时间类型或货币类型；调整对齐方式、字体、字号，利用公式计算金额(公式为销售数量*金额)，调整单元格的宽度、高度。编排完成后，单击常用工具栏上的“保存”按钮，保存编排的格式。编排后的效果如图 11-2 所示。

2. 排序“日商品销售明细”表

(1) 选中排序操作的区域

鼠标指针指向 A2 单元格，按下鼠标左键拖动到 F41 单元格，松开鼠标左键，选中排序操作的单元格区域 A2:F41。

说 明

排序是对数据表中数据清单的操作，数据清单是由字段名和每一条记录组成的。

在“日商品销售明细”表中，排序的选定区域应该是 A2:F41。

(2) 打开“排序”对话框

选择“数据”→“排序”命令，打开“排序”对话框。

(3) 设置排序关键字

1) 在“主要关键字”下拉列表框中选择“商品编码”选项，将主要关键字设置为“商品编码”；再单击“升序”单选按钮，将排序方式设置为升序。

2) 在“次要关键字”下拉列表框中选择“销售时间”选项，在主要关键字相同的情况下将“次要关键字”设置为“销售时间”；再单击“升序”单选按钮，将排序方式设置为升序，如图 11-3 所示。

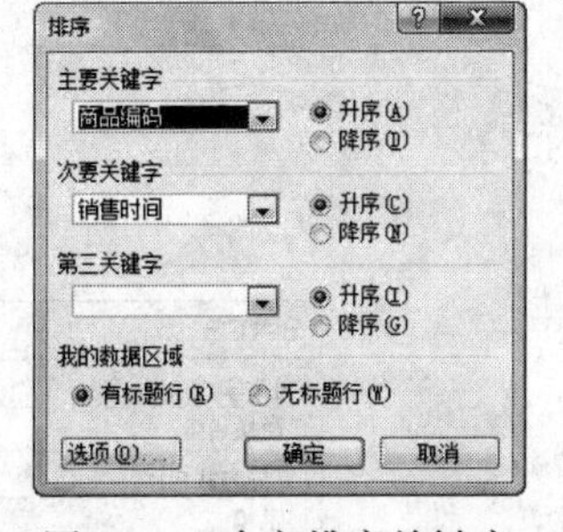

图 11-3 确定排序关键字

说 明

为了方便查看数据，掌握销售情况，根据任务分析，对表中的数据应该按照商品编码、销售时间进行排序操作。这样，同一种商品的销售信息就在一起了。

(4) 完成排序

设置好排序关键字后，单击“排序”对话框中的“确定”按钮，完成排序操作。排序后的日商品销售明细表，如图 11-4 所示。

超市销售日报表

商品编码	商品名称	销售时间	销售数量	单价	金额
A001	娃哈哈矿泉水	11:10	4	¥1.00	¥4.00
A001	娃哈哈矿泉水	15:00	3	¥1.00	¥3.00
A002	农夫山泉矿泉水	9:00	2	¥1.50	¥3.00
A002	农夫山泉矿泉水	11:10	8	¥1.50	¥12.00
A002	农夫山泉矿泉水	12:00	3	¥1.50	¥4.50
A003	统一红烧牛肉面	8:00	6	¥2.50	¥15.00
A003	统一红烧牛肉面	10:10	4	¥2.50	¥10.00
A003	统一红烧牛肉面	10:10	4	¥2.50	¥10.00
A003	统一红烧牛肉面	17:20	6	¥2.50	¥15.00
A004	康师傅老坛酸菜面	8:00	3	¥3.00	¥9.00
A004	康师傅老坛酸菜面	10:50	6	¥3.00	¥18.00
A004	康师傅老坛酸菜面	10:50	7	¥3.00	¥21.00
A005	奥利奥夹心饼干	9:00	5	¥4.50	¥22.50
A006	闲趣饼干	10:00	7	¥4.00	¥28.00
A006	闲趣饼干	10:00	2	¥4.00	¥8.00
A006	闲趣饼干	10:20	9	¥4.00	¥36.00
A006	闲趣饼干	10:20	9	¥4.00	¥36.00
A006	闲趣饼干	17:20	7	¥4.00	¥28.00
A007	可口可乐	8:00	2	¥3.00	¥6.00

图 11-4 排序后的“日商品销售明细”表

3. 分类汇总“日商品销售明细”表

(1) 选中分类汇总操作的区域

将鼠标指针指向 A2 单元格，按下鼠标左键拖动到 F41 单元格，松开鼠标左键，选中分类汇总操作的单元格区域 A2:F41。

(2) 打开“分类汇总”对话框

选择“数据”→“分类汇总”命令，打开“分类汇总”对话框。

说 明

分类汇总也是对整个数据清单的操作。

(3) 设置分类汇总选项

1) 在“分类字段”下拉列表框中选择“商品名称”选项，将分类字段设为商品名称，方便管理人员查看。

2) 在“汇总方式”下拉列表框中选择“求和”选项，将汇总方式设置为“求和”。

3) 在“选定汇总项”列表中，选中“销售数量”和“金额”复选框；接着分别选中“替换当前分类汇总”、“汇总结果显示在数据下方”复选框，如图 11-5 所示。

(4) 完成分类汇总

单击“分类汇总”对话框中的“确定”按钮，完成分类汇总操作。分类汇总后的“日商品销售明细”表如图 11-6 所示。

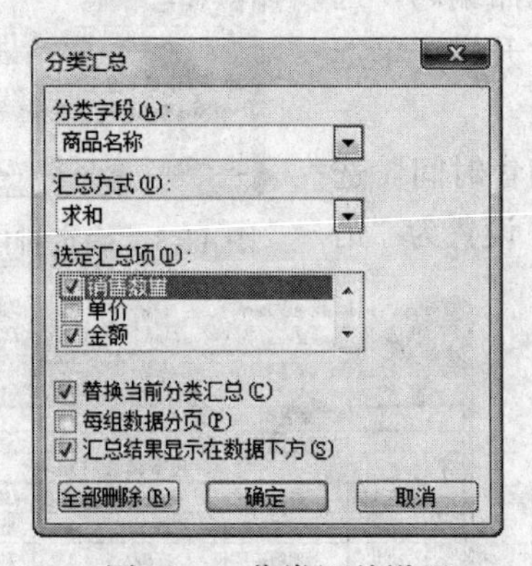

图 11-5　分类汇总设置

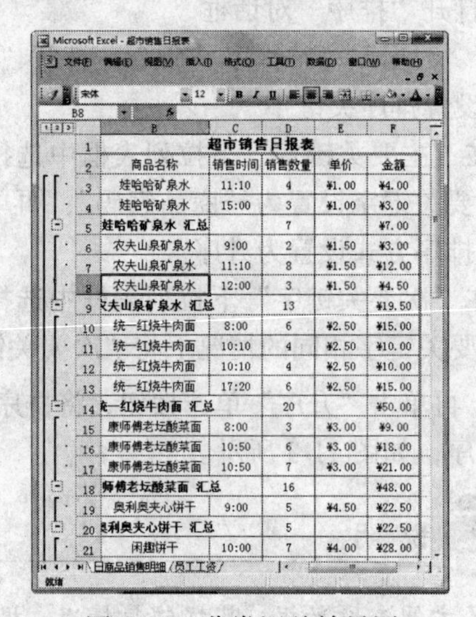

	超市销售日报表				
2	商品名称	销售时间	销售数量	单价	金额
3	娃哈哈矿泉水	11:10	4	¥1.00	¥4.00
4	娃哈哈矿泉水	15:00	3	¥1.00	¥3.00
5	娃哈哈矿泉水 汇总		7		¥7.00
6	农夫山泉矿泉水	9:00	2	¥1.50	¥3.00
7	农夫山泉矿泉水	11:10	8	¥1.50	¥12.00
8	农夫山泉矿泉水	12:00	3	¥1.50	¥4.50
9	农夫山泉矿泉水 汇总		13		¥19.50
10	统一红烧牛肉面	8:00	6	¥2.50	¥15.00
11	统一红烧牛肉面	10:10	4	¥2.50	¥10.00
12	统一红烧牛肉面	10:10	4	¥2.50	¥10.00
13	统一红烧牛肉面	17:20	6	¥2.50	¥15.00
14	统一红烧牛肉面 汇总		20		¥50.00
15	康师傅老坛酸菜面	8:00	3	¥3.00	¥9.00
16	康师傅老坛酸菜面	10:50	6	¥3.00	¥18.00
17	康师傅老坛酸菜面	10:50	7	¥3.00	¥21.00
18	康师傅老坛酸菜面 汇总		16		¥48.00
19	奥利奥夹心饼干	9:00	5	¥4.50	¥22.50
20	奥利奥夹心饼干 汇总		5		¥22.50
21	闲趣饼干	10:00	7	¥4.00	¥28.00

图 11-6　分类汇总效果图

(5) 分级查看汇总结果

1) 单击数据表左上方的“2”，查看每种商品的销售总量，如图 11-7 所示。

2) 单击数据表左上方的“1”，查看商品销售总量，如图 11-8 所示。

4. 筛选查看“日商品销售明细”表

(1) 设置筛选方式

选择“数据”→“筛选”→“自动筛选”命令，设置筛选方式为“自动筛选”。

(2) 查看自动筛选结果

单击字段名称后的下拉按钮，如单击“商品名称”后的下拉按钮▾；在下拉列表框中选择要查看的选项，如“康师傅老坛酸菜面”；查看“康师傅老坛酸菜面”的销售情况，如图 11-9 所示。如要恢复查看所有的销售记录，则在在下拉列表框中选择“全部”选项。

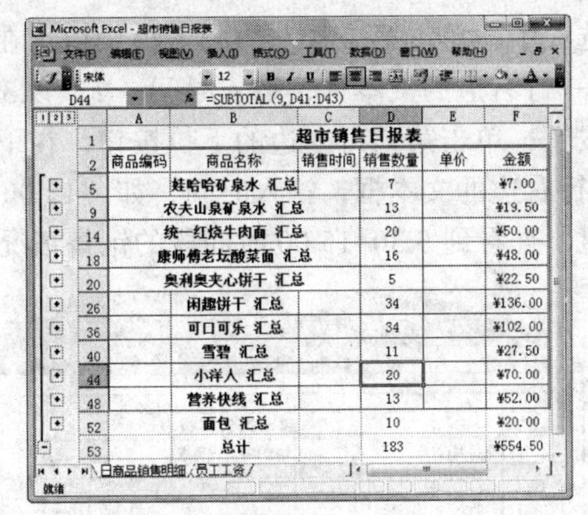

	A	B	C	D	E	F
1		超市销售日报表				
2	商品编码	商品名称	销售时间	销售数量	单价	金额
5		娃哈哈矿泉水 汇总		7		¥7.00
9		农夫山泉矿泉水 汇总		13		¥19.50
14		统一红烧牛肉面 汇总		20		¥50.00
18		康师傅老坛酸菜面 汇总		16		¥48.00
20		奥利奥夹心饼干 汇总		5		¥22.50
26		闲趣饼干 汇总		34		¥136.00
36		可口可乐 汇总		34		¥102.00
40		雪碧 汇总		11		¥27.50
44		小洋人 汇总		20		¥70.00
48		营养快线 汇总		13		¥52.00
52		面包 汇总		10		¥20.00
53		总计		183		¥554.50

图 11-7　每种商品的销售汇总

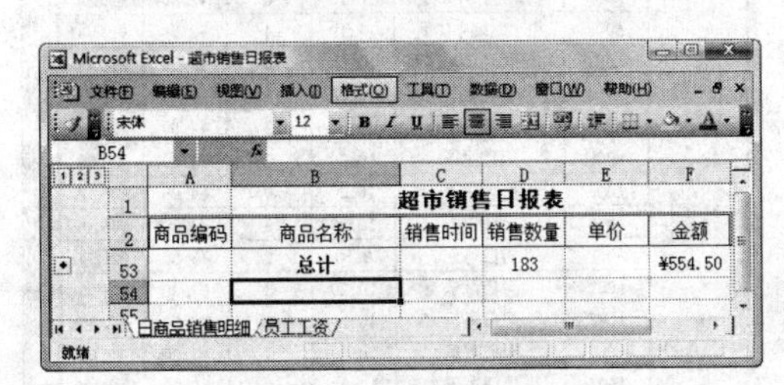

	A	B	C	D	E	F
1		超市销售日报表				
2	商品编码	商品名称	销售时间	销售数量	单价	金额
53		总计		183		¥554.50

图 11-8　商品销售总量汇总

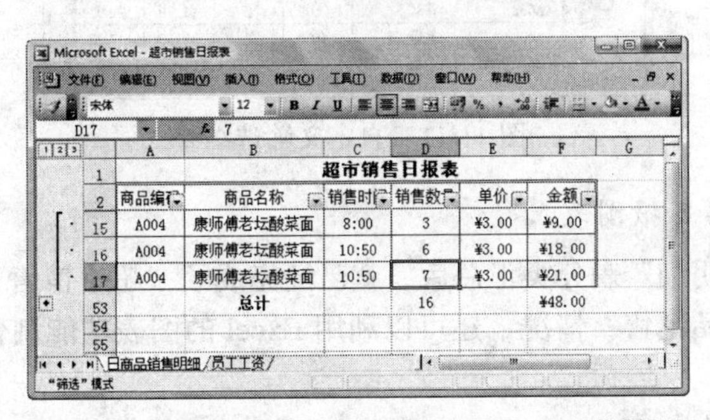

	A	B	C	D	E	F
1		超市销售日报表				
2	商品编码	商品名称	销售时间	销售数量	单价	金额
15	A004	康师傅老坛酸菜面	8:00	3	¥3.00	¥9.00
16	A004	康师傅老坛酸菜面	10:50	6	¥3.00	¥18.00
17	A004	康师傅老坛酸菜面	10:50	7	¥3.00	¥21.00
53		总计		16		¥48.00

图 11-9　查看“康师傅老坛酸菜面”的销售情况

(3) 查看自定义筛选结果

1) 单击字段名称后的下拉按钮，如“销售时间”的下拉按钮，打开下拉列表框。

2) 在下拉列表框中，选择“自定义”选项，打开“自定义自动筛选方式”对话框，如图 11-10 所示。

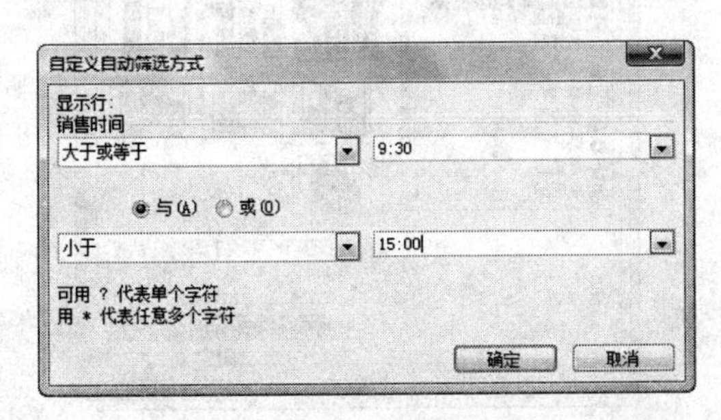

图 11-10　“自定义自动筛选方式”对话框

3) 在“销售时间”选项中，单击第一行左边的下拉按钮，在下拉列表框中选择“大于或等于”选项；再单击第一行右边的文本框，输入时间，如“9:30”。

4) 选中“与”单选按钮；单击第二行左边的下拉按钮，在下拉列表框中选择“小于或等于”选项；再单击第二行右边的文本框，输入时间，如“15:00”。

5) 单击“确定”按钮，查看到 9:30~15:00 时间段的销售情况，如图 11-11 所示。

Microsoft Excel - 超市销售日报表

D17　　7

	A	B	C	D	E	F
1	超市销售日报表					
2	商品编	商品名称	销售时	销售数	单价	金额
3	A001	娃哈哈矿泉水	11:10	4	¥1.00	¥4.00
7	A002	农夫山泉矿泉水	11:10	8	¥1.50	¥12.00
8	A002	农夫山泉矿泉水	12:00	3	¥1.50	¥4.50
11	A003	统一红烧牛肉面	10:10	4	¥2.50	¥10.00
12	A003	统一红烧牛肉面	10:10	4	¥2.50	¥10.00
16	A004	康师傅老坛酸菜面	10:50	6	¥3.00	¥18.00
17	A004	康师傅老坛酸菜面	10:50	7	¥3.00	¥21.00
21	A006	闲趣饼干	10:00	7	¥4.00	¥28.00
22	A006	闲趣饼干	10:00	2	¥4.00	¥8.00
23	A006	闲趣饼干	10:20	9	¥4.00	¥36.00
24	A006	闲趣饼干	10:20	9	¥4.00	¥36.00
29	A007	可口可乐	9:50	7	¥3.00	¥21.00
30	A007	可口可乐	10:20	3	¥3.00	¥9.00
31	A007	可口可乐	10:20	4	¥3.00	¥12.00
32	A007	可口可乐	10:20	3	¥3.00	¥9.00
33	A007	可口可乐	10:20	4	¥3.00	¥12.00
34	A007	可口可乐	13:45	5	¥3.00	¥15.00
37	A008	雪碧	12:00	2	¥2.50	¥5.00
38	A008	雪碧	14:00	7	¥2.50	¥17.50

日商品销售明细 / 员工工资 /

“筛选”模式

图 11-11　自定义筛选结果

5. 制作商品销售日报图表

将“日商品销售明细”表分类汇总后，就已经完成了“超市销售日报表”的制作。为了更直观地显示“日商品销售”情况，还可以利用 Excel 的图表功能制作商品销售日报图表。具体操作步骤如下。

(1) 打开图表向导

单击“超市销售日报表”左上方的数字“2”，选中单元格区域 A2:F52，在菜单栏上选择“插入”→“图表”命令，打开“图表向导”对话框，如图 11-12 所示。

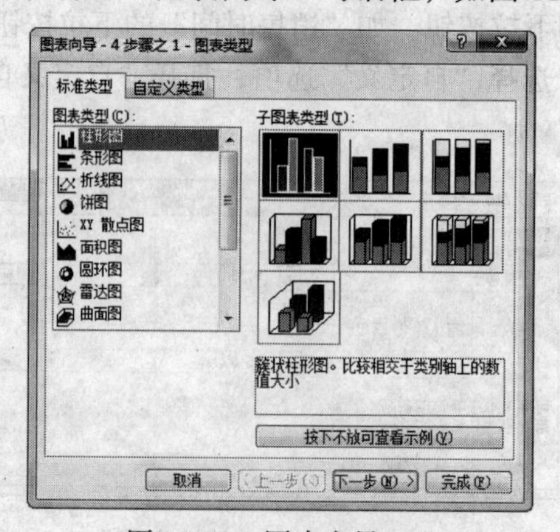

图 11-12　图表向导(一)

(2) 创建图表

1) 单击“标准类型”选项卡，在“图表类型”列表框中选择“柱形图”选项，单击“下一步”按钮，如图 11-13 所示。

2) 单击“系列”选项卡，如图 11-14 所示；在“系列”列表中选择“销售时间”选项，单击“删除”按钮；再选择“单价”选项，单击“删除”按钮。

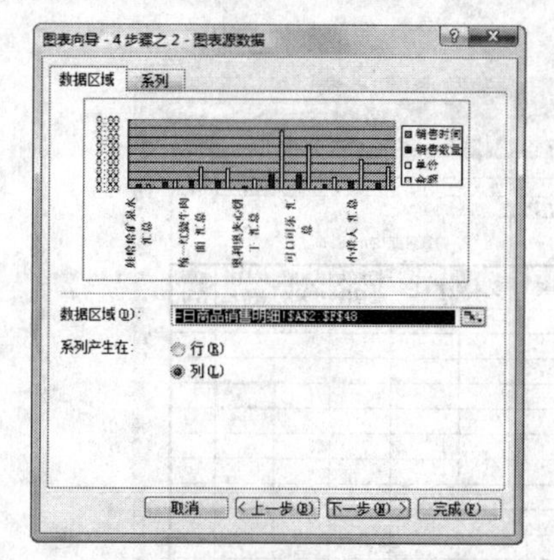

图 11-13　图表向导(二)

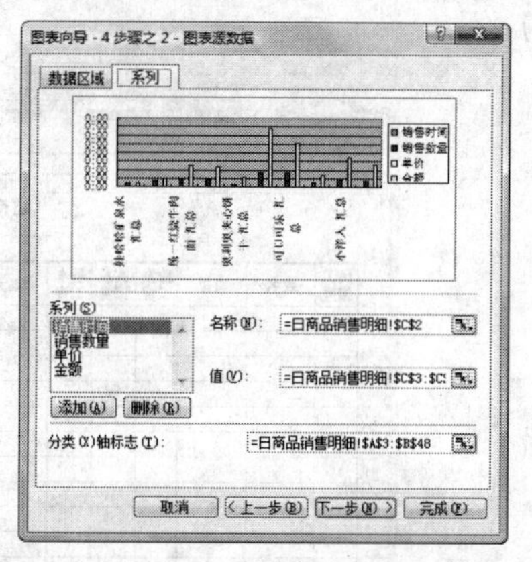

图 11-14　图表向导(三)

3) 单击“下一步”按钮，输入图表标题“销售日报表”，再单击“下一步”按钮，如图 11-15 所示。

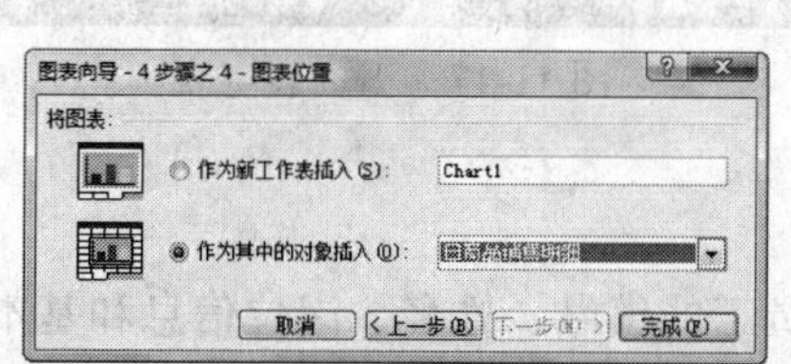

图 11-15　图表向导(四)

4) 单击“完成”按钮，完成“商品销售日报图表”制作，如图 11-16 所示。

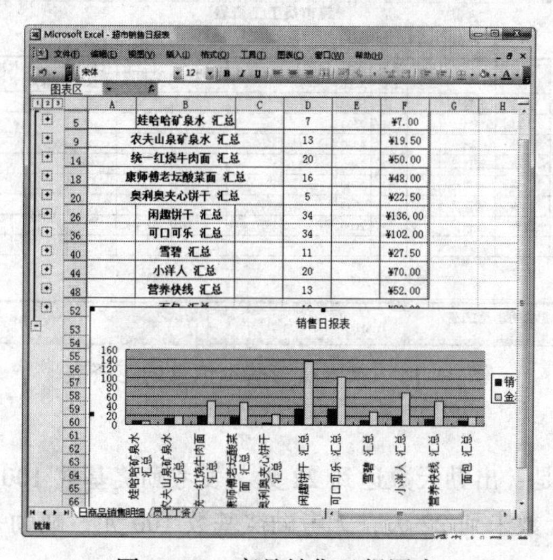

图 11-16　商品销售日报图表

11.2.2 制作超市员工工资表

1. 制作工资表的空表

1) 选择“员工工资”工作表。

2) 如图 11-17 所示，制作工资表的空表(也可以参照超市销售日报表(素材).xls 的员工工资工作表)。

超市员工工资表

月份:2012.4　　核算日期:2012.5.6

员工编号	姓名	岗位	应发工资	实发工资	基本工资	出勤天数/考勤奖		应税总额/代扣税		代扣失业保险	代扣医疗保险	代扣养老保险	扣款合计

会计：　店长审核：　经理审核：

图 11-17　工资表空表

2. 录入员工基本信息

如图 11-18 所示，录入员工的编号、姓名、岗位信息和基本工资。

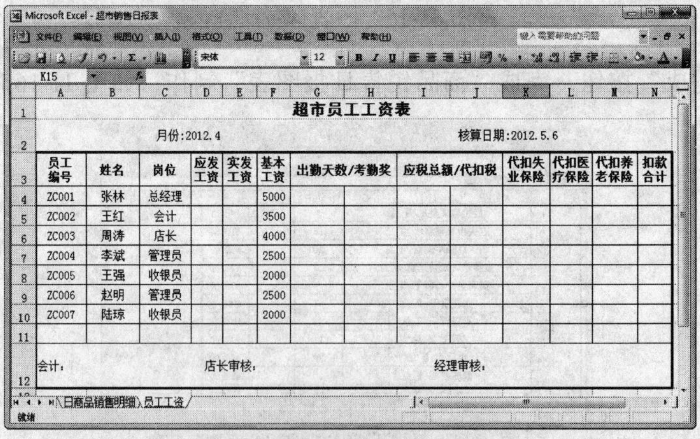

超市员工工资表

月份:2012.4　　核算日期:2012.5.6

员工编号	姓名	岗位	应发工资	实发工资	基本工资	出勤天数/考勤奖		应税总额/代扣税		代扣失业保险	代扣医疗保险	代扣养老保险	扣款合计
ZC001	张林	总经理			5000								
ZC002	王红	会计			3500								
ZC003	周涛	店长			4000								
ZC004	李斌	管理员			2500								
ZC005	王强	收银员			2000								
ZC006	赵明	管理员			2500								
ZC007	陆琼	收银员			2000								

会计：　店长审核：　经理审核：

图 11-18　录入员工基本信息的工资表

3. 核算考勤奖

考勤奖的核算方法是：出勤天数达到 22 天，发考勤奖基数 100 元，多加一天班，加班费为 50 元每天；出勤天数未到 22 天，无考勤奖基数 100 元，缺勤一天，扣 20 元。考勤奖核算步骤如下。

1) 录入全体员工的出勤天数。在 G4:G10 单元格录入出勤天数，分别为 22，24，25，20，20，28，22。

2) 选中 H4 单元格，在菜单栏中选择“插入”→“函数”命令，选择 IF 函数，打开 IF 函数的“函数参数”对话框；在“Logical_test”中输入“G4> = 22”，在“Value_if_true”中输入“100 + (G4-22)*50”，在“Value_if_false”中输入“(G4-22)*20”，如图 11-19 所示，单击“确定”按钮。

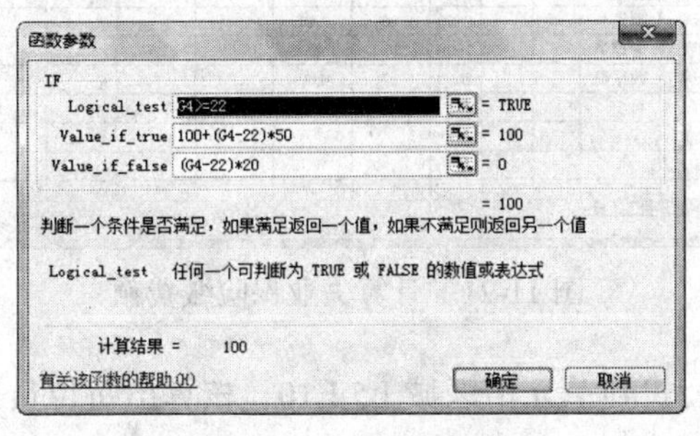

图 11-19　计算考勤奖

3) 利用填充柄复制公式到单元格区域 H5:H10，核算出每位员工的考勤奖，如图 11-20 所示。

超市员工工资表

月份:2012.4　　核算日期:2012.5.6

员工编号	姓名	岗位	应发工资	实发工资	基本工资	出勤天数	考勤奖	应税总额	代扣税	代扣失业保险	代扣医疗保险	代扣养老保险	扣款合计
ZC001	张林	总经理			5000	22	100						
ZC002	王红	会计			3500	24	200						
ZC003	周涛	店长			4000	25	250						
ZC004	李斌	管理员			2500	20	-40						
ZC005	王强	收银员			2000	20	-40						
ZC006	赵明	管理员			2500	28	400						
ZC007	陆琼	收银员			2000	22	100						

图 11-20　核算全员考勤奖

4. 核算保险缴费额

员工的基本保险主要有 3 种，分别为养老保险、医疗保险、失业保险。养老保险缴费的核算方法是：个人缴纳基本工资的 8%。医疗保险缴费的核算方法是：个人缴纳基本工资的 2%，外加 10 元的大病统筹。失业保险缴费的核算方法是：个人缴纳基本工资的 1%。

(1) 核算失业保险缴费额

1) 选中 K4 单元格，在 K4 单元格内输入“ = F4*1%”，如图 11-21 所示。

2) 利用填充柄复制公式到单元格区域 K5:K10，核算出每位员工的失业保险缴费额。

(2) 核算医疗保险缴费额

1) 选中 L4 单元格，在 L4 单元格内输入“ = F4*2% + 10”。

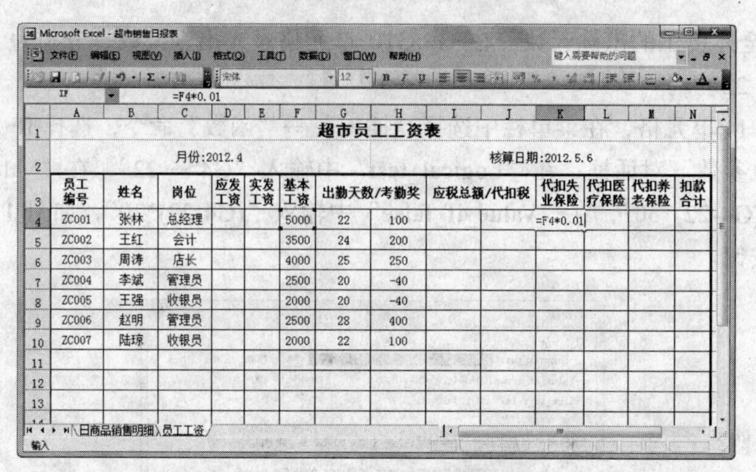

超市员工工资表

月份:2012.4　　　　核算日期:2012.5.6

员工编号	姓名	岗位	应发工资	实发工资	基本工资	出勤天数/考勤奖		应税总额/代扣税		代扣失业保险	代扣医疗保险	代扣养老保险	扣款合计
ZC001	张林	总经理			5000	22	100			=F4*0.01			
ZC002	王红	会计			3500	24	200						
ZC003	周涛	店长			4000	25	250						
ZC004	李斌	管理员			2500	20	-40						
ZC005	王强	收银员			2000	20	-40						
ZC006	赵明	管理员			2500	28	400						
ZC007	陆琼	收银员			2000	22	100						

图 11-21　计算失业保险缴费额

2) 利用填充柄复制公式到单元格区域 L5:L10，核算出每位员工的医疗保险缴费额。

(3) 核算养老保险缴费额

1) 选中 M4 单元格，在 M4 单元格内输入“ = F4*8%”。

2) 利用填充柄复制公式到单元格区域 M5:M10，核算出每位员工的养老保险缴费额。

5. 核算应发工资

通常，应发工资为：基本工资 + 考勤奖。应发工资核算步骤如下。

1) 选中 D4 单元格，在 D4 单元格内输入“ = F4 + H4”。

2) 利用填充柄复制公式到单元格区域 D5:D10，核算出每位员工的应发工资，如图 11-22 所示。

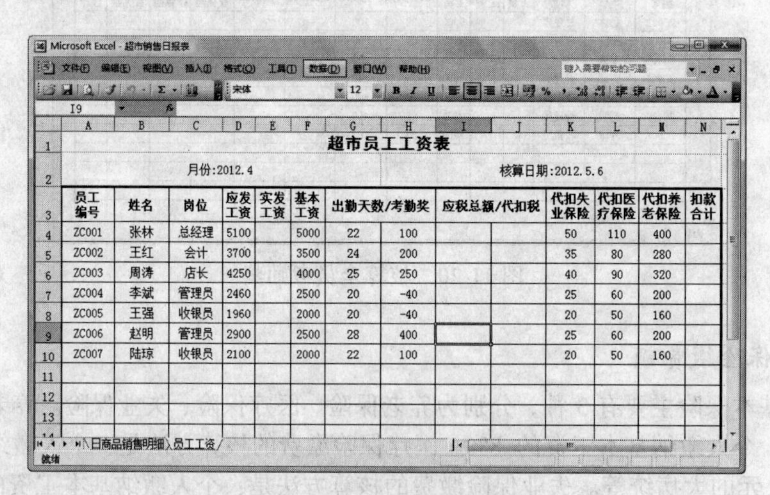

超市员工工资表

月份:2012.4　　　　核算日期:2012.5.6

员工编号	姓名	岗位	应发工资	实发工资	基本工资	出勤天数/考勤奖		应税总额/代扣税		代扣失业保险	代扣医疗保险	代扣养老保险	扣款合计
ZC001	张林	总经理	5100		5000	22	100			50	110	400	
ZC002	王红	会计	3700		3500	24	200			35	80	280	
ZC003	周涛	店长	4250		4000	25	250			40	90	320	
ZC004	李斌	管理员	2460		2500	20	-40			25	60	200	
ZC005	王强	收银员	1960		2000	20	-40			20	50	160	
ZC006	赵明	管理员	2900		2500	28	400			25	60	200	
ZC007	陆琼	收银员	2100		2000	22	100			20	50	160	

图 11-22　核算全员应发工资

6. 核算个人所得税缴税额

(1) 核算应税总额

个人所得税应税总额的核算方法是：应发工资减去 3 项基本保险缴费额，再减去起征点 3500

元。若计算出的应税总额不大于 0，则应税总额一律为 0。因此，应税总额的核算步骤如下。

1) 选中 I4 单元格，在编辑栏内输入“=IF((D4−K4−L4−M4−3500)<=0,0, D4−K4−L4−M4−3500)”，如图 11-23 所示。

2) 利用填充柄复制公式到单元格区域 I5:I10，核算出每位员工的应税总额。

Microsoft Excel - 超市销售日报表

I4　=IF((D4-K4-L4-M4-3500)<=0,0,D4-K4-L4-M4-3500)

超市员工工资表

月份:2012.4　　核算日期:2012.5.6

员工编号	姓名	岗位	应发工资	实发工资	基本工资	出勤天数/考勤奖		应税总额/代扣税		代扣失业保险	代扣医疗保险	代扣养老保险	扣款合计
ZC001	张林	总经理	5100		5000	22	100	1040		50	110	400	
ZC002	王红	会计	3700		3500	24	200	0		35	80	280	
ZC003	周涛	店长	4250		4000	25	250	300		40	90	320	
ZC004	李斌	管理员	2460		2500	20	-40	0		25	60	200	
ZC005	王强	收银员	1960		2000	20	-40	0		20	50	160	
ZC006	赵明	管理员	2900		2500	28	400	0		25	60	200	
ZC007	陆琼	收银员	2100		2000	22	100	0		20	50	160	

日商品销售明细　员工工资

图 11-23　计算应税总额

(2) 核算个人所得税缴税额

个人所得税缴税额计算方法是：应税总额没有超过起征点也就是 I4 单元格为 0，不需缴税；应税总额不超过 1500 元，税率为 3%；1500~4500 元，缴税 10%，再减去 105 元(假设超市中没有人应税总额超过 4500 元)。因此，个人所得税缴税额的核算步骤如下。

1) 选中 J4 单元格，在编辑栏内输入 “=IF(I4<=0,0,IF(I4<=1500, I4*3%,I4*10%−105))”，如图 11-24 所示。

Microsoft Excel - 超市销售日报表

J4　=IF(I4<=0,0,IF(I4<=1500,I4*3%,I4*10%-105))

超市员工工资表

月份:2012.4　　核算日期:2012.5.6

员工编号	姓名	岗位	应发工资	实发工资	基本工资	出勤天数/考勤奖		应税总额/代扣税		代扣失业保险	代扣医疗保险	代扣养老保险	扣款合计
ZC001	张林	总经理	5100		5000	22	100	1040	31.2	50	110	400	
ZC002	王红	会计	3700		3500	24	200	0		35	80	280	
ZC003	周涛	店长	4250		4000	25	250	300		40	90	320	
ZC004	李斌	管理员	2460		2500	20	-40	0		25	60	200	
ZC005	王强	收银员	1960		2000	20	-40	0		20	50	160	
ZC006	赵明	管理员	2900		2500	28	400	0		25	60	200	
ZC007	陆琼	收银员	2100		2000	22	100	0		20	50	160	

日商品销售明细　员工工资

图 11-24　计算个人所得税缴税额

2) 利用填充柄复制公式到单元格区域 J5:J10，核算出每位员工的个人所得税缴税额。

7. 核算实发工资

(1) 计算扣款合计

1) 选中 N4 单元格，在 N4 单元格内输入“ = SUM(J4:M4)”，如图 11-25 所示。

2) 利用填充柄复制公式到单元格区域 N5:N10，核算出每位员工的扣款。

Microsoft Excel - 超市销售日报表

N4　=SUM(J4:M4)

超市员工工资表

月份:2012.4　　核算日期:2012.5.6

员工编号	姓名	岗位	应发工资	实发工资	基本工资	出勤天数/考勤奖		应税总额/代扣税		代扣失业保险	代扣医疗保险	代扣养老保险	扣款合计
ZC001	张林	总经理	5100		5000	22	100	1040	31.2	50	110	400	591.2
ZC002	王红	会计	3700		3500	24	200	0	0	35	80	280	395
ZC003	周涛	店长	4250		4000	25	250	300	9	40	90	320	459
ZC004	李斌	管理员	2460		2500	20	-40	0	0	25	60	200	285
ZC005	王强	收银员	1960		2000	20	-40	0	0	20	50	160	230
ZC006	赵明	管理员	2900		2500	28	400	0	0	25	60	200	285
ZC007	陆琼	收银员	2100		2000	22	100	0	0	20	50	160	230

图 11-25　计算扣款合计

(2) 计算实发工资

1) 选中 E4 单元格，在 E4 单元格内输入“=D4–N4”，如图 11-26 所示。

2) 利用填充柄复制公式到单元格区域 E5:E10，核算出每位员工的实发工资。

3) 最后将 D、E、F、H、I、J、K、L、M、N 列(除了字段)设置为数值，保留 2 位小数的格式，如图 11-27 所示。

Microsoft Excel - 超市销售日报表

E4　=D4-N4

超市员工工资表

月份:2012.4　　核算日期:2012.5.6

员工编号	姓名	岗位	应发工资	实发工资	基本工资	出勤天数/考勤奖		应税总额/代扣税		代扣失业保险	代扣医疗保险	代扣养老保险	扣款合计
ZC001	张林	总经理	5100	4509	5000	22	100	1040	31.2	50	110	400	591.2
ZC002	王红	会计	3700		3500	24	200	0	0	35	80	280	395
ZC003	周涛	店长	4250		4000	25	250	300	9	40	90	320	459
ZC004	李斌	管理员	2460		2500	20	-40	0	0	25	60	200	285
ZC005	王强	收银员	1960		2000	20	-40	0	0	20	50	160	230
ZC006	赵明	管理员	2900		2500	28	400	0	0	25	60	200	285
ZC007	陆琼	收银员	2100		2000	22	100	0	0	20	50	160	230

图 11-26　计算实发工资

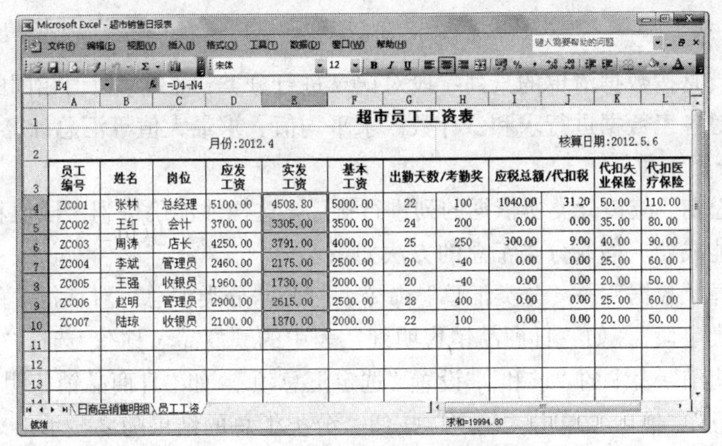

超市员工工资表

月份:2012.4　　核算日期:2012.5.6

员工编号	姓名	岗位	应发工资	实发工资	基本工资	出勤天数/考勤奖		应税总额/代扣税		代扣失业保险	代扣医疗保险
ZC001	张林	总经理	5100.00	4508.80	5000.00	22	100	1040.00	31.20	50.00	110.00
ZC002	王红	会计	3700.00	3305.00	3500.00	24	200	0.00	0.00	35.00	80.00
ZC003	周涛	店长	4250.00	3791.00	4000.00	25	250	300.00	9.00	40.00	90.00
ZC004	李斌	管理员	2460.00	2175.00	2500.00	20	-40	0.00	0.00	25.00	60.00
ZC005	王强	收银员	1960.00	1730.00	2000.00	20	-40	0.00	0.00	20.00	50.00
ZC006	赵明	管理员	2900.00	2615.00	2500.00	28	400	0.00	0.00	25.00	60.00
ZC007	陆琼	收银员	2100.00	1870.00	2000.00	22	100	0.00	0.00	20.00	50.00

图 11-27　超市员工工资效果图

11.3　案 例 总 结

1. Excel 数据表建立准则

在 Excel 中，可以把数据表(或称数据清单)作为数据库来处理，实现排序、分类汇总、筛选等数据库功能。为了使 Excel 能容易地对数据表进行处理，建立数据表时应注意以下准则。

1) 一张工作表只建立一张数据表。
2) 工作表的第一行建立各列标题，列标题使用的字体、格式应与下面的数据相区别。
3) 同一列数据的类型应一致。
4) 工作表中的数据区不出现空白行和列。

2. 数据排序

对某些数据表，有时需要按字段的大小进行排序。排序的依据字段称为“关键字”，如对“日商品销售明细”表排序时的“商品编码”、“销售时间”等。Excel 默认依据列字段排序，支持单个关键字排序(即简单排序)，也支持多个关键字排序(即复杂排序)，但最多支持三个关键字排序。排序时，英文字符按字母顺序排序，而汉字默认按拼音顺序排序。

(1) 简单排序

实现简单排序的方法是：单击排序所依据列中的任一单元格，根据需要单击常用工具栏中的“升序”或“降序”按钮。简单排序也可以用“排序”对话框完成。

(2) 复杂排序

复杂排序是根据多字段的内容对数据清单进行排序，即排序所依据的第一关键字(主要关键字)内容相同时，再按第二关键字(次要关键字)进行排序，第二关键字也相同时，再按第三关键字进行排序。

复杂排序要使用“排序”对话框完成。如果数据表需按行排序或汉字笔画排序，要修改 Excel 的默认设置。修改方法是：单击“排序”对话框中的“选项”按钮，打开“排序选项”对话框；在“排序选项”对话框中，修改排序方向和方法，然后单击“确定”按钮即可。

3. 分类汇总

分类汇总就是按数据清单的某列字段对记录进行分类，将列字段值相同的连续记录分为一组，并可以对各组数据进行求和、计数、求平均值、求最大值等汇总计算。

(1) 插入分类汇总

在分类汇总前，应按分类所依据的列进行排序。这样才能确保列字段值相同的记录是连续的，汇总才能成功。插入分类汇总的方法如下。

首先，选择“数据”→“分类汇总”命令，打开“分类汇总”对话框。然后，在对话框中，选择“分类字段”，如“日商品销售明细”表中的“商品名称”；选择“汇总方式”，如“日商品销售明细”表中的“求和”；设置“选定汇总项”，如“日商品销售明细”表中的“销售数量”、“金额”。最后，单击“确定”按钮，分类汇总的结果随之显示出来，完成分类汇总。

(2) 删除分类汇总

插入分类汇总后，再次选择“数据”→“分类汇总”命令，打开“分类汇总”对话框中；在“分类汇总”对话框中单击“全部删除”按钮，即可删除分类汇总，使数据清单恢复原状。

4. 数据筛选

在实际应用中，经常需要在一个数据清单中查找满足特定条件的记录，而筛选就是查找的一种快捷有效的方法。筛选可以显示满足条件的行，而不满足条件的行会被暂时隐藏。Excel提供两类筛选数据清单的方式，分别是自动筛选和高级筛选。

(1) 自动筛选

单击数据清单中任意单元格，选择“数据”→“筛选”→“自动筛选”命令，进入自动筛选状态。此时，每列的标题名右端都会有“全部”、“前 10 个”、“自定义”和当前列中所出现的值等选项。在这些选项中，选中所需的选项，即可进行自动筛选查看。

(2) 高级筛选

使用高级筛选，可以应用较复杂的条件来筛选数据清单。与自动筛选不同的是，使用高级筛选需要在数据清单之外另建一个条件区域。条件区域可以建在数据清单的上方、下方、左侧或右侧，但与数据清单间必须至少保留一个空行或空列。

5. 图表

Excel 中，可以用图表的方式显示工作表中数据。图表具有较好的视觉效果，可方便用户查看数据之间的差异和趋势。Excel 为用户提供丰富的图表类型，如柱形图、折线图、饼图等。

11.4 课后练习

根据素素材，建立员工工资表。

(1) 打文件夹“任务 11\课后练习素材”中的工作簿“工资表(素材).xls”，并另存为“工资表.xls”。

(2) 选择 Sheet1 工作表，利用 IF 函数，根据“职务”计算“职务津贴”。其中：总经理的职务津贴为 3000 元，经理的职务津贴为 2000 元，工程师的职务津贴为 1500 元，其他员工的职务津贴为 1000 元。

(3) 计算应发工资。其中应发工资 = 基本工资 + 职务津贴 + 基本工资*加班天数/20。

(4) 计算实发工资。其中实发工资 = 应发工资–基本工资*请假天数/20。

(5) 对“基本工资”、“职务津贴”、“应发工资”、“实发工资”的数字格式设为货币型。

(6) 使用条件格式将所有加班天数大于零的数据用蓝色底纹浅黄色加粗文字显示；将所有请假天数大于零的数据用红色底纹浅黄色加粗文字显示。

(7) 将表中各列调整到最合适的列宽。

(8) 将 Sheet1 工作表重命名为“一月工资”。

(9) 在“一月工资”工作表中的空白单元格进行相应的计算。

1) 利用 Count 或 CountA 函数统计出公司总人数；

2) 利用 CountIF 函数统计出各部门人数；

3) 利用 Sum 函数计算出实发工资总额；

4) 分别利用 Max、Min 函数计算出最高实发工资和最低实发工资；

5) 利用 Average 函数计算出平均实发工资。

(10) 根据统计出的各部门人数，利用图表向导绘制图表。

1) 图表类型为“分离型三维饼图”；

2) 图表标题为“各部门人数统计图”；

3) 图例位置在“底部”；

4) 数据标签包括“类别名称”及“百分比”；

5) 将图表作为新工作表插入，新工作表名称为“统计图”；

6)“图表区”的填充效果为“花束”。

任务 12　FrontPage 基本应用——制作学生社团网页

本任务以制作学生社团网页为例，分析制作网页的基本步骤与方法，介绍利用 FrontPage 制作网页的过程，其中包括网页属性设置、网页内容编辑等。通过本任务的完成，掌握网页的创建、网页属性设置、文本的录入与编辑，以及利用表格排版等技能，学会制作简单的主题网页。

12.1　案 例 分 析

12.1.1　提出任务

小李是学校阳光爱心助教社的一名宣传干事，社团开展的一些活动经常要进行宣传，为了更好地完成这项工作，小李准备自己制作相关网页来宣传他们的助教活动。于是小李准备利用 FrontPage 来制作网页。首先他决定制作学生社团成员介绍网页。

12.1.2　解决方案

小李通过需求调查分析了解到，进行网页制作其中一个简单易学的工具软件就是 FrontPage。使用 FrontPage 可以创建新的网页，也可以打开并修改已存在的网页。利用 FrontPage 提供的多种编辑网页方式不但可以直接修改 HTML，而且可以采用“所见即所得”的方式编辑网页，还可以使用菜单命令插入各种网页元素，使用对话框修改其属性，使用起来十分灵活。

小李首先在 FrontPage 中制作社团成员介绍网页 stzj.htm，然后再进行网页编辑，并为以后建立学生社团网站做准备。

12.1.3　相关知识点

1. 网站

简单地说，网站就是由许多相关网页有机结合而组成的一个信息服务中心。在因特网上，信息是通过一页页网页呈现出来的。

2. 网页

所谓网页，就是用户在浏览器上看到的内容，网站设计者把提供的内容和服务制作成许多网页，并通过组织规划让网页互相链接，然后把所有相关的文件都存放到一个 Web 服务器上。只要是连入 Internet 的用户都可以使用浏览器访问到这些信息。网页文件通常是用

HTML 标记语言设计的，其扩展名通常为.htm 或.html。

3. 设计网站的一般步骤

①确定网站主题；②搜集材料；③规划站点；④选择合适的制作工具；⑤制作网页；⑥测试与发布；⑦网站宣传；⑧维护更新。

4. HTML

HTML(HyperText Markup Language)是一种超文本标记语言，是一种专门用于 Web 网页制作的标记语言。

HTML 文件是纯文本文件，可以用任何一种文本编辑器(如记事本)来编辑代码。将用 HTML 编写的文件，保存的扩展名为.htm 或者.html，浏览器通过解释执行 HTML 编码。

12.2 实 现 方 法

12.2.1 新网页的创建

创建名称为“社团之家”的社团成员介绍网页 stzj.htm，并将该网页文件保存到工作文件夹“任务 12”下，如图 12-1 所示。

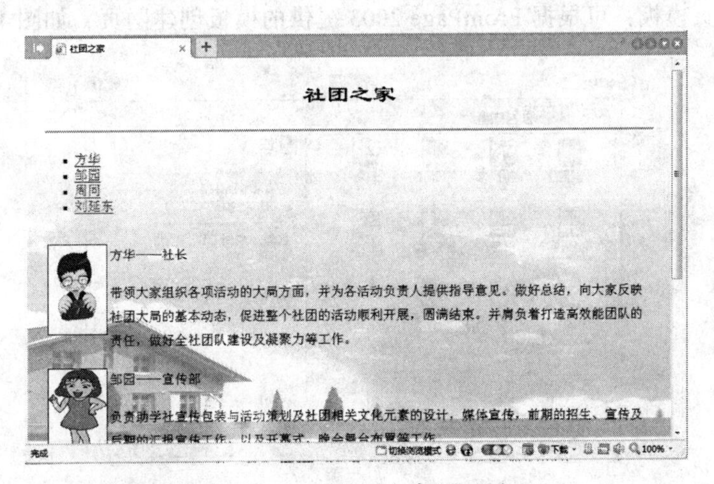

图 12-1　“社团之家”网页

1. 启动 FrontPage

在 Windows XP/7 环境下，选择“开始”→“程序”→“Microsoft Office”→“Microsoft Office FrontPage 2003”命令，启动 FrontPage，如图 12-2 所示。

2. 新建网页

启动 FrontPage 时，系统按默认方式在 FrontPage 主窗口创建一个空白网页，命名为 new_page_1.htm(图 12-2 所示的标题栏)，本任务即在默认的空白网页中完成制作。

也可在菜单中选择“文件”→“新建”命令，程序的右侧将弹出“新建”任务窗格，如图 12-3 所示。

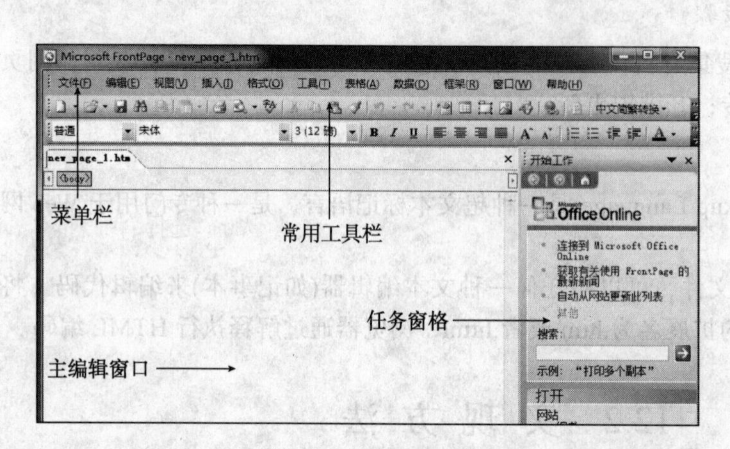

图 12-2 FrontPage 界面

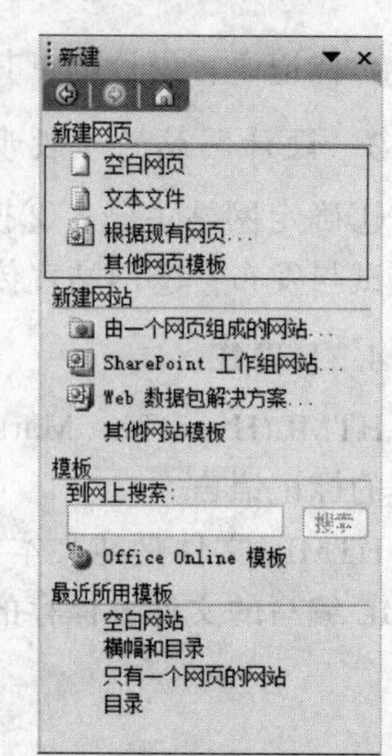

图 12-3 “新建”任务窗格

在“新建网页”选项区中执行下列操作之一来创建网页。

1) 空白网页：可新建一个空白网页。

2) 根据现有网页新建：可根据已创建的动态网页模板创建网页。

3) 其他网页模板：可根据 FrontPage 2003 提供的模板创建网页，如图 12-4 所示。

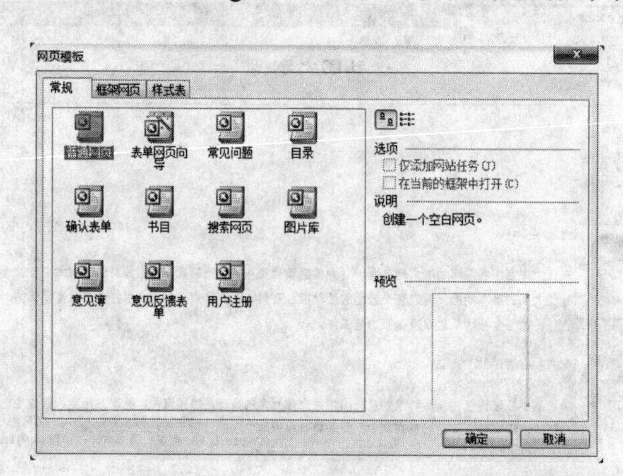

图 12-4 “网页模板”对话框

12.2.2 网页属性的设置

网页的属性包括网页的标题、位置、背景、边距等。设置网页属性，选择“文件”→“属性”命令，或者在网页的任意地方右击，在弹出的快捷菜单中选择“属性”命令，弹出“网页属性”对话框。

1. “常规”属性

要设置网页的标题、背景音乐，单击“网页属性”对话框的“常规”选项卡。“标题”文本框用于设置网页的标题，本任务中将其设置为“社团之家”，网页标题将显示在浏览器的标题栏中。“背景音乐”文本框用于指定网页的背景音乐，当浏览器打开网页时，将自动播放背景音乐。单击“浏览”按钮，在弹出的对话框中选择“任务 12”文件夹中的“Music01.mid”作为背景音乐。“循环次数”文本框用于指定音乐反复播放的次数，取消“不限次数”复选框的“√”，设定播放次数为 2 次，如图 12-5 所示。

2. “背景”属性

设置网页的背景颜色、背景图片及超链接的颜色，单击“网页属性”对话框的“格式”选项卡。选中“背景图片”复选框，然后单击“浏览”按钮，在弹出的“选择背景图片”对话框中选择“任务 12”文件夹中“images”子文件夹中的“社团之家.jpg”作为背景，如图 12-6 所示。

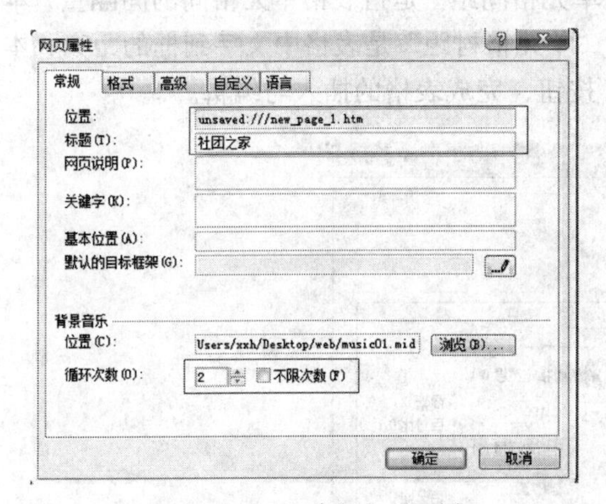

图 12-5 “常规”选项卡

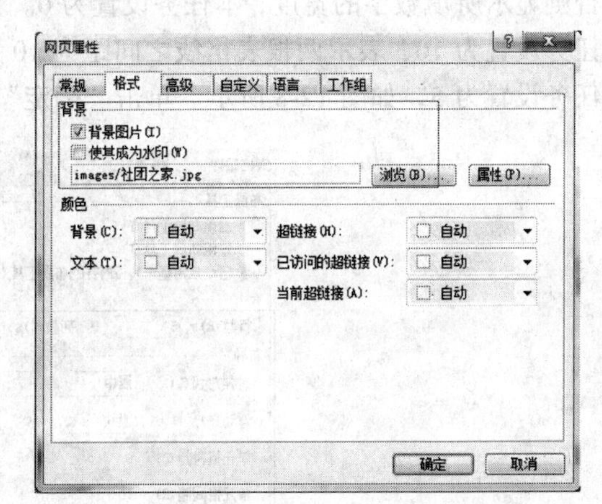

图 12-6 “格式”选项卡

还可通过单击“颜色”区相应的下拉列表框，设置网页的背景颜色、文本颜色及超链接文字的颜色。当同时设置背景图片和背景颜色时，图片将覆盖背景色。

12.2.3 网页过渡的设置

网页过渡是指当浏览网页或离开网页时，页面呈现的不同刷新效果。选择“格式”→“网页过渡”命令，将弹出“网页过渡”对话框。在“事件”下拉列表框中选择一种触发过渡效果的事件：进入网页。在“周期(秒)”文本框中输入过渡效果所持续的时间“2.0”。在“过渡效果”列表框中选择一种网页过渡效果：盒装展开，如图 12-7 所示。设置完毕后，单击“确定”按钮，“社团之家”的网页过渡效果就设置好了。

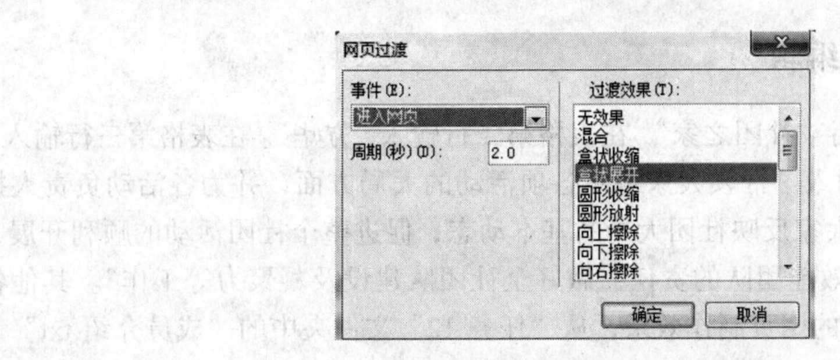

图 12-7 “网页过渡”对话框

12.2.4　表格的插入与编辑

选择“表格”→“插入”→“表格”命令，或者选择“表格”→“绘制表格”命令，或者单击常用工具栏中的“插入表格”按钮，在插入点处建立一个6行1列的表格，使用表格来定位后续输入的文字和插入的图片。

在表格上右击，在弹出的快捷菜单中选择“表格属性”命令。在“表格属性”对话框中：布局“指定宽度”和“指定高度”如果是用固定宽和高的则填写数字，如果是页面随屏幕变化的则填写100%，本任务设置表格宽度为100%，高度不作指定。“对齐方式”设为“居中”；“浮动”方式设为“默认”。“边框粗细”是指表格宽度，如果选“0”则不显示表格边框，否则显示所填数字的宽度，本任务设置为0。“单元格间距”是指表格单元格间的间隔量，本任务设置为10，表示两根表格线之间距为10。“单元格衬距”是表格中文字到框的距离，本任务设置为5，如图12-8所示。单击“确定”按钮，完成表格的插入与编辑。

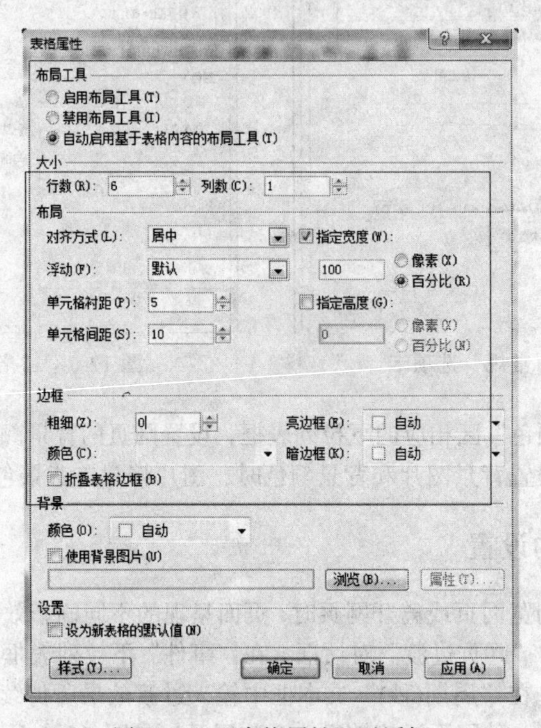

图12-8　“表格属性”对话框

12.2.5　网页内文本的编辑

在表格第一行输入文字“社团之家”，在表格第二行输入“方华”。在表格第三行输入“方华——社长”，换行后再输入“带领大家组织各项活动的大局方面，并为各活动负责人提供指导意见。做好总结，向大家反映社团大局的基本动态，促进整个社团活动的顺利开展，圆满结束。并肩负着打造高效能团队的责任，做好全社团队建设及凝聚力等工作”。其他各行类似，可参照图12-1所示的网页制作效果，从“任务12”文件夹中的“成员介绍.txt”素材中复制内容到相应的单元格。

1. 设置文字格式

同其他 Microsoft Office 组件一样，在网页中可以输入文字，复制、剪切和粘贴文字，设置文字格式，查找和替换文字等。

在 FrontPage 2003 中，对文字的格式提供了相当完整的设定功能，文字格式的变化也因此多种多样。使用常用工具栏上的工具按钮或者菜单命令，可以快速改变文字的外观。

文字格式包括字体、字型、大小、颜色和修饰效果等属性。

选取表格第一行文字“社团之家”，选择“格式”→“字体”命令，设置字体为隶书，字形为常规，大小为 6 号，颜色为海军蓝；选择“格式”→“段落”命令，设置对齐方式为居中。其余各行文字设置为宋体、4 号字。

2. 设置段落格式

文字段落的格式编排对于一个网页的外观是至关重要的。FrontPage 2003 通过按 Enter 键划分段落。值得注意的是，段落之间插入了一个空行。如果只是需要换行，而不是另起一个段落，按 Shift + Enter 键即可。

段落格式主要包括对齐方式、文本缩进和段落间距等，设置段落格式的方法如下。

1) 将插入点移动到要设置格式的段落中；

2) 选择“格式”→“段落”命令；

3) 在“段落”对话框中可以设置段落的各种属性。

本任务中选取表格第三行至第六行文字，选择“格式”→“段落”命令，弹出“段落”对话框，在“行距大小”下拉列表框中选择“双倍行距”选项，单击“确定”按钮，如图 12-9 所示。

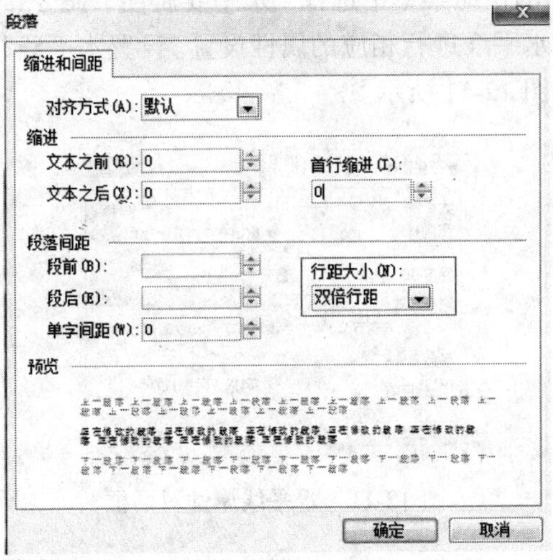

图 12-9　“段落”对话框

3. 设置项目符号和编号

选取表格第二行文字，选择“格式”→“项目符号和编号”命令，弹出“项目符号和编号方式”对话框，单击“无格式项目列表”选项卡，选带有“■”的项目符号列表，单击“确定”按钮，为社团成员添加项目符号，如图 12-10 所示。

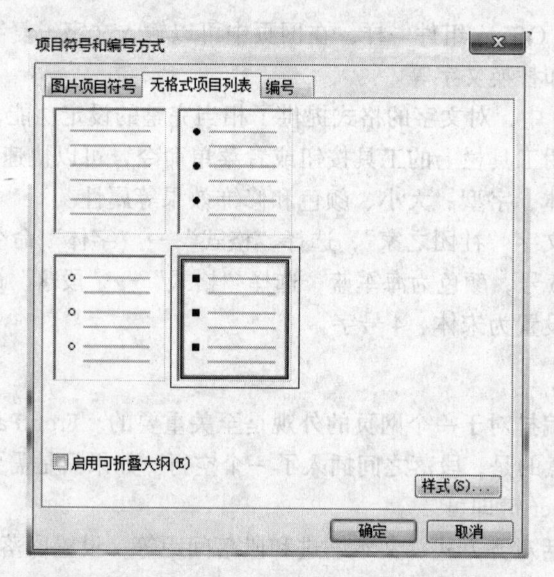

图 12-10　“项目符号和编号方式”对话框

12.2.6　水平线的插入与编辑

将光标定位在表格第一行“社团之家”文字后，选择“插入”→“水平线”命令，即可在当前插入点位置插入一条水平线。

右击水平线，在弹出的快捷菜单中选择“水平线属性”命令，弹出“水平线属性”对话框，在该对话框中可以对水平线进行相应的属性设置。设置水平线的高度为 3 像素，选中“实线(无阴影)”复选框，如图 12-11 所示。

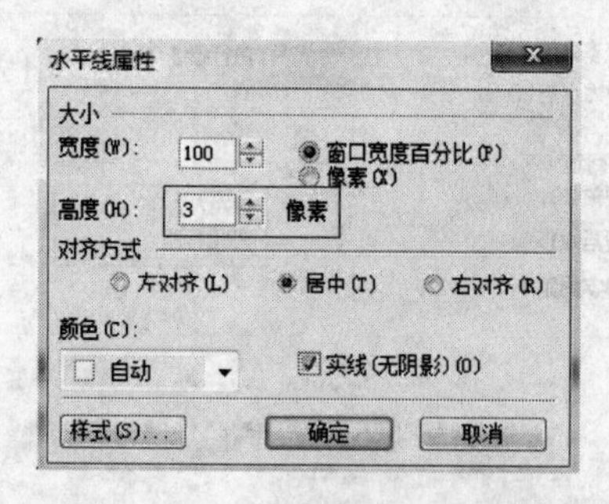

图 12-11　水平线属性对话框

12.2.7　图片的插入与编辑

将光标定位在表格第三行“方华——社长”前，选择“插入”→“图片”→“来自文件”命令，弹出“图片”对话框。查找范围指定为“任务 12”文件夹的“images”子文件夹中选择“1.jpg”，单击“插入”按钮即可将其插入网页中，如图 12-12 所示。

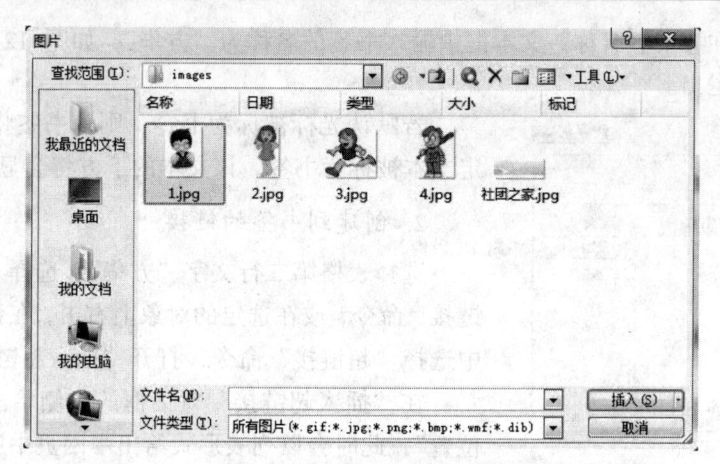

图 12-12　插入图片对话框

右击图片，在弹出的快捷菜单中选择“图片属性”命令，打开“图片属性”对话框。在“外观”选项卡中，设置环绕样式为“左”；“边框粗细”为 1；取消“保持纵横比”复选框的“√”，重新指定图片大小宽度为 80 像素，高度为 120 像素，如图 12-13 所示。单击“确定”按钮，结束图片属性设置。仿照样张，依次为每位同学插入图片，设置相同属性。

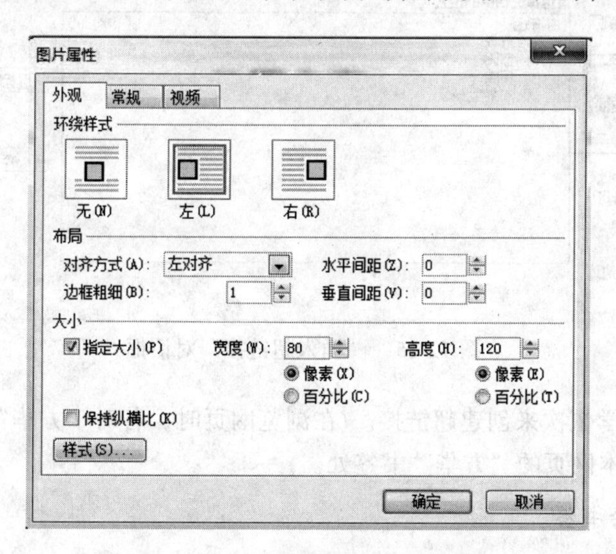

图 12-13　“图片属性”对话框

12.2.8　书签超链接的设置

书签超链接——网页内超链接。在一个有较长和较多层次内容的网页中，启用书签功能将会使浏览更加方便。先在网页中定义书签，然后建立书签的超链接。当访问者单击基于书签的超链接时，将直接跳转到这个书签所在的位置。

1. 创建书签

将光标定位到表格第三行“方华——社长”前，选择“插入”→“书签”命令，弹出“书签”对话框。在“书签名称”文本框中输入书签的名称为“方华”，如图 12-14 所示，单击“确定”按钮退出。

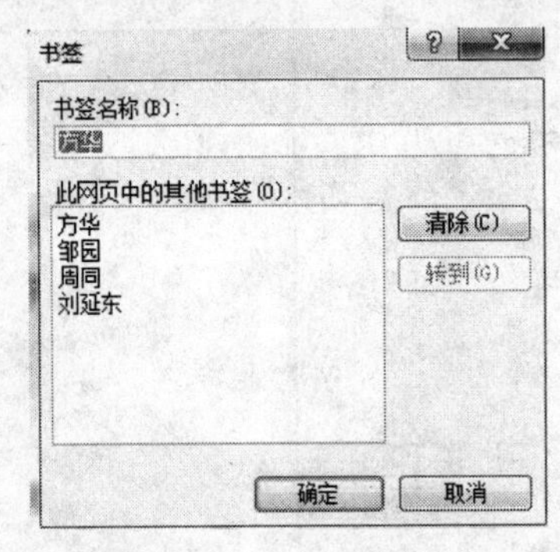

图 12-14　书签对话框

若默认光标被标为书签，则该书签将显示；若指定文本被标为书签，该文本的下方将会显示一条虚横线。

2. 创建到书签的链接

选择表格第二行文字“方华”，选择“插入”→“超链接”命令，或在选定的对象上右击，在弹出的快捷菜单中选择“超链接”命令，打开“插入超链接”对话框。

在“插入超链接”对话框的左侧单击“本文档中的位置”，此时会以列表形式给出本网页中所有的书签。选择需要链接的书签“方华”，单击“确定”按钮即可，如图 12-15 所示。

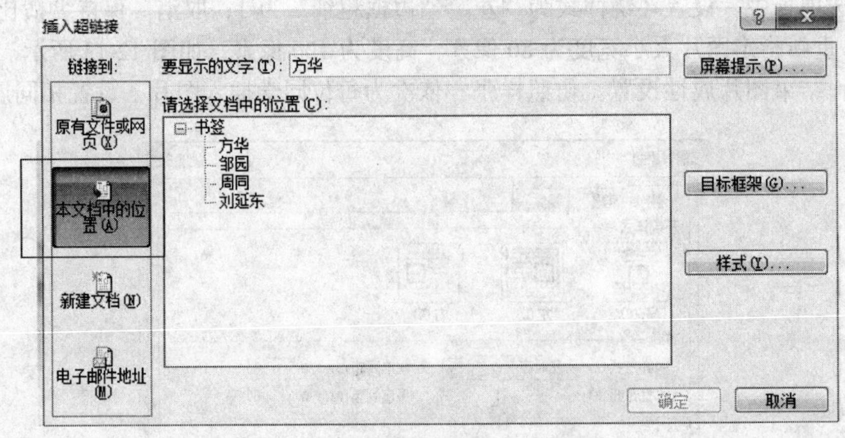

图 12-15　“插入超链接”对话框

同样对其他同学依次来创建超链接。(在浏览网页时，若对“方华”超链接进行单击，网页将快速跳转到本网页的“方华”书签处。)

3. 访问和删除书签

1) 选择“插入”→“书签”命令，将弹出“书签”对话框。

2) 在“书签”对话框中，将会列出本网页中所有书签名称。选择需要访问的书签，单击“转到”按钮，即可跳转到对应书签的位置。

3) 若要删除书签，在“书签”对话框中选择需要删除的书签，单击“清除”按钮。

12.2.9　网页保存

选择“文件”→“保存”命令，对新建立的网页进行保存，保存位置选择“任务 12”文件夹，文件名指定为“stzj”，文件类型选择“网页”，如图 12-16 所示。单击“保存”按钮，完成网页文件的保存。

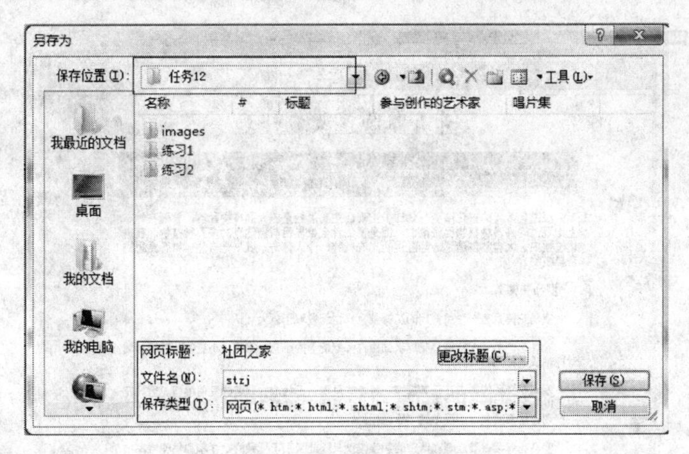

图 12-16　“另存为”对话框

12.2.10　预览网页

利用 FrontPage、记事本或其他编辑软件，都可以编辑网页，但网页的预览需要在浏览器中进行。通过双击保存的网页，会自动打开浏览器进行预览。也可通过 FrontPage 的预览视图对网页文件进行预览。

12.3　案 例 总 结

本任务主要介绍了利用 FrontPage 创建网页的方法，并根据制作要求，制作“社团之家”成员介绍网页。在制作过程中，对网页的创建与属性设置，网页元素的插入与编辑，书签超链接及网页保存等知识点进行了讲解与练习。

注意网页文件保存与另存为的区别。若网页文件以新文件名、新路径或新类型保存时，则应选择“文件”→“另存为”命令。

12.4　课 后 练 习

12.4.1　完善奇异植物网页

1) 编辑网页 Index.htm，如图 12-17 所示，设置网页背景色为 Hex = {FF,CC,FF}，背景音乐为 music04.mid，循环 2 次。

2) 在表格上方，输入文字“奇异植物有美丽外表”，设置其字体格式为华文行楷、24 磅、蓝色、水平居中。

3) 为表格中的文字“罗马花椰菜”、“舞草”和“含羞草”建立超链接，分别指向本网页中的同名书签(提示：书签已建立)。

4) 将网页中第一张图片“罗马花椰菜”的大小设置为宽度 168 像素、高度 150 像素。

5) 将修改过的网页以原文件名保存，文件存放在“任务 12”文件夹中。

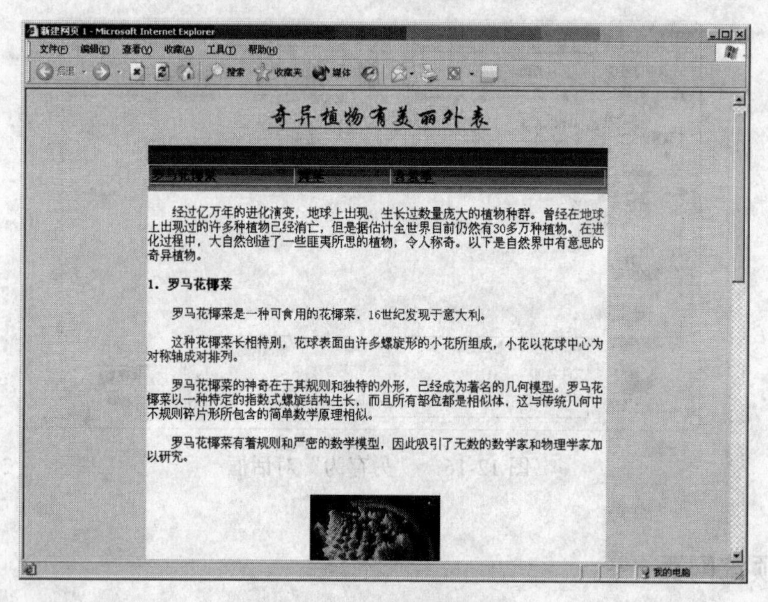

图 12-17 奇异植物网页

12.4.2 完善键盘发展网页

1) 编辑网页 Index.htm，如图 12-18 所示，为表格中的文字“大嘴小史”、“口形初探”、“三口之争”和“口口相传”建立超链接，分别指向网页中的同名书签(书签已建立)。

2) 设置网页 Index.htm 的背景颜色为 Hex = {FF,FF,CC}，背景音乐为 music.mid、循环播放。

3) 将修改过的网页以原文件名保存，文件存放在“任务 12”文件夹中。

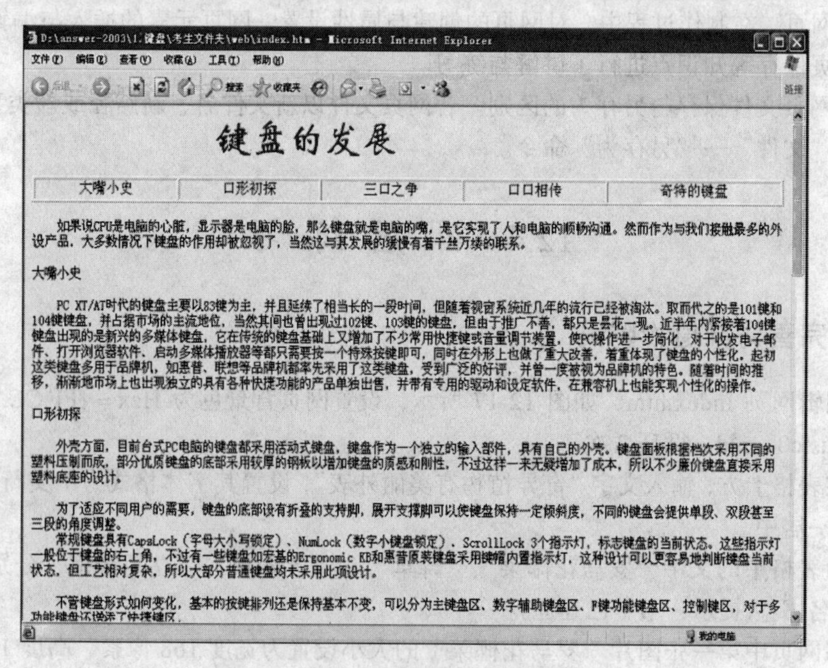

图 12-18 键盘发展网页

任务 13　FrontPage 高级应用——完善与发布学生社团网站

本任务以建立学生社团网站为例，分析制作框架网页的基本步骤与方法，介绍利用 FrontPage 制作框架网页的过程，其中包括框架网页的创建与设置、超链接功能及简单组件的使用等。通过本任务的完成，掌握站点的建立、素材的导入、框架网页的设置，以及各种组件的使用等技能。

13.1　案 例 分 析

13.1.1　提出任务

小李同学要为阳光爱心助教社创建一个关于社团活动宣传的专题网站，他已经设计了关于“社团简介”、“社团风采”、“社团之家”、“社团简报”的 4 个网页，下面要进行的工作就是把各个网页组织在一起，进行整体布局，并创建首页将这些网页链接在一起，发布在学校的网站上。网站设计完成效果如图 13-1 所示。

图 13-1　学生社团网站效果

13.1.2 解决方案

小李通过需求调查分析得到，首先要建立一个框架网页，再通过创建好的框架网页把这些网页进行整体布局链接在一起，最后发布到学校的网站上。

13.1.3 相关知识点

1. Web 站点

Web 站点是由一组相关网页以及有关的文件、脚本、数据库等内容组成的集合体。根据站点存放位置的不同可以把站点分为本地站点和远程站点。要建立一个完整的、能够提供给用户访问的网站，首先需要在本地磁盘上编写，这种放置在本地磁盘上的站点被称为本地站点。把制作好的本地站点通过网络传输到互联网 Web 服务器中的站点称为远程站点。

2. 框架网页

框架是一种特殊的网页技术，含有框架的网页是一种特殊的网页，一般称为框架网页。使用框架后，整个网页被分割成几个区域，每个区域称为一个框架窗口，任何一个框架窗口单独显示一页。框架窗口可以作为超链接的窗口，当浏览者单击一个超链接时，该超链接的目标窗口便可以是目标框架窗口，而不是整体上浏览器的窗口。框架技术是有效架构网页结构和合理展示信息的工具，也为浏览者提供了方便友好的界面。

3. 动态效果

网页上的各种动画、滚动字幕等视觉上的“动态效果”，不是真正意义上的动态页，动态页是指利用动态技术(如 ASP、PHP、JSP 等)实现的页面，页面中的内容可从数据库中提取。

13.2 实 现 方 法

13.2.1 新建站点与导入素材

1. 新建站点

首先在 D 盘上建立一个名为“学生社团网站”的文件夹。

启动 FrontPage，选择“文件”→“新建”命令，窗口的右侧将弹出“新建”任务窗格，如图 13-2 所示。单击“新建网站”选项区的“其他网站模板”超链接，将弹出“网站模板”对话框。

在“网站模板”对话框右侧的“指定新网站的位置”下单击“浏览”按钮，打开“新网站的位置”对话框，指定 D 盘所建立的“学生社团网站”文件夹为新网站的位置，如图 13-3 所示。

在“网站模板”对话框左侧的列表中选择“空白网站”，单击“确定”按钮。此时会在指定的路径文件夹下生成一个空白的站点。

2. 导入素材

选择“文件夹列表”中的“D:\学生社团网站”，选择“文件”→“导入”命令，弹出

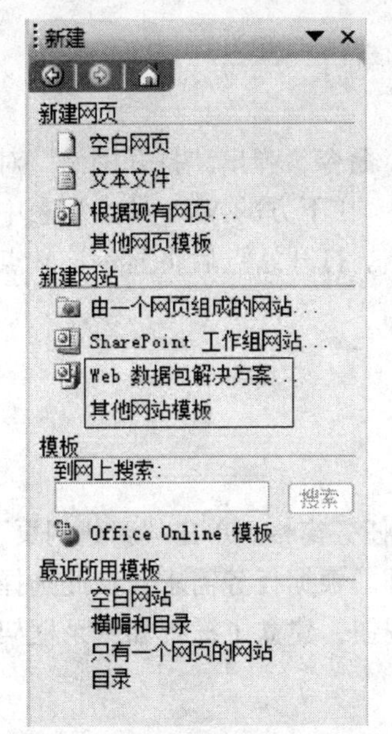

图 13-2　“新建”任务窗格

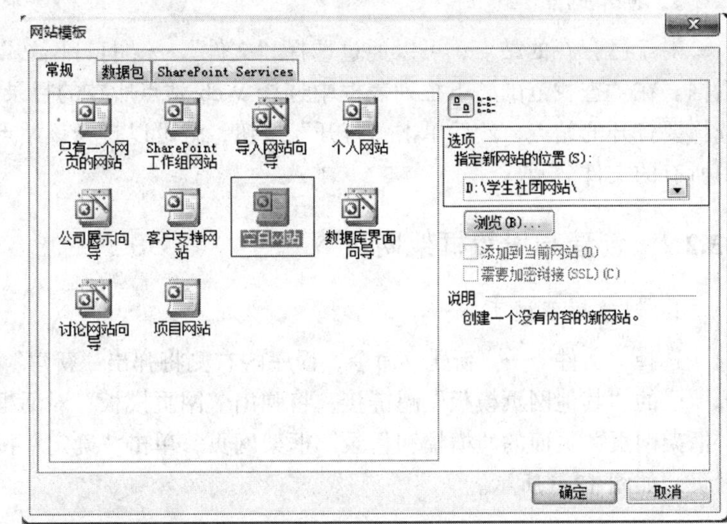

图 13-3　“网站模板”对话框

“导入”对话框。导入素材主要有添加文件、添加文件夹、来自网站三种对象，单击相应按钮完成素材的导入。

单击“添加文件夹”按钮，弹出“打开”对话框，在查找范围内选择“任务 13”文件夹中的“images”子文件夹，单击“打开”按钮可将其中的图像素材添加到导入列表中；再单击“添加文件”按钮，弹出“将文件添加到导入列表”对话框，按住 Ctrl 键选择“任务 13”文件夹中的网页文件(stfc.htm、stjb.htm、stjj.htm、stzj.htm)及声音文件 Music01.mid，单击“打开”按钮将这些文件添加到导入列表中，如图 13-4 所示。

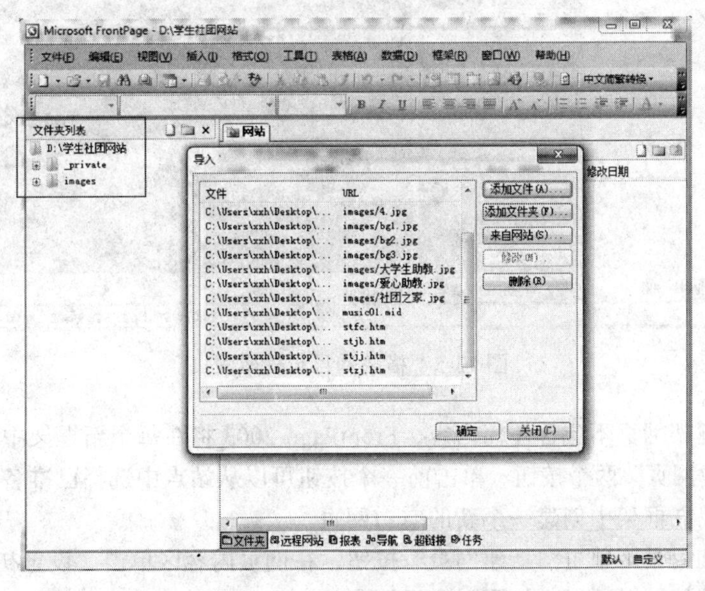

图 13-4　“导入”对话框

单击“确定”按钮完成站点素材导入。

3. 打开站点

对于已存在的站点，可以通过选择“文件”→“打开网站”命令，弹出“打开网站”对话框。在“查找范围”下拉列表框中选择 Web 站点所在的目录，在下方的 Web 站点列表中选择要打开的站点，然后单击“打开”按钮，就可以打开该站点。打开站点后将显示该站点中所有的文件。

13.2.2 创建与设置框架网页

1. 创建框架网页

选择“文件”→“新建”命令，程序的右侧将弹出“新建”任务窗格，单击“新建网页”选项区的“其他网页模板”超链接，将弹出“网页模板”对话框。根据任务需求，在此选择“框架网页”页面的“横幅和目录”框架网页，单击“确定”按钮，建立了横幅和目录框架网页，如图 13-5 所示。

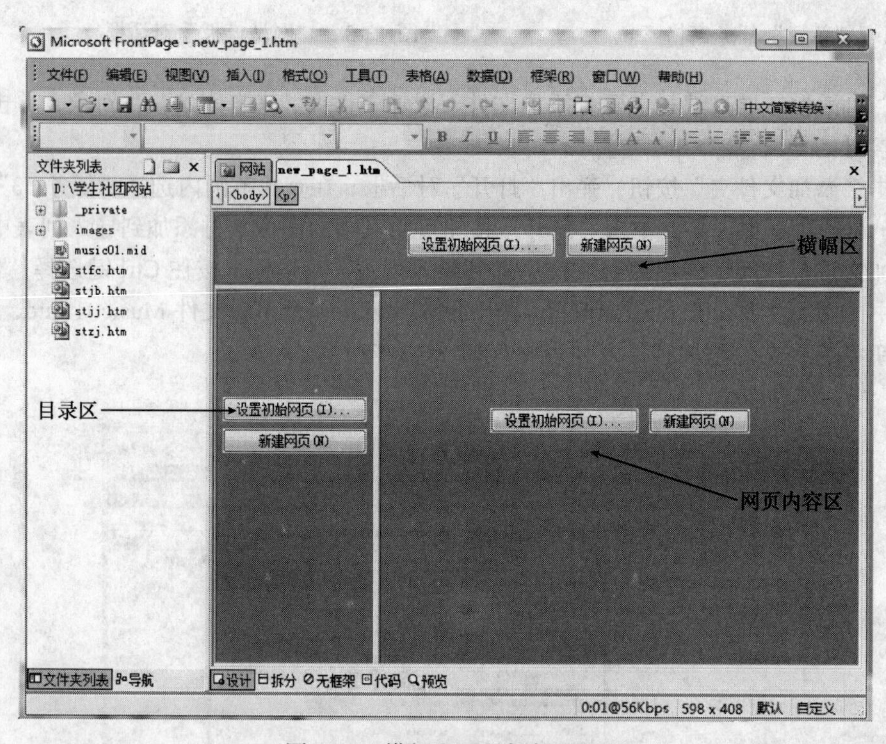

图 13-5 横幅和目录框架网页

一个新的框架网页不包含任何内容，FrontPage 2003 将在每个新框架中显示“设置初始网页”和“新建网页”两个按钮，单击前一个按钮可以从站点中选择已准备好的网页，单击后一个按钮可以在框架中创建一个新的空白网页。

在横幅区和目录区单击“新建网页”按钮，在网页内容区单击“设置初始网页”按钮，弹出“插入超链接”对话框，如图 13-6 所示。

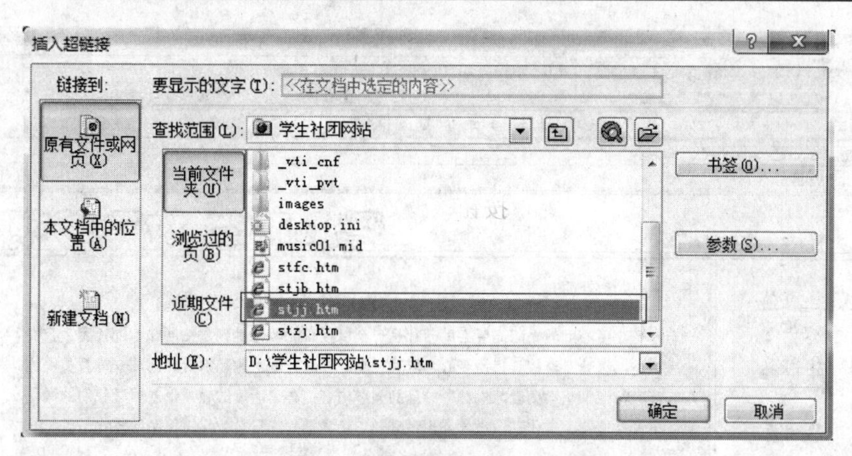

图 13-6　“插入超链接”对话框

在站点文件列表中选择已准备好的 stjj.htm，单击“确定”按钮，完成该框架的初始网页设置。

在上框架的新建页中，输入文字“爱心助学 放飞梦想”，设置字体为华文彩云，字号为 7 号，颜色为红色，右对齐。在上框架网页中任意位置右击，在弹出的快捷菜单中选择“网页属性”命令，弹出“网页属性”对话框。在“格式”选项卡中设置背景图片为“学生社团网站”站点“images”文件夹中的 bg1.jpg，如图 13-7 所示。

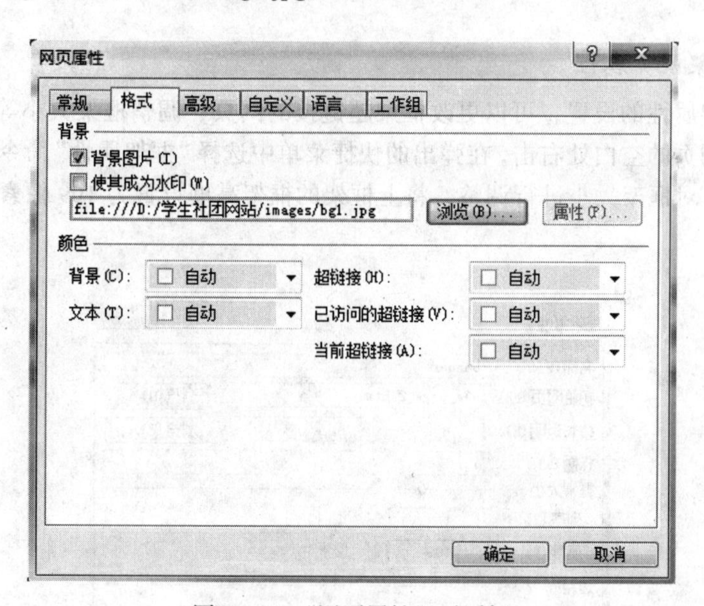

图 13-7　“网页属性”对话框

在左框架的新建页中，选择“表格”→“插入”→“表格”命令，插入 5 行 1 列的表格，依次输入文字“社团简介”、“社团风采”、“社团之家”、“社团简报”、“联系我们”。设置表格内文字字体为华文行楷、字号为 5 号、加下划线、居中。设置表格属性单元格衬距为 4，单元格间距为 10，边框粗细为 0。设置左框架网页背景图片为“学生社团网站”站点“images”文件夹中的 bg2.jpg，如图 13-8 所示。

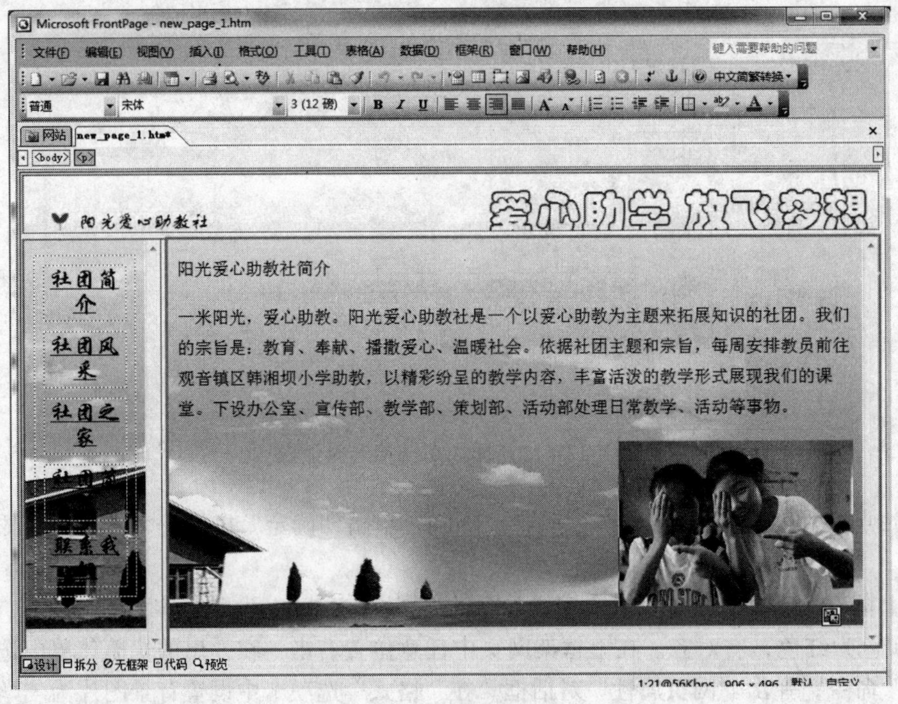

图 13-8　设计完成图

2. 设置框架网页属性

通过对框架属性的设置，可以更改框架超链接的网页、调整框架大小等。

在上框架网页的空白处右击，在弹出的快捷菜单中选择“框架属性”命令，弹出如图 13-9 所示的对话框。对框架大小进行调整，将上框架的框架高度设置为 109 像素，单击“确定”按钮。

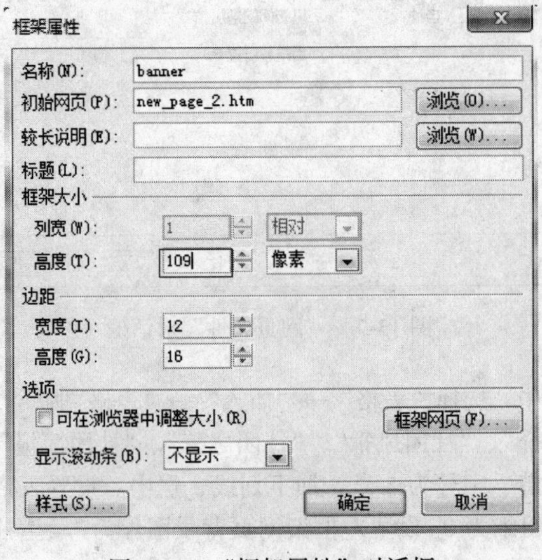

框架属性
名称(N)：banner
初始网页(P)：new_page_2.htm　浏览(O)...
较长说明(E)：　浏览(W)...
标题(L)：
框架大小
列宽(W)：1　相对
高度(T)：109　像素
边距
宽度(I)：12
高度(G)：16
选项
可在浏览器中调整大小(R)　框架网页(F)...
显示滚动条(B)：不显示
样式(S)...　确定　取消

图 13-9　“框架属性”对话框

同样，左框架也进行调整，框架宽度设置为 212 像素、不显示滚动条。

在任意框架网页上右击，在弹出的快捷菜单中选择“框架属性”命令，弹出“框架网页”对话框，在该对话框中单击“框架网页”按钮，打开如图 13-10 所示对话框，在这里可以调整框架间距。选择“框架”页面，取消“显示边框”复选框的“√”，以隐藏框架边框。

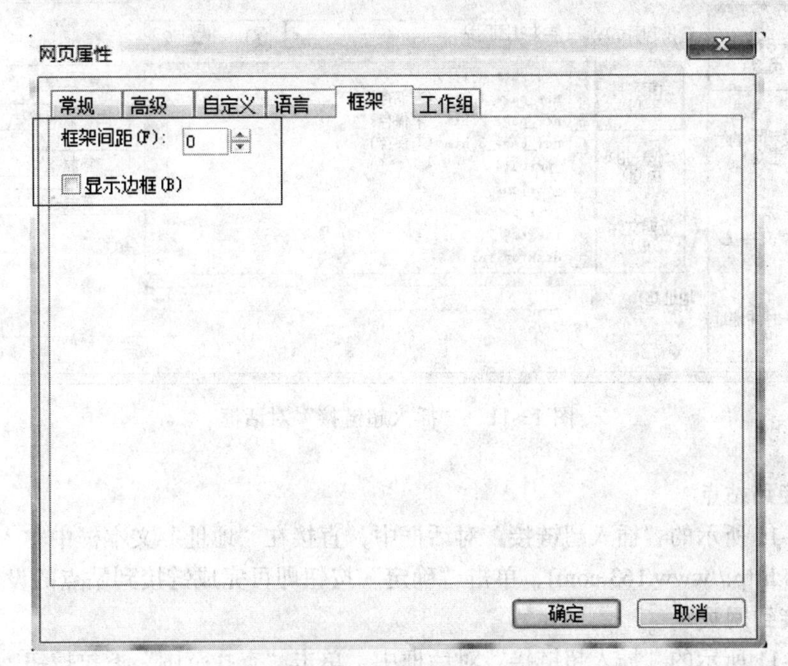

图 13-10　框架网页属性设置

13.2.3　网站主题设计

利用 FrontPage 2003 提供的现有主题模板，可以安排每个网页的标题、网页导航等页面组成，可以加快编辑效率。将光标定位在网页中，选择“格式”→“主题”命令，在右侧展开的主题面板中选择主题。如果应用方式设置为“应用为默认主题”，则站点中所有网页将应用此主题；如果设置为“应用于所选网页”，则所选单张网页应用此主题。本任务中不做主题设计练习。

13.2.4　超链接功能

1. 超链接

简单来说，超链接就是从一个 Web 页或文件到另一个 Web 页或文件的链接。超链接由以下两部分组成。

1) 超链接源：用来定义作为超链接的网页中的文本或图片，又称为“链源”。

2) 超链接目标：当用户单击超链接时会打开的页面或文件，又称为“链宿”。

2. 超链接设置

选择需要定义超链接的对象并右击，在弹出的快捷菜单中选择“超链接”命令，或选择

“插入”→“超链接”命令，弹出“插入超链接”对话框，如图 13-11 所示。

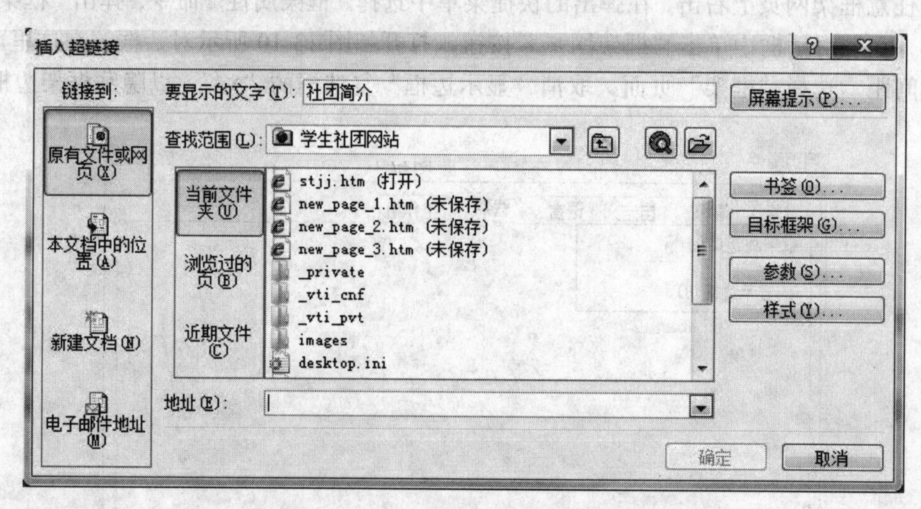

图 13-11 “插入超链接”对话框

(1) 链接到站点

在图 13-11 所示的“插入超链接”对话框中，直接在“地址”文本框中输入目标站点的 URL 地址(如 http://www.163.com)，单击“确定”按钮即可完成链接到站点的设置。

(2) 链接到网页

在图 13-11 所示的“插入超链接”对话框中，单击“查找范围”下拉按钮，在弹出的下拉列表框中找到网页所在的站点，此时在“查找范围”的下方会以列表形式列出该站点中的所有文件，单击需要链接的网页，再单击“确定”按钮即可完成链接到网页的设置。

(3) 链接到邮箱

在图 13-11 所示的“插入超链接”对话框中，单击“电子邮件地址”按钮，此时对话框如图 13-12 所示。在“电子邮件地址”下方的文本框中键入链接的目标邮箱地址，并单击“确定”按钮即可完成链接到邮箱的设置。

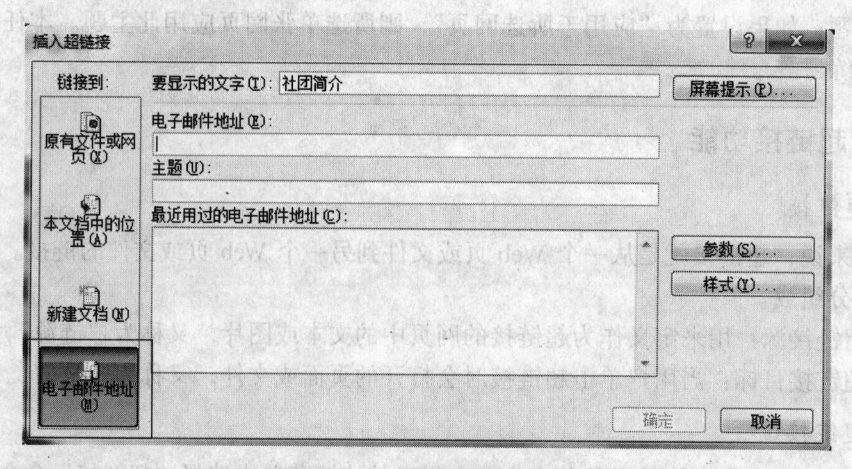

图 13-12 电子邮件超链接

(4) 目标框架指定

链接的目标网页选定后，可以指定目标网页是在本窗口中显示还是在新打开的浏览器窗口中显示。单击“插入超链接”对话框中“目标框架”按钮，打开“目标框架”对话框，如图 13-11 所示。指定链接的目标网页的目标窗口，默认是在当前窗口中打开目标网页。“公用的目标区”列表框选项含义如下。

1) 相同框架：链接的目标网页显示在包含该超链接的同一个框架内。

2) 整页：将框架展开为全窗口后显示链接的目标网页。

3) 新建窗口：另外打开一个浏览窗口显示链接的目标网页。

4) 父框架：在当前框架的上层框架内显示链接的目标网页。

(5) 任务设置

本任务对左框架表格中的各行文字设置超链接，具体设置如下。

“社团简介”、“社团风采”、“社团简报”依次链接到 stjj.htm、stfc.htm、stjb.htm，目标框架为“当前框架网页”的右框架，如图 13-13 所示。“社团之家”链接到 stzj.htm，目标框架为“公用的目标区”中的“新建窗口”，“联系我们”链接到邮箱地址 ced@szit.edu.cn。

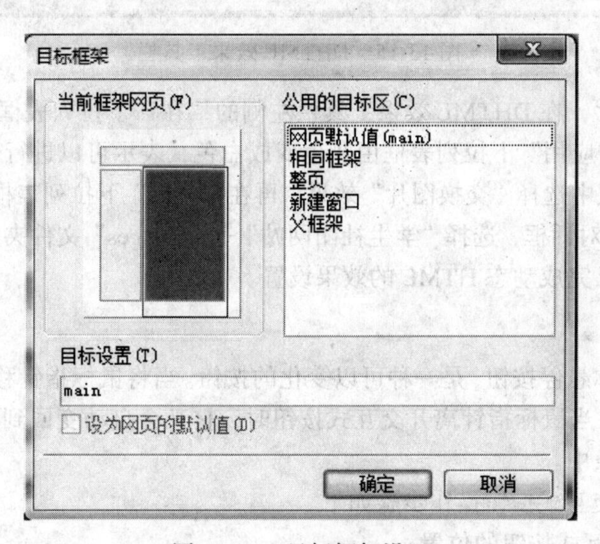

图 13-13　目标框架设置

13.2.5　简单组件的使用

1. 插入字幕

选择上框架网页的“爱心助学 放飞梦想”文本，选择“插入”→“字幕”命令，弹出“字幕属性”对话框，如图 13-14 所示。

设置字幕属性：方向为“右”，速度不变，表现方式为“交替”，指定宽度为 912 像素。单击“确定”按钮即可插入字幕。

2. 动态 HTML 效果

选择“视图”→“工具栏”→“DHTML 效果”命令，弹出 DHTML 效果工具栏，如图 13-15 所示。

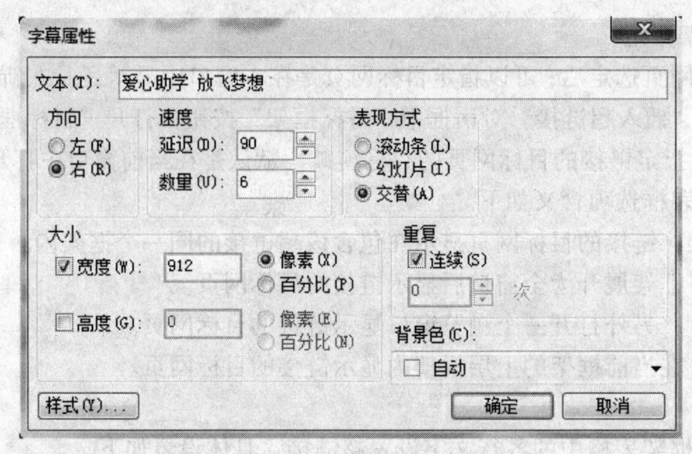

图 13-14　“字幕属性”对话框

图 13-15　DHTML 效果工具栏

选中右框架图片，在 DHTML 效果工具栏左侧的“在”下拉列表框中选择“鼠标悬停”事件，此时中间的“应用”下拉列表框由灰色变成白色，表示可以进行进一步详细设置。在“应用”下拉列表框中选择“交换图片”效果，再在“效果”下拉列表框中选择“选择图片”命令，弹出“图片”对话框，选择“学生社团网站”→“images”文件夹中的“爱心助教.jpg”图片并打开。此时已完成动态 HTML 的效果设置。

3. 交互式按钮

交互式按钮也称悬停按钮，是一种可以变化的按钮。当将鼠标指针移到交互式按钮上时，它会变成新的样子；当鼠标指针离开交互式按钮时，它又会自动变回到原来的样子。交互式按钮一般用在导航条中。

在网页中插入交互式按钮操作步骤如下。

1) 选择插入交互式按钮的位置。

2) 选择“插入”→“Web 组件”命令，在“动态效果”中选择“交互式按钮”，单击“完成”按钮。

3) 打开“交互式按钮”对话框，选择一种按钮效果，设置按钮文本及链接。

4) 单击“确定”按钮，便完成交互式按钮的插入。

4. 横幅广告管理器

横幅广告的动画形式就像一幅不停变换着的广告牌。在网页中插入横幅广告的操作步骤如下。

1) 选择插入位置，选择“插入”→“横幅广告管理器”命令，打开“横幅广告管理器属性”对话框。

2) 单击该对话框中的“添加”按钮，添加要显示的图片(至少要有两幅图片才能变换显示)，高度、宽度属性设置图片的显示框的大小，过渡效果设置图片的显示效果。

3) 单击“确定”按钮，便完成横幅广告管理器的插入。

若插入菜单中找不到横幅广告管理器，可通过以下方法调出：

1) 选择“工具”→“自定义”命令，在“自定义”对话框中，单击“命令”选项卡，单击“插入”按钮，在“命令”列表框中选择“横幅广告管理器”。

2) 将“横幅广告管理器”项拖动到“插入”菜单中，然后将其置于所需位置。

本任务未做交互式按钮及横幅广告管理器的设置，请自行练习。

13.2.6　框架网页的保存

页面编辑完，框架的保存就显得十分重要。选择“文件”→“保存”命令，弹出“另存为”对话框，将对框架网页中的主框架和子框架分别进行保存。

提　示

保存多个文件可能导致混淆，FrontPage 2003 以加亮的方式标识出了当前正在进行保存的框架。若整个外围框架被加亮，则表示当前要保存的是整个框架，即主框架。

在弹出的“另存为”对话框中，此时框架预览区上方的框架被加亮，表明当前需要保存的是上框架。指定文件名“top”，文件类型“网页”，存于“学生社团网站”站点中，如图 13-16 所示。

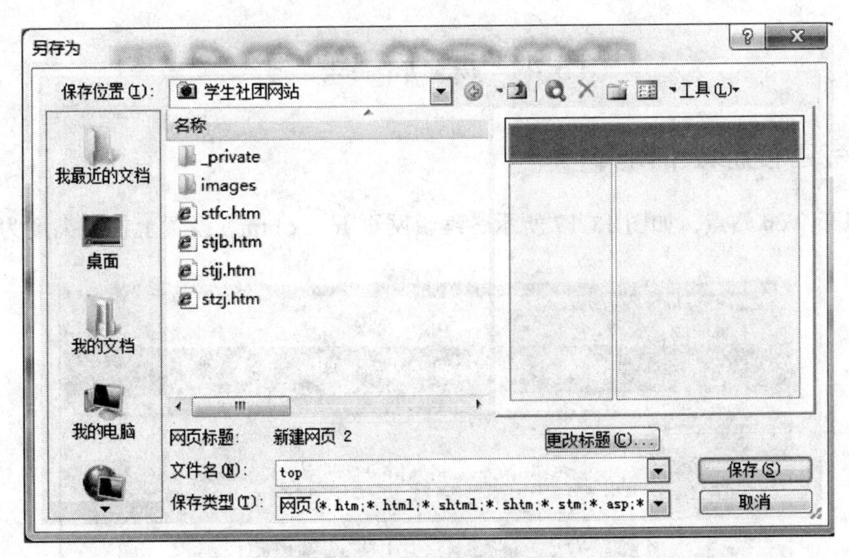

图 13-16　“另存为”对话框

单击“保存”按钮，弹出的“另存为”对话框中设置左框架保存为“left.htm”，整个框架保存为“index.htm”。

13.2.7　关闭站点

站点编辑结束后可通过选择“文件”→“关闭网站”命令来关闭站点。

13.2.8　发布网站

发布网站信息，就是将网站中的所有文件传送到在 Internet 上申请的地址空间或 Web 服务器中。发布个人网站主要有两条途径。

1) 向提供网页发布服务的 ISP(网络服务提供商)申请在 Internet 上发布。

2) 利用 IIS 的 Web 服务器系统在局域网中发布。

利用 IIS(Microsoft Internet Information Server)进行发布适合于局域网内的用户访问，优点是访问速度快、维护管理方便。建立一个 Web 服务器的基本条件如下：

1) 计算机必须连接局域网；

2) 拥有单独的 IP 地址；

3) 安装了 Web 服务器程序(IIS)。

13.3　案例总结

本任务主要介绍了学生社团网站首页的创建与完善方法，并根据制作要求，建立相应的框架网页。在制作过程中，对站点的新建与打开、素材的导入、网站主题设计、超链接的设置、简单组件的使用等知识点进行了讲解与练习。

在制作过程中要注意站点的正确打开，以及通过选择“工具”→“自定义”命令来进行命令的调用。

13.4　课后练习

13.4.1　完善慢游城市网页

1) 打开 Web 站点，如图 13-17 所示，编辑网页 Index.htm，设置上框架高度为 60 像素，

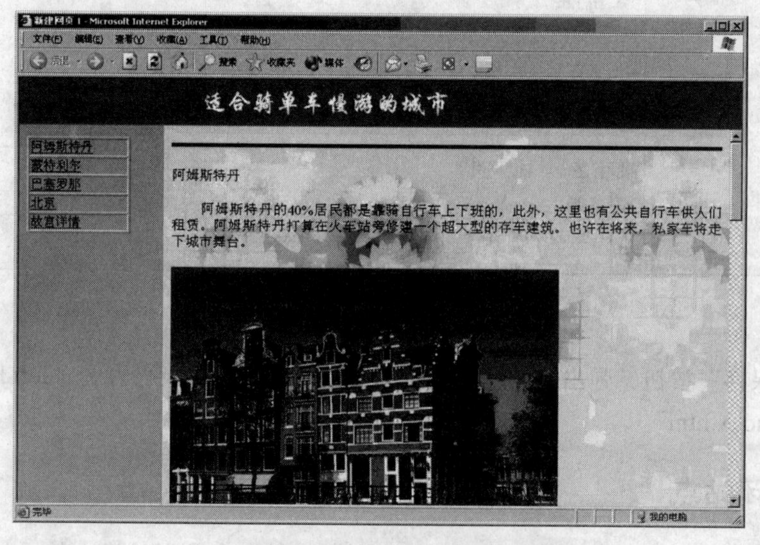

图 13-17　慢游城市网页

上框架网页背景色为 Hex = {00,AA,55}，设置右框架网页背景图片为 bg.jpg、呈水印效果。

2) 在上框架网页中插入字幕“适合骑单车慢游的城市”，方向向左，延迟速度为 70，表现方式为交替，设置字幕样式中字体格式为华文行楷、白色、24pt。

3) 在左框架网页中，为表格中的文字“阿姆斯特丹”、“蒙特利尔”、“巴塞罗那”和“北京”建立超链接，分别指向 main.htm 中的同名书签，目标框架均为网页默认值(main)(提示：书签已建立)。

4) 在右框架网页的最上方插入蓝色实线(无阴影)水平线，高度为 5 像素。

5) 将所有修改过的网页以原文件名保存，文件均存放于“考生”文件夹下的 Web 站点中。

13.4.2　完善地下铁道网页

1) 打开站点 Web，如图 13-18 所示，编辑网页 Index.htm，设置上框架高度为 200 像素，设置下框架的初始网页为 main.htm，框架网页标题为“地下铁道”，不显示边框。

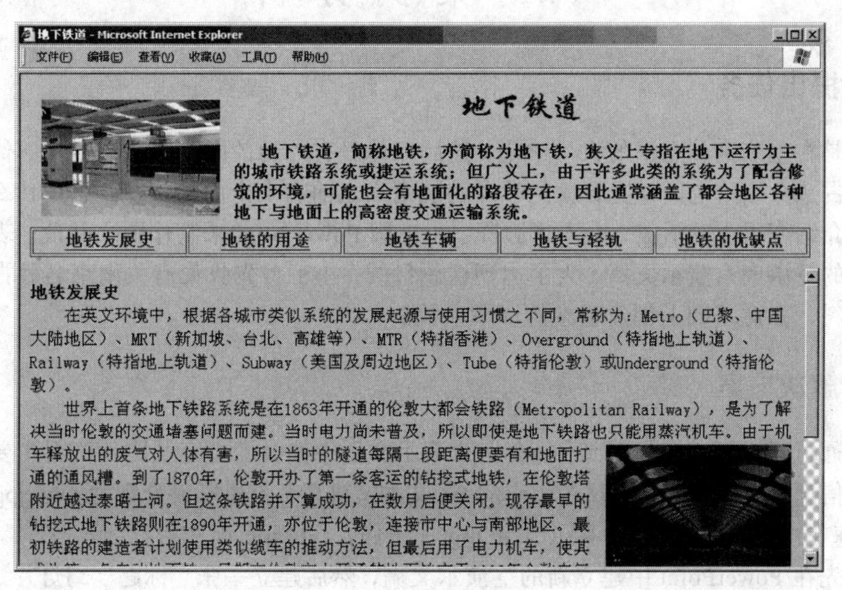

图 13-18　地下铁道网页

2) 设置 main.htm 背景色为 Hex = {BB,DD,DD}，网页过渡效果为盒状收缩，周期为 2 秒，离开网页时发生。

3) 为 top.htm 中的图片设置 DHTML 效果：当鼠标单击时该图片飞出到右下部。

4) 设置 pg2.htm 网页背景音乐为 music01.mid，循环播放，并为 top.htm 中的文字“地铁的用途”和“地铁车辆”创建超链接，分别指向 pg1.htm 和 pg2.htm。

5) 将所有修改过的网页以原文件名保存，文件均存放于考生文件夹下 Web 站点中。

任务 14 PowerPoint 基本应用——制作畅游南京演示文稿

本任务以制作畅游南京演示文稿为例，介绍 PowerPoint 的基本应用，内容包括 PowerPoint 建立演示文稿的方法、制作“标题”幻灯片、“标题和两栏文本”幻灯片等不同版式的幻灯片、设置幻灯片设计模板、插入页码日期、设置幻灯片放映方式等内容。通过本任务的完成，能掌握演示文稿的基本制作方法。

14.1 案例分析

14.1.1 提出任务

小王是在南京高校念书的大一学生，这周双休日有外地的同学来南京游玩，他如何将南京的名胜古迹介绍给老同学呢，让同学在游玩南京之前有个全面的认识，采用什么方式，才能使景点介绍变得生动活泼、引人入胜呢。小王用 PowerPoint 来制作图文并茂、表现力和感染力极强的畅游南京演示文稿。为了达到这一目的，小王首先收集有关南京名胜古迹的文字及图片资料，在此基础上创建基本的演示文稿。

14.1.2 解决方案

小王通过需求调查分析得到，畅游南京演示文稿中涉及的文字及图片资料主要是所选景点的相关信息。文字资料分别放在相应的.txt 文本文件中，图片资料分别为 xwh.jpg(玄武湖)、mhs.jpg(梅花山)、mxl.jpg(明孝陵)、fzm.jpg(夫子庙)、yht.jpg(雨花台)。

小王先在 PowerPoint 中建立新的空演示文稿，然后建立一张“标题”幻灯片、一张“标题和两栏文本”幻灯片、六张“名胜古迹”幻灯片，最后设置幻灯片设计模板、插入页码和日期、设置幻灯片放映方式等任务。

14.1.3 相关知识点

1. PowerPoint 2003

PowerPoint 2003 是微软公司 Office 办公组件中一个极为重要的组成部分，是最为常用的演示文稿制作软件，它可以把各种信息(如文字、图片、动画、声音、影片、图表等)合理地组织起来，用于展示战略思想、传授知识、促进交流、宣传文化等。

2. PowerPoint 视图模式

PowerPoint 提供了幻灯片视图、大纲视图、幻灯片浏览视图、备注页视图和幻灯片放映视图五种视图模式。

1) 幻灯片视图：在编辑区中显示一张当前的幻灯片，主要对演示文稿中的每一张幻灯片进行详细的设计和编辑。可以直接看到幻灯片的静态设计效果。

2) 大纲视图：只显示文稿的文本内容，不显示图形、图像、图表等对象，可以调整各幻灯片的前后顺序，具有较强的全局观念，还可以显示幻灯片的缩图。

3) 幻灯片浏览视图：按序号显示文稿中全部幻灯片的缩图，从而看到全部幻灯片连续变化的过程。可以复制、删除幻灯片，调整幻灯片的顺序，但不能对个别幻灯片内容进行编辑修改。

4) 备注页视图：用此视图模式来建立、编辑和显示演示者对每一幻灯片的备注。

5) 幻灯片放映视图：动态播放演示文稿的全部幻灯片，是实际播放演示文稿的视图。

3. 演示文稿和幻灯片

利用 PowerPoint 软件创建的文件叫演示文稿。演示文稿中的每一页叫幻灯片，每张幻灯片都是演示文稿中既相互独立又相互联系的内容。利用它可以更生动直观地表达内容，图表和文字都能够清晰、快速地呈现出来。可以插入图片、动画、备注和讲义等丰富的内容。

4. 页眉、页脚

通常用来显示文档的附加信息，如插入时间、日期、页码、单位名称、微标等。其中，页眉在页面的顶部，页脚在页面的底部。

5. 幻灯片设计模板

包含演示文稿样式的文件，包括项目符号和字体的类型和大小、占位符大小和位置、背景设计和填充、配色方案，以及幻灯片母版和可选的标题母版。

14.2 实 现 方 法

创建文件名为“畅游南京”演示文稿，并将该 PPT 文件保存到“任务 14”文件夹中，完成本任务所需要的素材均在“任务 14”文件夹中。效果如图 14-1 所示。

图 14-1 效果图

14.2.1　启动 PowerPoint 2003 应用程序

1) 选择“开始”→“程序”→“Microsoft PowerPoint 2003”命令，启动 PowerPoint 2003。

2) PowerPoint 2003 启动后，系统自动创建一个空白演示文稿。在操作的过程中，用户也可以根据需要重新创建一个空白演示文稿，具体方法如下。

① 选择“文件”→“新建”命令，弹出“新建演示文稿”任务窗格，如图 14-2 所示。

② 单击该任务窗格“新建”选区中的“空演示文稿”超链接，即可创建一个空演示文稿，同时弹出“幻灯片版式”任务窗格，如图 14-3 所示。在任务窗格中有“文字版式”、“内容版式”、“文字和内容版式”及“其他版式”四种版式类型。

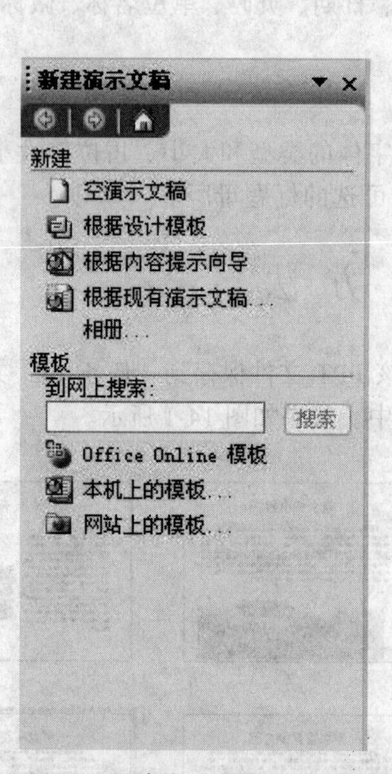

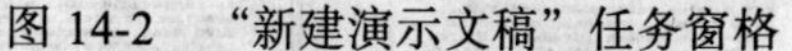

图 14-2　“新建演示文稿”任务窗格

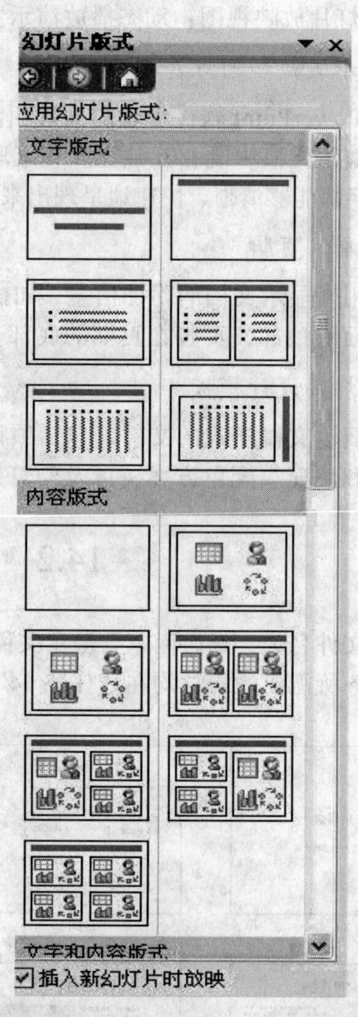

图 14-3　“幻灯片版式”任务窗格

③ 在任务窗格中，将鼠标指针指向要应用的幻灯片版式，在该版式的右侧将显示一个下三角按钮，单击该按钮，弹出一个下拉菜单。

④ 在下拉菜单中选择“应用于选定幻灯片”命令，将所选版式应用于创建的空白幻灯片中。

14.2.2　制作第一张“标题”幻灯片

1) 选择“标题幻灯片”，如图 14-3 所示。

2) 单击标题，输入“畅游南京”，单击副标题，输入“南京六大名胜古迹”。

3) 定义标题、副标题的字体、字号。选中标题文字，在菜单栏中选择“格式”→“字体”命令，系统弹出“字体”对话框，设置相关的字体、字号。完成后，单击“确定”按钮。用同样的方法设置副标题中的字体、字号。

14.2.3　制作第二张“标题和两栏文本”幻灯片

1) 在菜单栏中选择“插入”→“新幻灯片”命令。

2) 在右侧“幻灯片版式”任务窗格中选“文字版式”中的“标题和两栏文本”，按图 14-4 所示的样式输入文字并作相应修饰。

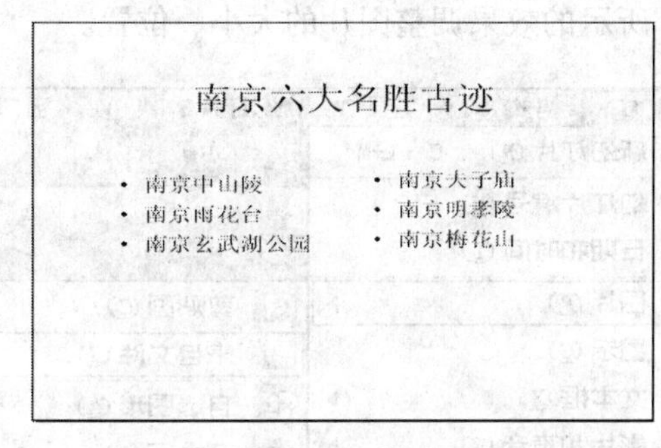

图 14-4　样式

14.2.4　制作第三张至第八张不同版式的幻灯片

1) 在菜单栏中选择“插入”→“新幻灯片”命令，同时在弹出的“幻灯片版式”任务窗格(图 14-3)中选择“标题和文本”。

2) 单击“标题”栏，输入“南京中山陵”。

3) 选中标题中的文字，在菜单栏中选择“格式”→“字体”命令，系统弹出“字体”对话框(图 14-5)，按要求设置字体、字号，单击“确定”按钮。

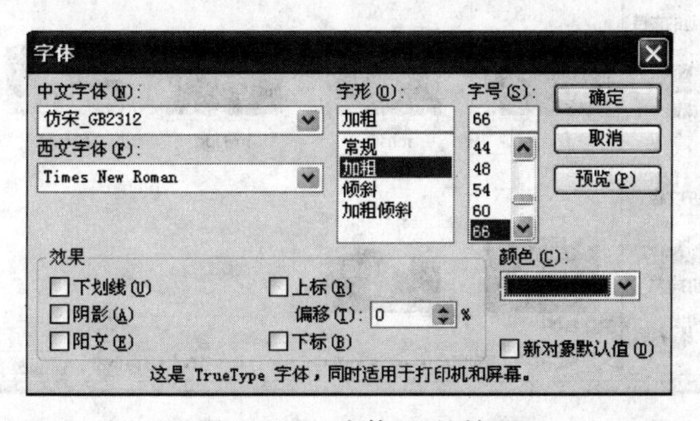

图 14-5　“字体”对话框

4) 单击“文本”栏，复制素材文件“南京中山陵.txt”中的文字，内容如下。

国家 4A 级旅游景区。原名总理陵园，位于钟山第二峰小茅山南麓，是伟大的革命先行者孙中山的陵墓。它坐北朝南，依山而筑，由半圆形广场、牌坊、墓道、陵门、碑亭、祭堂和墓室组成。墓室在海拔 165 米处，与起点平面距离 700 米，上下落差 73 米。整组建筑总平面取“自由钟”图案，表“使天下皆达道”之义。瞻仰者由下仰望，但见浩瀚林海衬映着碧瓦银墙，宛如伟人之浩然正气，与大地同存。恢宏的陵墓工程于 1926 年 3 月奠基，1929 年春竣工。同年 5 月 28 日，孙中山灵柩由北京运抵南京，6 月 1 日在中山陵举行奉安大典。

5) 设置文本栏中文字的字体为楷体、字号为 20，字形为加粗，颜色为蓝色。选中文本栏，单击常用工具栏中的“项目符号”按钮☰，去掉系统默认的项目符号。

6) 在文字的下方插入图片，图片在“任务 14”文件夹中，文件名为“zsl.jpg”。

在菜单栏中选择“插入”→“图片”→“来自文件”命令(图 14-6)，在弹出的“插入图片”对话框(图 14-7)中选择查找范围为“任务 14”文件夹，然后选择所要的图片文件，单击“插入”按钮，按图 14-1 所示的效果调整图片的大小、位置。

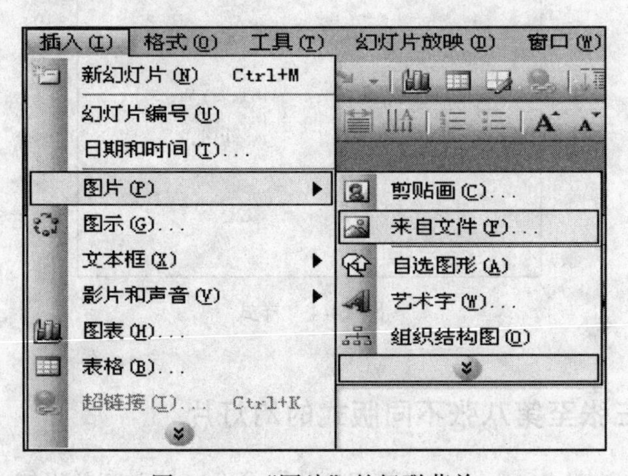

图 14-6　“图片”的级联菜单

图 14-7　“插入图片”对话框

同样的方法依次制作第四张至第八张幻灯片，所需素材在“任务 14”文件夹中，文字材料在相应的.txt 文本文件中，图片分别为 xwh.jpg(玄武湖)、mhs.jpg(梅花山)、mxl.jpg(明孝陵)、fzm.jpg(夫子庙)、yht.jpg(雨花台)。

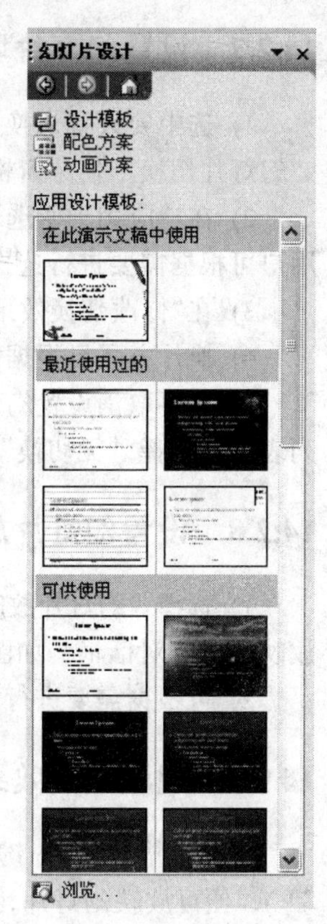

图 14-8　“幻灯片设计”任务窗格

14.2.5　设置幻灯片设计模板

为了增加版面的美观，可以利用 PowerPoint 提供的幻灯片设计模板功能。

1) 在菜单栏中选择“格式”→“幻灯片设计”命令，在右侧弹出的“幻灯片设计”任务窗格(图 14-8)中单击选择“设计模板”超链接，在窗格下方的“应用设计模板”列表框中将分别显示“在此演示文稿中使用”、“最近使用过的”和“可供使用”3 个项目。

2) 选择相应的设计模板，单击相应的设计模板缩略图，即可看到所选的应用设计模板的修饰效果。

3) 若要为幻灯片应用“空白”设计模板，在任务窗格中的“可供使用”列表中选择第一个标题为“默认设计模板.pot”的选项即可。

14.2.6　插入页码、日期

1) 在菜单栏中选择“视图”→“页眉和页脚”命令。

2) 在弹出的“页眉和页脚”对话框(图 14-9)中选择“幻灯片”选项卡，设置相关内容。

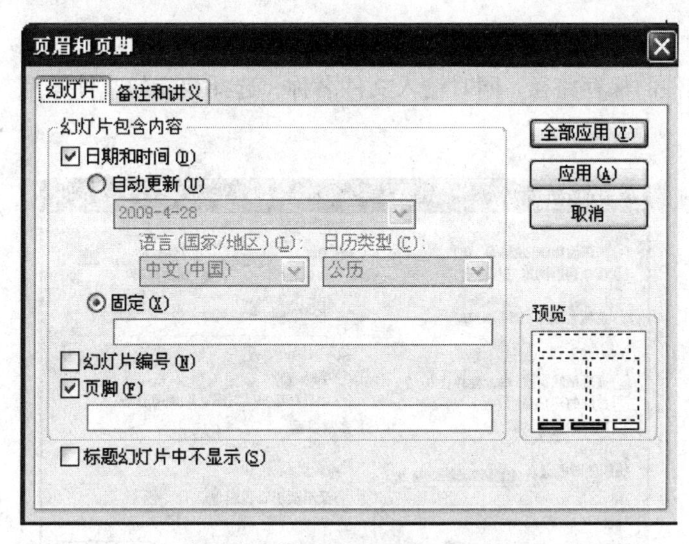

图 14-9　“页眉和页脚”对话框

3) 设置完毕可根据用户需要作两种选择。单击“应用”按钮，相关设置只应用于当前的一张幻灯片；单击“全部应用”按钮，相关设置将应用于所有的幻灯片上。

14.2.7　设置幻灯片切换方式

1) 选中要设置切换效果的幻灯片，选择“幻灯片放映”→“幻灯片切换”命令，打开“幻灯片切换”任务窗格，如图 14-10 所示。

2) 在“应用于所选幻灯片”列表框中列出 50 多种切换效果，用户可根据需要进行选择。

3) 在“修改切换效果”选区中设置切换速度及声音的应用范围。

4) 换片方式可根据需要进行设置。

5) 若要取消设置幻灯片切换效果，可在“应用于所选幻灯片”列表框中选择“无切换”选项。

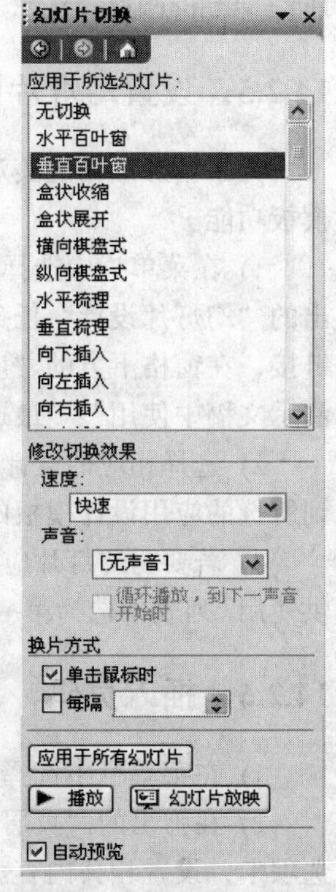

图 14-10　“幻灯片切换”任务窗格

14.2.8　设置幻灯片放映方式

1) 选择“幻灯片放映”→“设置放映方式”命令，弹出“设置放映方式”对话框，如图 14-11 所示。

2) 可根据需要进行相关设置。

14.2.9　观看放映效果

制作完毕，按 F5 键(或单击屏幕左下方的“幻灯片放映”按钮)，便可放映幻灯片，观看放映效果。若不满意可以修改，直到满意为止。

14.2.10　保存文件

选择“文件”→“保存”命令，在弹出的“另存为”对话框中(图 14-12)选择文件的保存路径，同时输入文件名称，选择相应的文件类型，单击“保存”按钮即可。

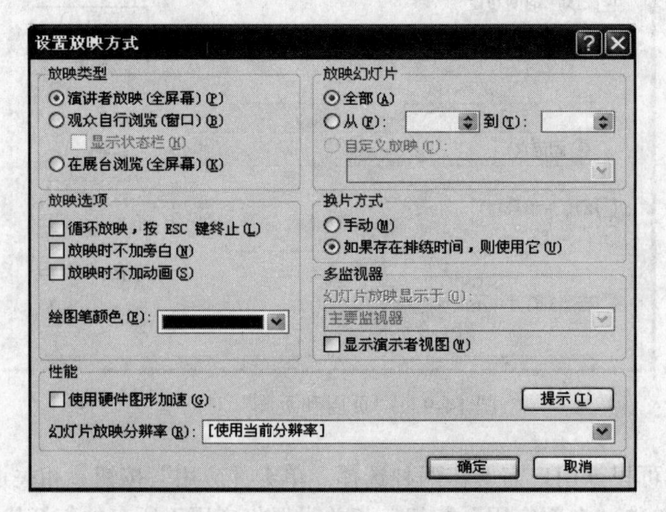

图 14-11　“设置放映方式”对话框

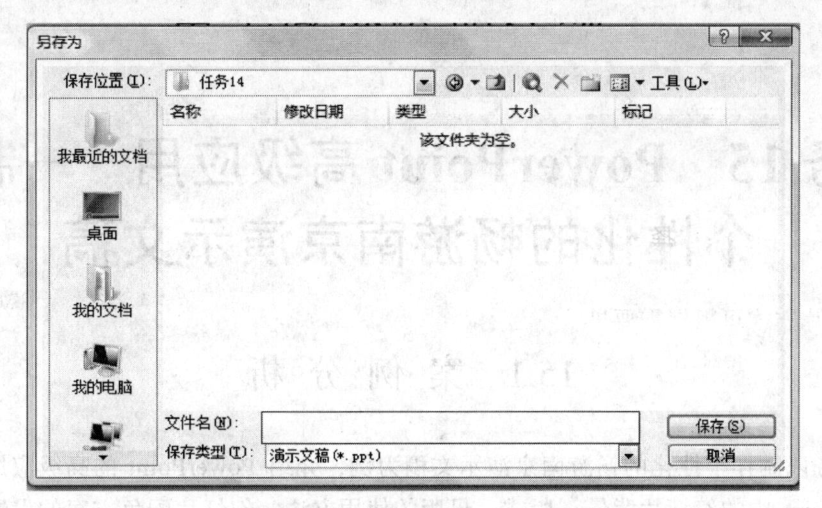

图 14-12 “另存为”对话框

14.3 案例总结

本任务主要介绍了 PowerPoint 2003 制作演示文稿的基本操作，包括如何创建各种不同版式的幻灯片，如何编辑幻灯片，如何插入图片，如何插入日期时间和页码，如何设置幻灯片切换方式，如何设置幻灯片放映方式，如何放映幻灯片，如何保存文件等内容。

14.4 课后练习

14.4.1 基本操作

将任务 8 中用 Word 排版的毕业论文的内容制作成 PPT 演示文稿，论文答辩时可以更加形象生动，引人入胜。

14.4.2 综合练习

对上题的演示文稿进行如下操作：插入图片，插入日期时间和页码，设置幻灯片切换方式，设置幻灯片放映方式，放映幻灯片等操作，修改相关的操作直到满意为止。

任务 15　PowerPoint 高级应用——制作个性化的畅游南京演示文稿

15.1　案例分析

本任务以制作个性化的畅游南京演示文稿为例，介绍 PowerPoint 的高级应用，内容包括 PowerPoint 中的幻灯片背景、版式、母版的使用方法，幻灯片配色方案的设置方法，声音、影片等多媒体对象的插入方法，预设动画的设置方法，超文本链接的使用方法，动作按钮的设计方法，以及 Web 网页的保存方法。通过完成本任务，能掌握 PowerPoint 常用的高级应用。

15.1.1　提出任务

小王觉得上个任务创建的演示文稿简单了点，效果非常一般，怎么才能让演示文稿更美观、功能更强大呢？为了在向老同学介绍旅游景点时具有更好的效果，小王决定对演示文稿进行个性化的设置。

15.1.2　解决方案

PowerPoint 不但可以创建基本的演示文稿，还有很多更高级的应用，小王对上个任务创建的畅游南京演示文稿进行个性化设置，对第一张幻灯片设置背景、对所有幻灯片应用母版功能、对第二张幻灯片应用配色方案、对第三张幻灯片应用动画方案、为幻灯片建立超链接、为幻灯片添加动作按钮等子任务。

本任务是在上个任务的基础上，对“畅游南京.ppt”幻灯片进行各种个性化设置。其中包括使用幻灯片母版，设置幻灯片背景、超链接及自定义动画等相关操作。

15.1.3　相关知识点

1. 幻灯片母版

母版用来规定某一模板的具体格式，也可以用来修改模板。使用母版的好处在于可以修改多张幻灯片的总体格式。比如，原来所用模板的标题是宋体二号，现在想改成隶书三号，可以通过母版进行修改，这样就不用一张一张地修改幻灯片了。每一份演示文稿都有两种母版，即幻灯片母版和标题母版。幻灯片母版控制所有幻灯片的格式，标题母版控制标题幻灯片(第一张幻灯片)的格式。

2. 超链接

超链接是从一张幻灯片到另一张幻灯片，自定义放映、网页或文件的链接。超链接本身可能是文本或对象(如图片、图形、形状或艺术字)。

3. 配色方案

配色方案由八种颜色组成，用于演示文稿的主要颜色，如文本、背景、填充、强调文字所用的颜色。方案中的每种颜色都会自动用于幻灯片上的不同组件。用模板创建演示文稿时，程序已为每一个模板选择了一种配色方案。演示文稿的配色方案可以更换，选择“格式”→“幻灯片配色方案”命令，在弹出的对话框中挑选或自定义一种配色方案，用于某张或全部演示文稿。

4. 动作按钮

动作按钮是现成的按钮，可以插入演示文稿并为其定义超链接。

15.2 实 现 方 法

对任务 14 所制作的幻灯片畅游南京进行个性化设置，本任务所需要的素材在“任务 15”文件夹中。

15.2.1 设置首页幻灯片的背景填充效果

1) 在 PowerPoint 中打开任务 14 所制作的“畅游南京.ppt”幻灯片文件。

2) 在普通视图的大纲选项中，选中第一张幻灯片，选择“格式”→“背景”命令，弹出“背景”对话框。

3) 单击“背景填充”选项组中下方的下拉箭头，在弹出的菜单中列出一些带颜色的小方块、其他颜色、填充效果等项(图 15-1)，选择“填充效果”选项。

图 15-1　“背景”对话框

4) 在“填充效果”对话框中选择“纹理”选项卡(图 15-2)，然后再选择“水滴”纹理。

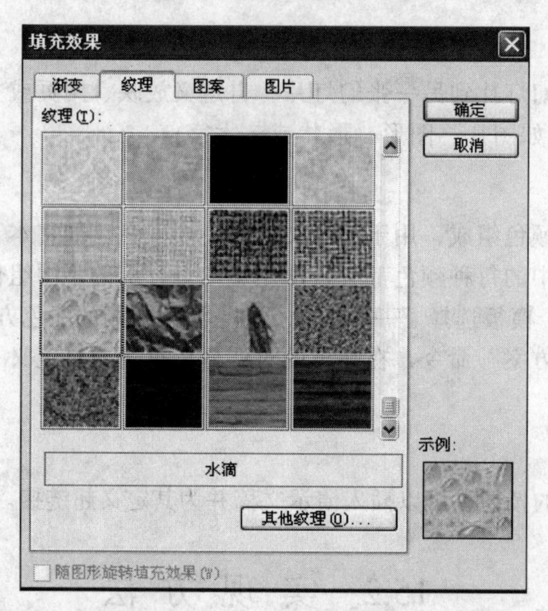

图 15-2　“纹理”选项卡

5) 在“填充效果”对话框中选择“渐变”选项卡(图 15-3)，然后再选择“颜色”中的“预设”单选按钮，“预设颜色”下拉列表框中选择“雨后初晴”选项。

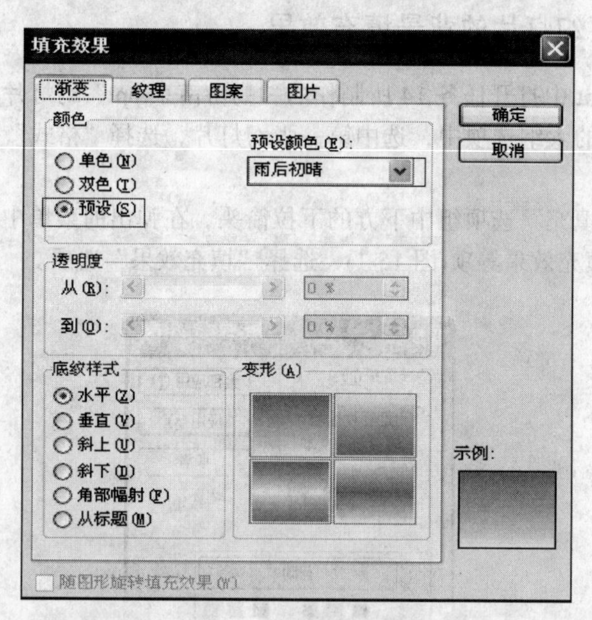

图 15-3　“渐变”选项卡

6) 单击“应用”按钮，即可将背景颜色应用于选定的第一张幻灯片。

15.2.2　应用幻灯片母版功能

在母版的右上角放置一张小图片，该图片在“任务 14”文件夹中，名称为 tupian.jpg。

1) 选择“视图”→“母版”→“幻灯片母版”命令，如图 15-4 所示，即从幻灯片普通视图切换到“幻灯片母版”编辑状态。

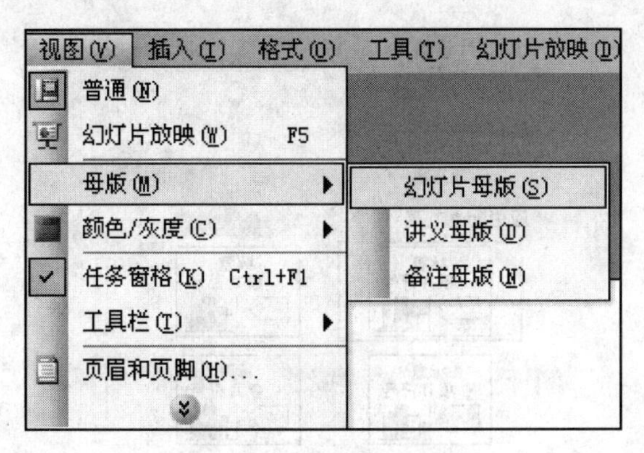

图 15-4　“视图”菜单

2) 选择“插入”→“图片”→“来自文件”命令，弹出“插入”对话框，在该对话框中选择相应的图片(tupian.jpg)，单击“插入”按钮，图片即出现在幻灯片母版上。调整图片位置和大小，如图 15-5 所示。

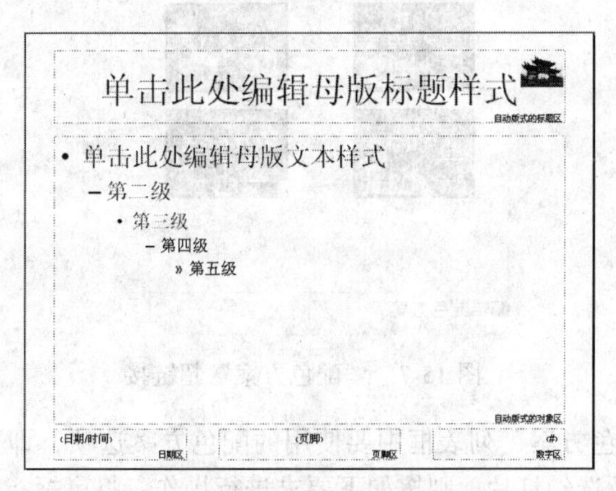

图 15-5　幻灯片母版

3) 单击幻灯片母版视图工具栏中的“关闭母版视图”按钮(图 15-6)，即可回到幻灯片的普通视图中，发现每一张幻灯片右上角都有所插的图片。

图 15-6　幻灯片母版视图工具栏

15.2.3　对第二张幻灯片应用配色方案

1) 选中第二张幻灯片。

2) 在菜单栏中选择“格式”→“幻灯片设计”命令，在右侧弹出的“幻灯片设计”任务窗格中单击“配色方案”超链接，如图 15-7 所示。

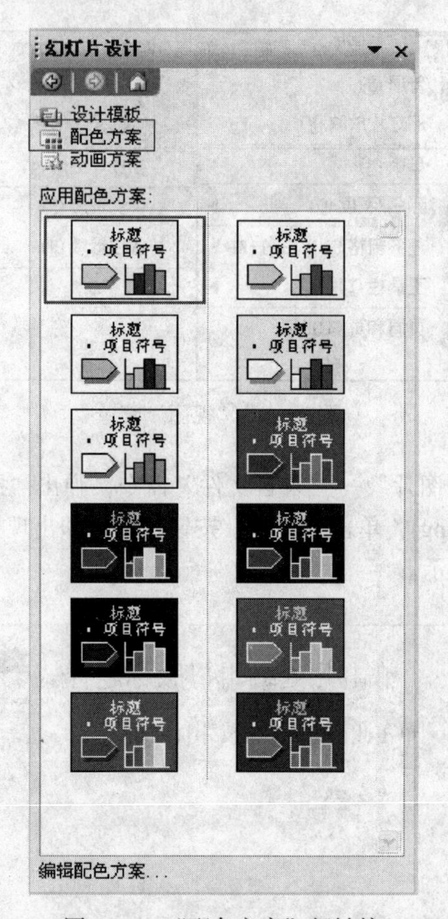

图 15-7 “配色方案”超链接

3) 选择“应用配色方案”列表框中要使用的配色方案选项，即可将其应用于所有的幻灯片中。若要应用于所选幻灯片，则按如下要求进行操作：将鼠标指针指向要使用的配色方案选项，单击鼠标右键，在弹出的快捷菜单中选择“应用于所选幻灯片”命令即可。

15.2.4 对第三张幻灯片应用动画方案

动画方案是一组包含幻灯片文本动画和幻灯片切换动画的预设动画效果，是幻灯片中各种动画的组合。

1) 选中第三张幻灯片。

2) 在菜单栏中选择“格式”→“幻灯片设计”命令，在右侧弹出的“幻灯片设计”任务窗格中单击选择“动画方案”超链接，如图 15-8 所示。

3) 单击选中“向内溶解”方案，并将其应用于所选幻灯片中。

4) 如果要删除幻灯片中设置的动画方案，则在“无动画”选区中选择“无动画”选项。

5) 在“幻灯片设计”任务窗格的动画方案列表下方单击 ▶ 播放 按钮，即可预览动画的效果。

15.2.5　对第四张幻灯片使用自定义动画功能

用户可以为幻灯片中的每一个项目或对象搭配动画效果。在自定义动画中，可以为幻灯片中的每一个项目或对象设置进入、强调或退出等动画效果。

1) 选中要使用自定义动画的幻灯片。

2) 选择“幻灯片放映”→“自定义动画”命令，打开“自定义动画”任务窗格，如图 15-9 所示。

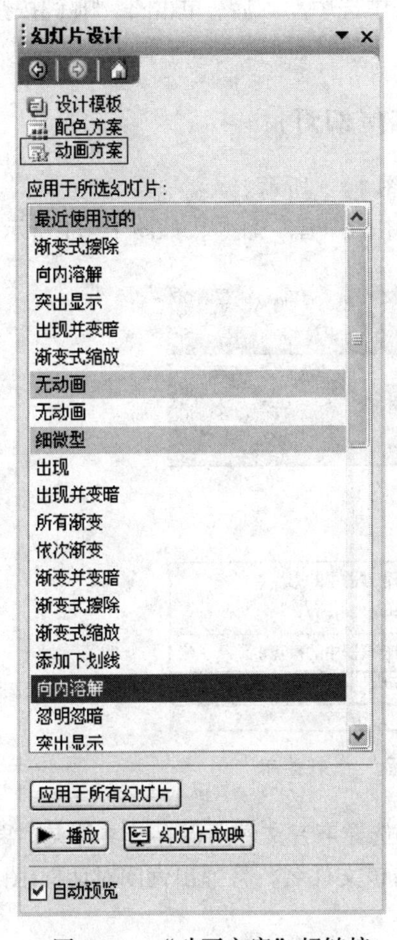

图 15-8　“动画方案”超链接

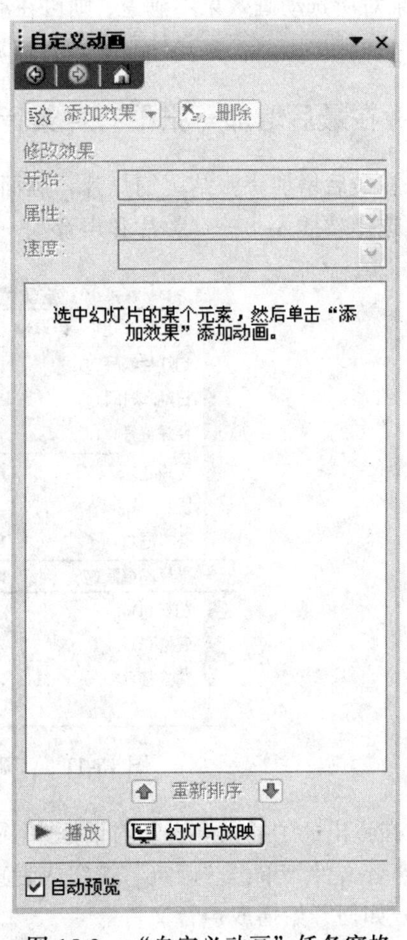

图 15-9　“自定义动画”任务窗格

3) 选中要添加自定义动画的项目或对象。

4) 单击按钮，弹出“进入”级联菜单(图 15-10)，根据需要选择相应的效果。

5) 根据需要进行相关的选择和设置。

在“自定义动画”任务窗格中，为所选项目或对象添加动画效果后，该项目或对象的旁边会出现一个带有数字的灰色矩形标志。并在任务窗格的动画列表中显示该动画的效果选项。

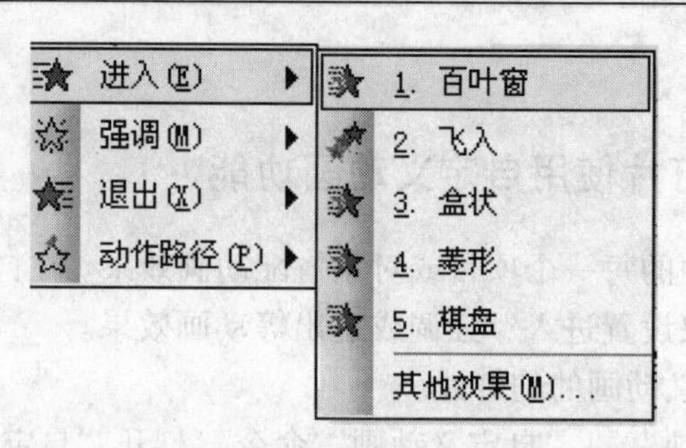

图 15-10　“进入”级联菜单

如果对所选动画效果不满意，则可在动画列表中选中动画后，单击[删除]按钮将其删除。

15.2.6　在最后增加一张配有背景音乐的结尾幻灯片

1) 在最后增加一张结尾幻灯片，版面设计如图 14-3 所示。

2) 选择“插入”→“影片和声音”→“文件中的声音”命令，如图 15-11 所示。

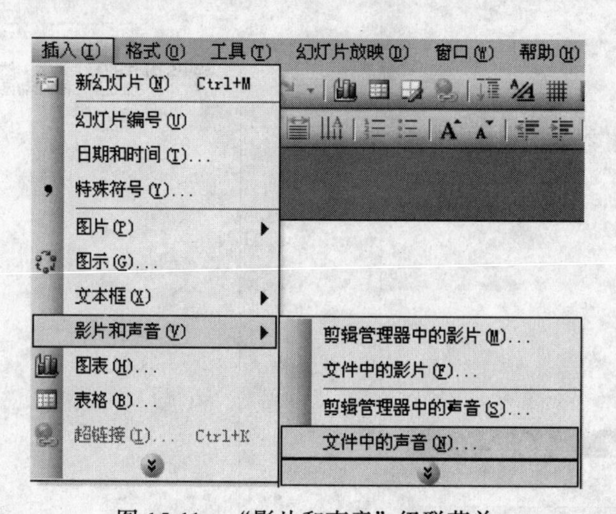

图 15-11　“影片和声音”级联菜单

3) 在弹出的“插入声音”对话框中(图 15-12)选择声音文件所保存的文件夹，再选择要使用的声音文件，单击“确定”按钮或者直接双击该文件名，将弹出询问对话框(图 15-13)，询问用户如何开始播放声音文件。

4) 单击“自动”按钮，在幻灯片中出现一个声音图标，表示插入了一个声音文件。插入的声音文件在放映幻灯片时，会自动播放声音。

5) 在普通视图模式下，若想试听声音，可以双击声音图标开始播放，单击该图标可以随时停止播放。

15.2.7　为第二张幻灯片建立超链接

1) 选中要建立超链接的第二张幻灯片。

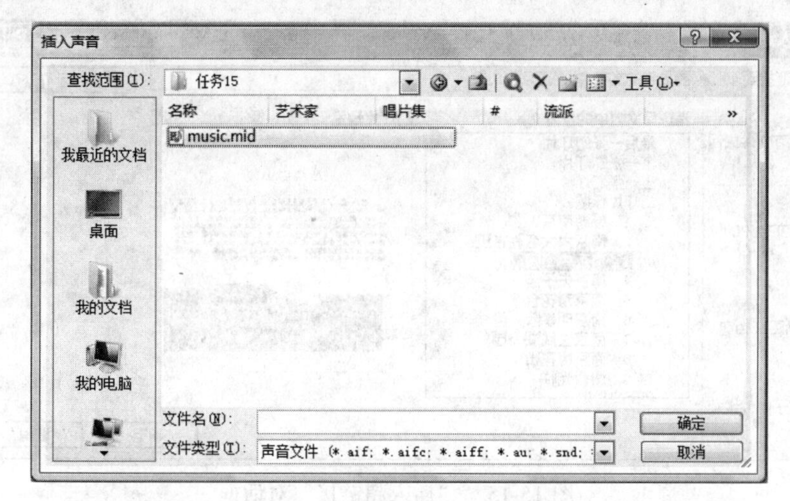

图 15-12　“插入声音”对话框

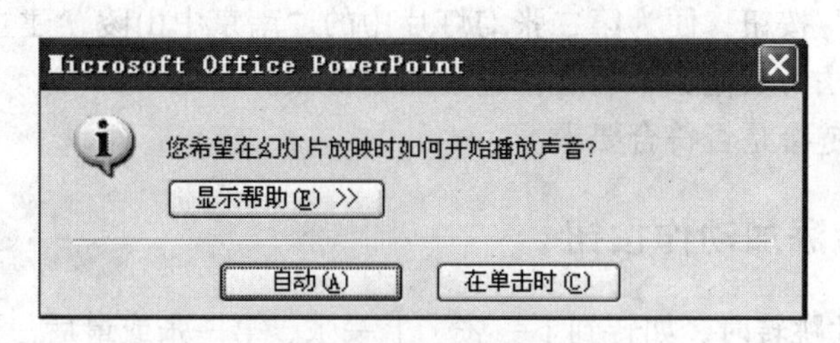

图 15-13　询问对话框

2) 选中“南京中山陵”文字，选择“插入”→“超链接”命令，弹出“插入超链接”对话框，如图 15-14 所示。

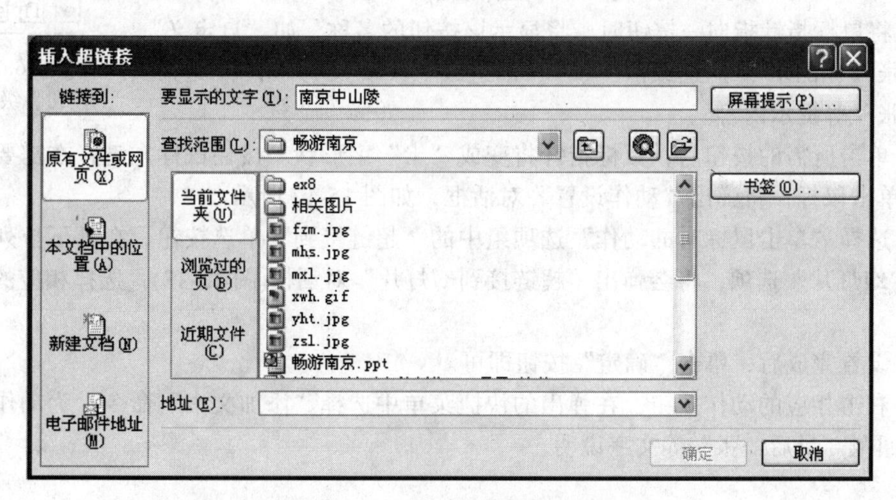

图 15-14　“插入超链接”对话框

3) 单击“链接到：本文档中的位置”按钮，在“请选择文档中的位置”列表框中选择标题为“3.南京中山陵”的幻灯片，如图 15-15 所示。

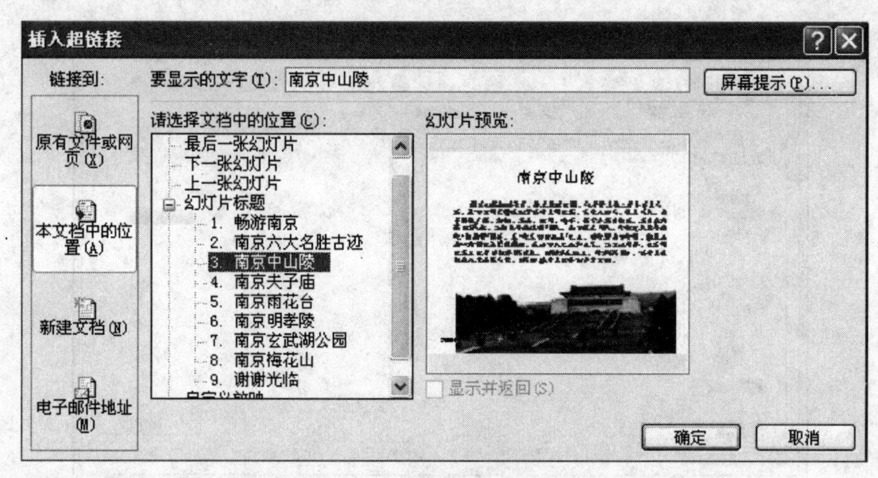

图 15-15　“插入超链接”对话框

4) 单击“确定”按钮，便为第二张幻灯片中的“南京中山陵”建立了超链接。

5) 用同样的方法为其他五个名胜古迹建立超链接。

6) 放映测试超链接是否符合要求。

15.2.8　为幻灯片添加动作按钮

用户希望幻灯片跳转时，如转到下一张、上一张、第一张或最后一张幻灯片时，可以使用易懂的符号表示，即动作按钮。

1) 选择相应的幻灯片。

2) 选择“幻灯片放映”→“动作按钮”命令，弹出“动作按钮”级联菜单(图 15-16)，在其中列出了 12 种动作按钮。

3) 将鼠标指针指向一按钮时，将显示该按钮的名称，如“自定义”、“第一张”、“帮助”、“后退或前一项”、“前进或下一项”、“开始”、“结束”、“上一张”等提示内容。

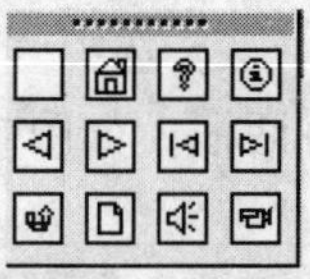

图 15-16　“动作按钮”级联菜单

4) 单击所需的按钮后，鼠标指针将变成“十”字形状。按住鼠标左键，在需要的位置拖动或单击鼠标，将弹出“动作设置”对话框，如图 15-17 所示。

5) 选择“单击鼠标时的动作”选项组中的“超链接到”单选按钮，在其下拉列表框中选择 “幻灯片”选项，将会弹出“超链接到幻灯片”对话框(图 15-18)，选择相应的幻灯片标题。

6) 设置完成后，单击“确定”按钮即可。

7) 右击相应的动作按钮，在弹出的快捷菜单中选择“添加文本”命令。为动作按钮添加“返回”、“最后一张”等文字说明。

15.2.9　保存演示文稿

选择“文件”→“保存”命令(或单击常用工具栏中的“保存”按钮)，即可将制作修改后的演示文稿存盘。

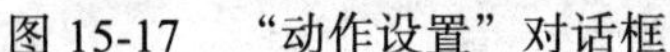
图 15-17　“动作设置”对话框

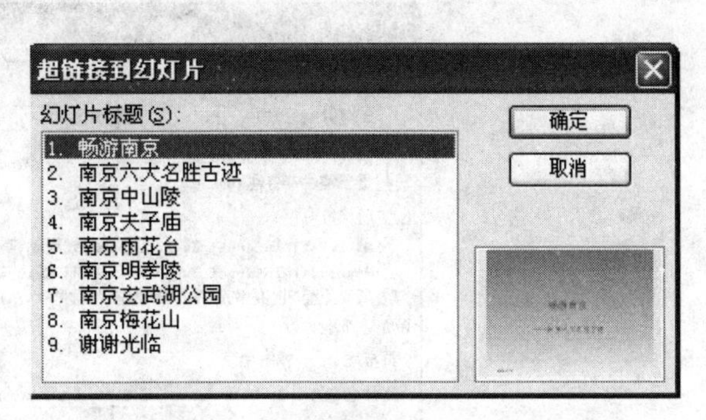

图 15-18　“超链接到幻灯片”对话框

15.2.10　另存为 Web 网页

1) 选择“文件”→“另存为网页”命令，弹出“另存为”对话框，如图 15-19 所示。

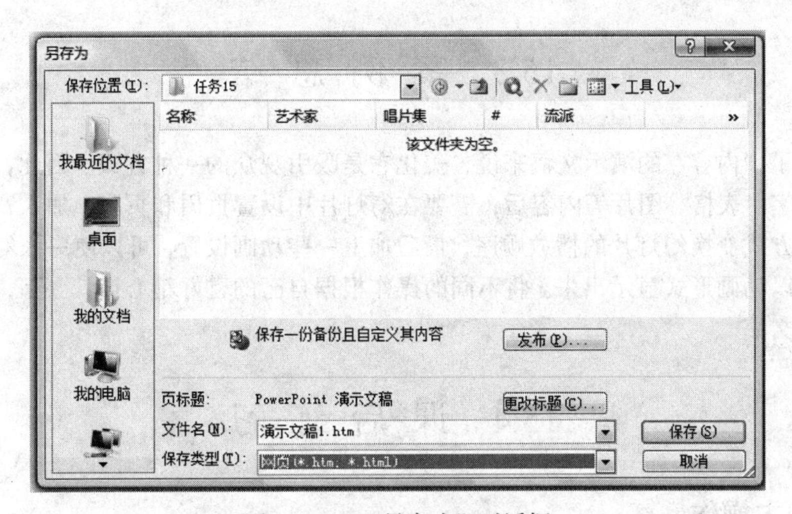

图 15-19　“另存为”对话框

2) 在该对话框“保存类型”下拉列表框中选择“网页”选项。

3) 单击“更改标题”按钮，弹出“输入文字”对话框(图 15-20)。在其中输入“畅游南京”。单击“确定”按钮返回到“另存为”对话框。

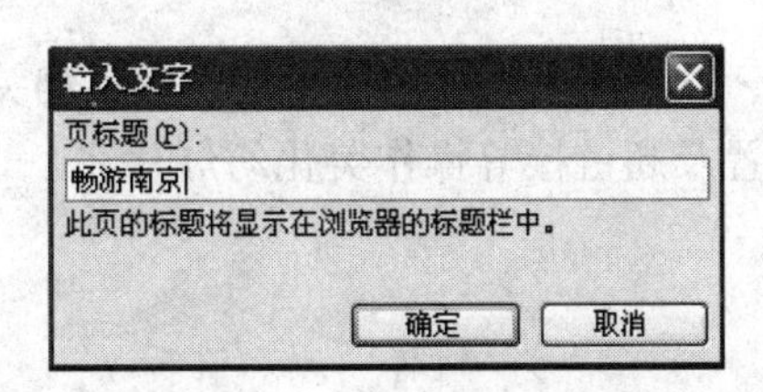

图 15-20　“输入文字”对话框

4) 单击“发布”按钮，弹出“发布为网页”对话框，如图 15-21 所示。

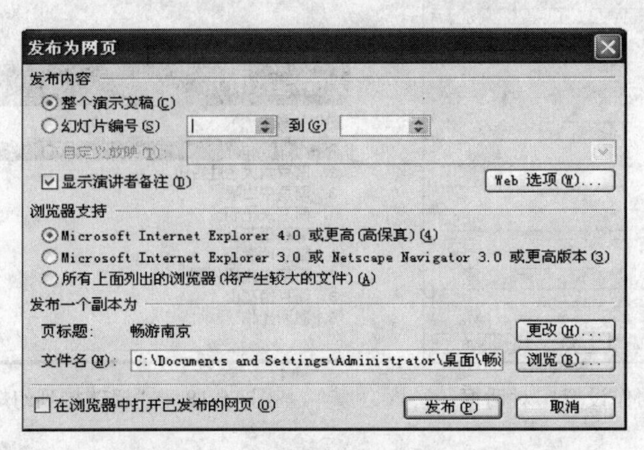

图 15-21 “发布为网页”对话框

5) 在“发布为网页”对话框中进行相关的设置，单击“发布”按钮即可将演示文稿保存为 Internet 格式的演示文稿，并返回到 PowerPoint 2003 窗口。

15.3 案例总结

对于有了“内容”的演示文稿来说，美化它是吸引观众的一种方式。因此，在完成了演示文稿的文字、表格、图片等内容后，需要在幻灯片中设置页眉和页脚，加入背景效果，再用超链接等方式变换幻灯片的播放顺序，最后加上一些动画设置，可以使一张幻灯片中的内容分层次地以动画形式显示出来。将不同的操作根据自己的喜好精心设计一下，就会有生动形象的演示文稿。

15.4 课后练习

15.4.1 基本操作

将任务 14 中课后练习中的“论文”演示文稿进行个性化设置，涉及的内容可参照畅游南京演示文稿的个性化设置，也可以自己设计内容效果。

15.4.2 综合练习

制作主题班会演示文稿，以某次班会内容为主题，收集相关资料，设计幻灯片内容，加入适合的背景，运用动画设置及超链接等操作美化幻灯片。

任务16 在Access中建立成绩管理数据库

本任务以建立学生成绩管理数据库为例，介绍建立数据库的基本方法，给出建立Access数据库的步骤，其中包括数据表建立、主键设置及表间关系设置。通过完成本任务，掌握数据库的建立、表结构的设计，创建表及设置数据库参照完整性约束技能。

16.1 案例分析

16.1.1 提出任务

小陈是在教务科赵老师的助理，协助赵老师处理有关成绩方面的工作，发现成绩管理事务特点是任务多、工作量大，即使用Excel软件来协助处理仍觉得不便，于是小陈用Access数据管理系统来管理学生成绩，减轻工作强度。为了实现这一目标，小陈决定对成绩管理中的数据进行分析，并根据分析结果，建立数据库及表，为后续工作作准备。

16.1.2 解决方案

通过需求调查与分析得到，学生成绩数据库中涉及的数据主要有学生、课程、系部、专业等信息，以及学生选读的课程与成绩信息等。学生信息主要有学号、姓名、性别、出生日期及籍贯信息构成，课程信息由课程号、课程名、学时、开出学期及课程性质等信息构成，系部信息由系部编号及系部名称构成，专业信息由专业编号、专业名称及所在系部构成，选课信息由学生学号、课程号及成绩构成。

1) 在Access中建立学生成绩管理空数据库cjgl.mdb文件。

2) 建立该数据库的各张表，并设置各表之间的关系，为之后输入成绩信息及成绩统计与查询等管理做准备。

根据分析，建立的数据库主要由下列基本表构成：

① 系部(系部编号，系部名称)；

② 专业(专业编号，专业名称，系部编号)；

③ 学生(学号，姓名，性别，出生日期，籍贯)；

④ 课程(课程号，课程名，学时，开出学期，课程性质)；

⑤ 选课(学号，课程号，成绩)。

16.1.3　相关知识点

1. 数据库

J.Martin 给数据库下了一个比较完整的定义："数据库是存储在一起的相关数据的集合，这些数据是结构化的，无有害的或不必要的冗余，并为多种应用服务；数据的存储独立于使用它的程序；对数据库插入新数据，修改和检索原有数据均能按一种公用的和可控的方式进行"。

2. 表

数据表(或称表)是数据库最重要的组成部分之一。数据库只是一个框架，数据表才是其实质内容。根据信息的分类情况，一个数据库中可能包含若干个数据表。

3. 字段(表中的列)

表中的列称为"字段"，每个字段包含某一专题的信息。就像"学生"中表的"姓名"、"出生日期"这些都是表中所有行共有的属性，所以把这些列称为"姓名"字段和"出生日期"字段。

4. 记录(表中的行)

数据记录是指对应于数据源中一行信息的一组完整的相关信息，如"学生"表中一行数据，分别由学号、姓名、性别、出生日期、籍贯、专业编号等字段值构成，如图 16-1 所示。

学号	姓名	性别	出生日期	籍贯	专业编号
9111101	冀婷	女	1989-07-23	苏州	11
9111202	李长春	男	1990-06-30	常州	12
10111101	蔡小飞	女	1990-07-08	扬州	11
…	…	…	…	…	…

一行,记录

一列,字段

图 16-1　表、记录与字段示例

5. 字段类型

在 Access 中常见的数据类有：文本、备注、数字、日期/时间、货币、自动编号、是/否等。

字段类型决定了字段取值范围(取哪种类型的值，即值域)，如"成绩"字段可以取数值型(能进行算术运算)，而"专业编号"字段取值是字符型(不能进行算术运算)，出生日期可以取日期型，对于只有男、女两个值的"性别"字段可取"是/否"型，当然也可取字符型("男"、"女")。

6. 主键

主关键字(主键或 Primary key)用来唯一确定表中的一行记录，或者唯一确定一个实体，如"学生"表中的字段"学号"。

主键具有如下性质。

1) 主键是可以由一个或多个字段构成；

2) 唯一性，关系中的任意两个记录在主键上的值都不相同，因此能够唯一地标识表中的记录；

3) 最小性，不包含多余的字段。

7. 联系

存放在不同表当中的数据之间的内在关系，是以“关联字段”为纽带，通过表间关系体现和实现的。

A 表和 B 表之间的一对多联系是指 A 表中的一个记录能与 B 表中的许多记录匹配，但是在 B 表中的一个记录仅能与 A 表中的一个记录匹配。例如，学生表中一个学生构成一个记录，他可以选多门课程，因此对应选课表中多个记录。

如果 A 表和 B 表之间的关系是一对多联系，则称 A 表为父表，B 表为子表。在父表与子表间建立一对多联系的关联字段是父表中的主键与子表中则是外键，通常情况下，外键与主键同名。

16.2　实 现 方 法

16.2.1　创建空数据库

创建名字为“成绩管理数据库”的空数据库文件 cjgl.mdb，并将该数据库文件保存到工作文件夹“任务 16”中。

1. *启动 Access*

在 Windows XP 环境下，选择“开始”→“程序”→“Microsoft Office”→“Microsoft Office 2003”命令可以启动。

2. *新建数据库*

1) 在主菜单中选择“文件”→“新建”命令，弹出如图 16-2 所示的界面，在提示窗口中，选择“空数据库”选项，弹出如图 16-3 所示的界面。

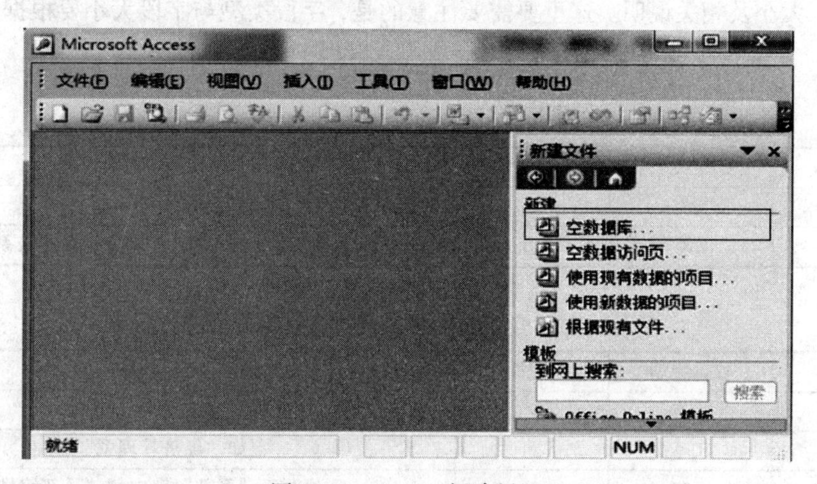

图 16-2　Access 新建界面

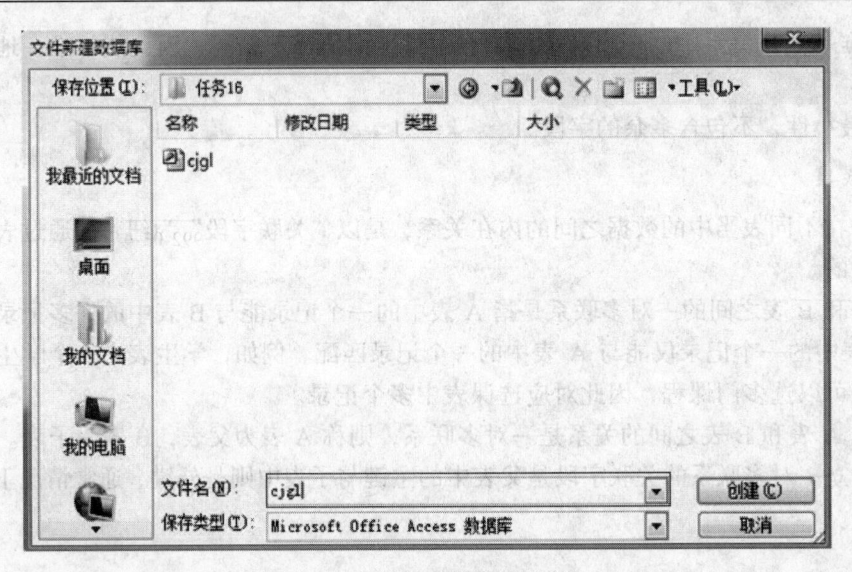

图 16-3 将新建数据库命名

2) 在“文件新建数据库”对话框左上方的“保存位置”下拉列表框中选择“任务 16”文件夹，指定在外存上存放数据库文件的位置。在“文件名”文本框中，输入数据库文件的名字“cjgl”，然后，单击窗口右下方的“创建”按钮，即可在指定的文件夹中建立一个空数据库。

提 示

刚建立的数据库的文件名为 cjgl.mdb，其扩展名为 mdb。

16.2.2 数据库中表结构设计

根据 16.1.2 节的分析，各表的结构如表 16-1~表 16-5，各表中所包含的字段及其名称、数据类型、大小及相关说明。这里要需要注意的是，字段类型与字段大小要根据实际情况来确定。

表 16-1 “系部”表的设计方案

字段名称	数据类型	字段大小	说 明
系部编号	文本	2	主键， 两位字符，如“13”
系部名称	文本	20	最多取 20 个字符，如“建筑工程技系”

表 16-2 “专业”表的设计方案

字段名称	数据类型	字段大小	说 明
专业编号	文本	2	主键， 两位字符，如“31”
专业名称	文本	20	如“经济管理系”
系部编号	文本	2	取值源于“系部”表中的“系部编号”

表 16-3 “学生”表的设计方案

字段名称	数据类型	字段大小	说 明
学号	文本	8	主键，由 8 位字符组成，如“10111012”
姓名	文本	8	由 8 位组成，最多填写 8 个字符，如 “欧阳玉静”
性别	文本	2	填写“男”、“女”信息
出生日期	日期		如 1992-03-06
籍贯	文本	20	最多填 20 字符，如“南京”
专业编号	文本	2	取值源自“专业”表中“专业编号”

表 16-4 “课程”表的设计方案表

字段名称	数据类型	字段大小	说 明
课程号	文本	8	主键，如“61101009”，“11104010”
课程名	文本	20	最多 20 个字符，如“高等数学”，“建筑 CAD”
学时	数字	整型	如 70 个学时
开出学期	文本	1	用 1、2……序号表示第几学期开，0 表示不限学期
课程性质	文本	10	分为“公共课”、“专业课程”、“选修课”

表 16-5 “选课”表的设计方案

字段名称	数据类型	字段大小	说 明
学号	文本	8	与“课程号”共同组成主键，取值源于“学生”表“学号”
课程号	文本	20	与“学号”共同组成主键，取值源于“课程”表中“课程号”
成绩	数字	小数，6，2	若成绩为优、良、中、及格与不及格等级时，则分别转换成绩 95、85、75、65 及 50，保留 2 位小数

16.2.3 使用设计器创建表

在 Access 2003 中提供了“使用设计器创建表”、“使用向导创建表”、“通过输入数据创建表”三种方法，这里以创建“学生”表(表 16-3)为例，使用“表设计器建表”功能来完成表的建立。

1. 打开新建表的设计视图

在数据库窗口的对象栏中选择“表”类型，然后在数据库窗口的创建方法和对象列表中双击“使用设计器创建表”，则可以打开新建表的设计视图，如图 16-4 所示。

2. 添加字段

1) 在设计视图的上半部分中，输入字段名称为“学号”；
2) 在对应的“数据类型”单元格中，通过下拉列表设置字段的数据类型为“本文型”；
3) 设置字段大小为“8”；
4) 再根据要求设置其他信息(这里无需设置)。

根据“学生”表的设计方案(表 16-3)，为新表添加全部字段并设置相应的数据类型、大小及其他信息。

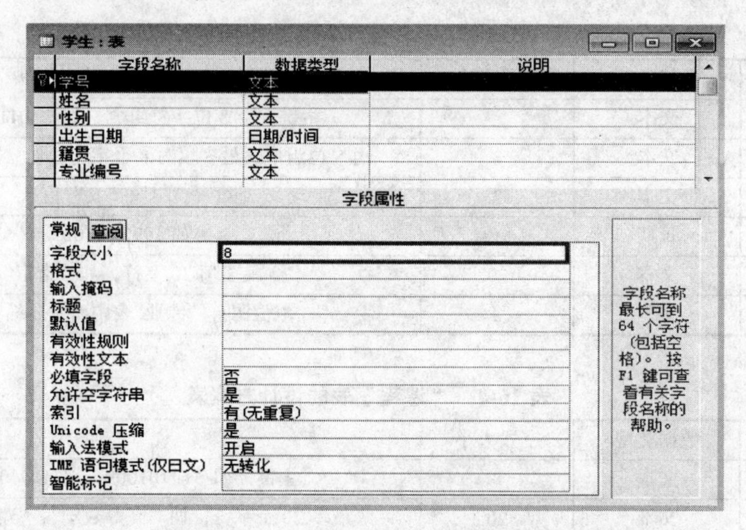

图 16-4　Access 表设计器界面

3. 设置关键字

右击“学号”字段，设置其为主键。若为多个字段设置关键字，则可按住 Ctrl 键选择多个字段并右击，设置其为主键。

4. 保存表的设计结果

单击常用工具栏中“保存”按钮，在“另存为”对话框中输入表名“学生”，单击“确定”按钮，即可保存表的设计结果，如图 16-5 所示。

图 16-5　保存表为“学生”

至此，完成了“学生”表的创建，其他四张表也可用类似的方法创建。

16.2.4　设置成绩管理数据库的表间联系

1. 成绩管理数据库(cjgl)中的表间联系

根据 16.2.2 节中的数据库表结构设计，分析数据间的关系，得到各表间存在以下联系。

1) 体现在“系部”与“专业”存在父表与子表的联系，联系的字段是“系部编码”。

2)“专业”同“学生”之间存在父表与子表的联系，联系字段是“专业代号”。

3)“学生”同“选课”之间存在父表与子表的联系，联系字段是“学号”。

4) 同样“课程”同“选课”之间存在父表与子表的联系，联系字段是“课程号”。

2. 创建成绩管理数据库(cjgl)表间联系及参照完整性规则

1) 打开“关系”窗口。打开 cjgl.mdb 数据库文件，并确保在建立表间关系之前，关闭所有打开的表，而不能在已打开的表之间创建或修改联系。在菜单栏中选择“工具”→“关系”命令，打开“关系”窗口。

2) 在“关系”窗口中添加表。在菜单栏中选择“关系”→“显示表”命令，弹出“显示表”对话框。在“显示表”对话框中，选择“表”标签，在列表中分别双击“系部”、“专业”、“学生”、“课程”及“选课”，将这五张表添加到“关系”窗口中，然后关闭“显示表”对话框，如图 16-6 所示。

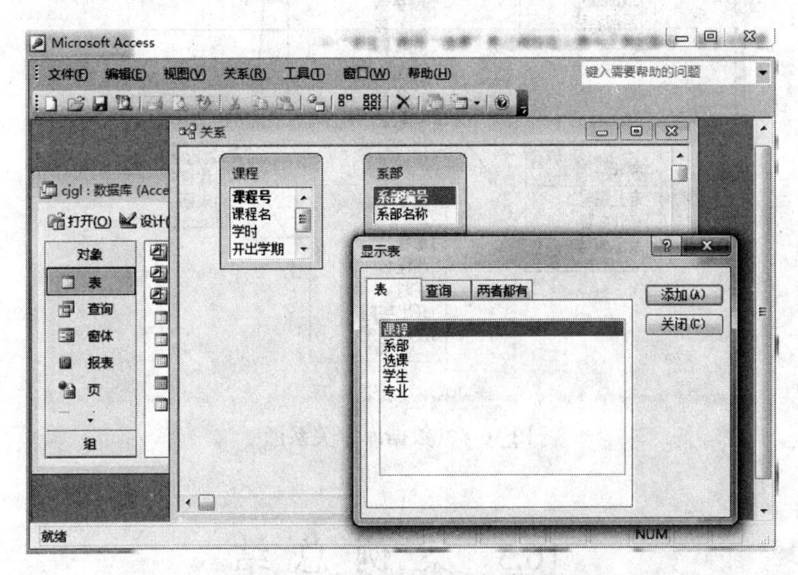

图 16-6　向关系图中添加表界面

3) 创建表间关系。用鼠标将关联字段“系部编号”从“系部”表中拖动到“专业”表中“系部编号”字段上，弹出“编辑关系”对话框，设置“实施参照完整性”选项，然后单击“确定”按钮，选中“施置参照完整性”、“级联更新相关字段”、“级联删除相关记录” 复选框(相关知识将在任务 17 介绍)，如图 16-7 所示。

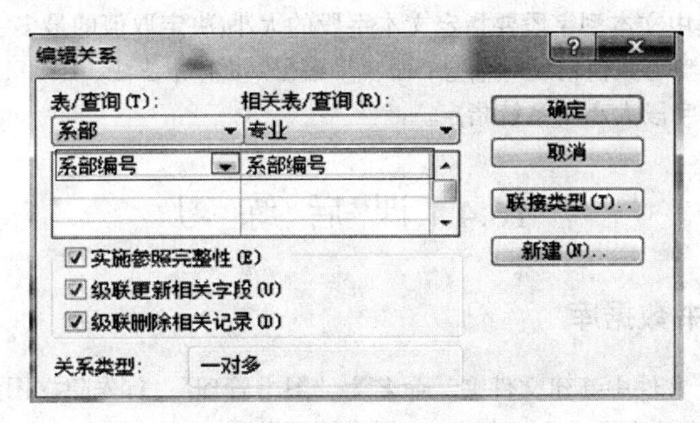

图 16-7　“编辑关系”对话框

此时，在“系部”和“专业”表之间会出现一条连线，并在连线的“系部”父表一端显示符号“1”，在连线的“专业”子表一端显示符号“∞”，即表示在“系部”和“专业”表之间创建了一对多联系。

按照上述方法，建立数据库(cjgl)中的其他表间联系。完整的关系图如图 16-8 所示。关闭“关系”窗口并确认保存关系布局图。

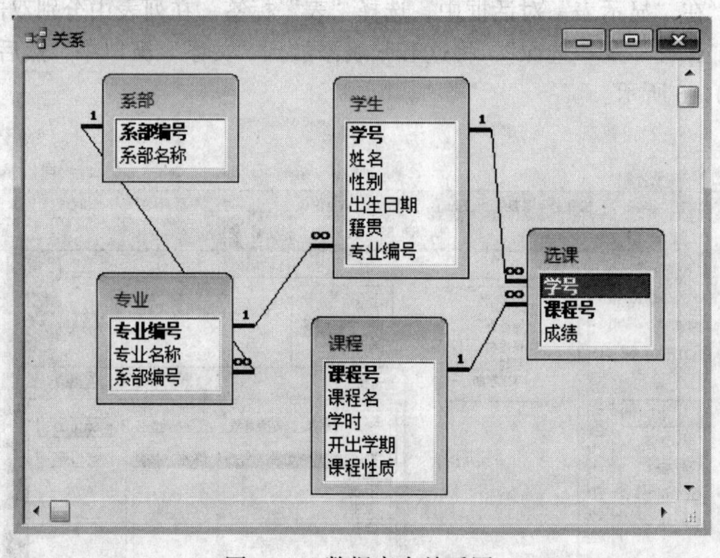

图 16-8　数据库中关系图

16.3　案 例 总 结

本任务主要介绍了创建数据库与表的方法，并根据表之间的联系，从父表与子表的角度考虑，通过两者关联的字段来设置联系，并设置“实施参照完整性”、“级联更新相关字段”及“级联删除相关记录”。

在创建表时，根据管理的需要，设计表的结构时需确定字段名称、字段类型与字段大小，并设置关键字。在 Access 中数据类型主要有：文本、备注、数字、日期/时间、货币、自动编号、是/否等，其中文本型字段要指定文本字段的大小(决定取值的最多字符数)，数字型字段需指明其数值类型与数值精度等信息，而自动编号、货币、备注、日期/时间等类型的字段，无需用户指定，其字段大小由系统指定。

16.4　课 后 练 习

16.4.1　建立图书数据库

在“任务 16”文件中新建文件夹，命名为“图书管理”，首先建立图书管理数据库，以 tsgl.mdb 来命名，存放在文件夹“任务 16\图书管理”中。

16.4.2 根据表结构设计方案创建表

根据表 16-6~表 16-8 的设计方案，在数据库(tsgl.mdb)中建立三张表，并根据这三张表之间的联系，为父表与子表设置关系。

表 16-6 “读者”表的设计方案

字段名称	数据类型	字段大小	说　明
读者编号	文本	8	主键，由 8 位组成，如“10111012”
读者姓名	文本	8	由 8 位组成，最多填写四个字符　“欧阳玉静”
性别	文本	2	填写 2 个汉字，如“男”、“女”
出生日期	日期		如 1992-03-06

表 16-7 “图书”表的设计方案

字段名称	数据类型	字段大小	说　明
图书编号	文本	15	主键，由 8 位组成，如“10111012119”
图书名称	文本	50	如“大学计算机信息技术教程”
作者	文本	20	可能由多个作者构成，如“张福炎 孙志挥”
出版社	文本	40	高等教育出版社
定价	货币		如 88

表 16-8 “借阅”表的设计方案

字段名称	数据类型	字段大小	说　明
图书编号	文本	15	与“读者编号”共同组成主键，信息源自“图书”表中“图书编号”字段
读者编号	文本	8	与“图书编号”共同组成主键，信息源自“读者”表中“读者编号”字段
借阅时间	日期/时间		如 2012/6/10 16:40:23
归还时间	日期/时间		如 2012/7/10 09:40:23

任务 17　对成绩管理数据库的表中数据进行增、删、改操作

在成绩管理中，日常工作需要大量的数据操作，如新生入学时，要进行新生信息的输入(插入操作)，毕业生毕业后可能要将毕业生信息进行清除(删除操作)，输入信息有误或者有些信息必须更改时需要对数据进修改(修改操作)，这些操作概括起来就是对数据库中的数据进行更新操作。

数据库建立后，对数据库中的数据进行增、删、改操作主要有三种方式：第一种是通Access 的“数据表视图”完成表中的数据的输入、修改与删除；第二种是应用数据库操作SQL 语句(Insert、Delete、Update 语句)完成数据插入、修改和删除；第三种是利用 Access自动生成窗体来完成数据的插入、修改和删除。

本任务主要以学生成绩管理数据库为例，通过 Access 的“数据表视图”自动生成窗体技术，进行表中数据的增、删、改操作。

17.1　案 例 分 析

17.1.1　提出任务

赵老师根据管理中需要的数据及各系部任课教师提交的成绩信息，进行适当处理形成了表 17-1~表 17-5 所示的数据(限于篇幅，选出部分供参考)，要求助理小陈输入，并仔细核对，发现错误及时修改，并根据需要删除无用的记录。

小陈将全部信息输入后，发现“中文秘书”专业是停招专业，要将其删除，计算机网络专业学号为“11044307”的同学刘亚飞转至电子信息工程技术专业，需修改其学号为“11044145”，并将其专业编号改成“41”等。

表 17-1　“系部”信息

系部编号	系部名称
01	建筑工程系
02	纺织工程系
03	机电工程系
04	电子信息工程系
05	经济管理系
06	动力工程系
07	基础部

表 17-2　“专业”信息

专业编号	专业名称	系部编号
11	建筑工程技术	01
12	建筑装饰工程技术	01
21	纺织工程技术	02
22	纺织品检验技术	02
31	机电工程技术	03
41	电子信息工程技术	04
43	计算机网络技术	04
52	中文秘书	05

表 17-3　“学生”信息

学号	姓名	性别	出生日期	籍贯	专业编号
09111101	冀　婷	女	1989-07-23	苏州	11
09111202	李常春	男	1990-06-30	常州	12
10111101	蔡小飞	女	1990-07-08	扬州	11
10111102	许皓浩	男	1991-03-04	连云港	11
10022202	王修国	男	1991-06-07	苏州	22
10044101	孙海军	男	1991-08-06	徐州	41
11033106	赵晶晶	女	1992-08-05	扬州	31
11022101	潘玉建	男	1993-07-06	徐州	21
11022202	沙婷玉	女	1993-06-04	南通	22
11044307	刘亚飞	男	1992-12-25	徐州	43

表 17-4　“课程”信息

课程号	课程名	学时	开出学期	课程性质
62101109	实用英语 1	70	1	公共课
63104009	军事理论	24	2	公共课
61101009	高等数学	80	1	公共课
11213009	工程建设监理概论	30	4	专业课
11214009	工程招投标与合同管理	40	4	专业课
83102010	计算机网络与 Internet 应用	50	2	专业课
83107010	Web 图像处理	60	3	专业课
99010101	大学语文	30	0	选修课

表 17-5　“选课”信息

学号	课程号	成绩	学号	课程号	成绩
09111101	62101109	85	10111102	62101109	95
09111202	62101109	90	11022101	62101109	75
10022202	11213009	66	11022202	61101009	45
10044101	11214009	75	11022202	99010101	89
10111101	61101009	48	11033106	62101109	78
10111101	62101109	88	11033106	99010101	67
09111101	62101109	85	11044307	61101009	88

17.1.2　解决方案

1. 数据插入顺序

插入数据时，应先检查表间是否设置了“实施参照完整性”，根据 16.2.4 节中描述的表间联系，在向表中插入记录时，应首先在“系部”表中插入，其次向“专业”表中插入，再次分别向“学生”、“课程”表中插入(一般情况下，课程信息的输入要在成绩信息输入前完成)，最后才是在“选课”表中输入记录。

2. 删除与修改记录

删除与修改记录时，应先检查“关系图编辑”，看是否设置了“实施参照完整性”与设置“级联更新相关字段”、“级联删除相关记录”，以免造成数据库中的数据不一致。

17.1.3 相关知识

在关系数据库中，“实施参照完整性”是关系数据库管理系统在数据控制功能方面的一项重要内容。“实施参照完整性”是一个规则系统，使用这个规则系统可以确保父表和子表之间记录对应关系的有效性，不会意外地删除或更改相关数据。如果一对多的表间关系符合下列 3 个条件，用户即可设置参照完整性。

✧ 关联字段在父表中是主键；
✧ 在父表和子表中，关联字段有相同的数据类型；
✧ 父表和子表都属于同一个数据库。

1. 实施参照完整性

实施参照完整性将遵守下列 3 条规则。

规则 1：不能在子表的关联字段中输入不存在于父表的主键中的值。

规则 2：如果在子表中存在匹配的记录，则不能从父表中删除相应记录。

规则 3：如果在子表中存在匹配的记录，则不能在主表中更改相应记录的主键值。

如果已经在父表和子表之间创建了一对多关系，并在关系图编辑中只实施了参照完整性，但在父表和子表中的数据更改操作破坏了上述 3 条规则中的某条规则，将提示相应的消息，并且不允许这个数据更新操作。

2. 实施参照完整性，设置级联更新相关字段

在关系图编辑中，当实施参照完整性时，再设置“级联更新相关字段”，修改父表中主键值时，则子表中关联的字段(外建)上的值会随父表主键值更改而更改。

3. 实施参照完整性，设置级联删除相关记录

在关系图编辑中，当实施参照完整性时，再设置“级联删除相关记录”，删除父表中的记录时，则子表中关联的记录会随父表的删除而删除。

17.2 实 现 方 法

17.2.1 利用数据表视图完成数据增、删、改操作

这里以向“学生”表插入记录操作为例，阐述记录增、删、改的方法，当然在这之前应选输入“系部”表及“专业”表的信息。其他表的操作可用类似方法完成。

1. 在数据表视图中直接完成插入、修改

选择“文件”→“打开”命令，双击文件夹“任务 17”中的 cjgl.mdb 文件，打开数据库 cjgl，双击“学生”选项，打开“学生”表，进入如图 17-1 所示的“数据库表视图”，可

以直接向表中输入数据记录，也可对指定的记录进行修改。

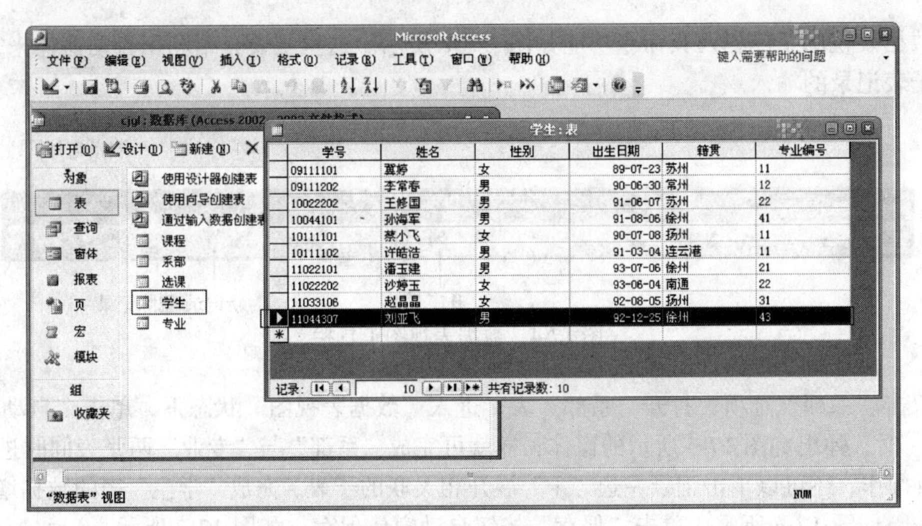

图 17-1　“学生”表视图

2. 利用快捷菜单，完成记录的插入与删除

将鼠标指针移至某条记录的最左边选定栏，出现➡标识时单击，可选中某条记录，单击右键，在弹出如图 17-2 所示的快捷菜单中选择“新记录”命令，可插入新的空记录，然后输入记录内容；选择“删除记录”命令，可删除该记录。

3. 利用菜单命令，完成记录的插入与删除

在打开“学生”表后，进入“数据库表视图”时，选择某条记录，在菜单栏中选择“编辑”→“删除记录”命令，完成记录删除；选择“编辑”→“追加新记录”命令，插入新记录，如图 17-3 所示。

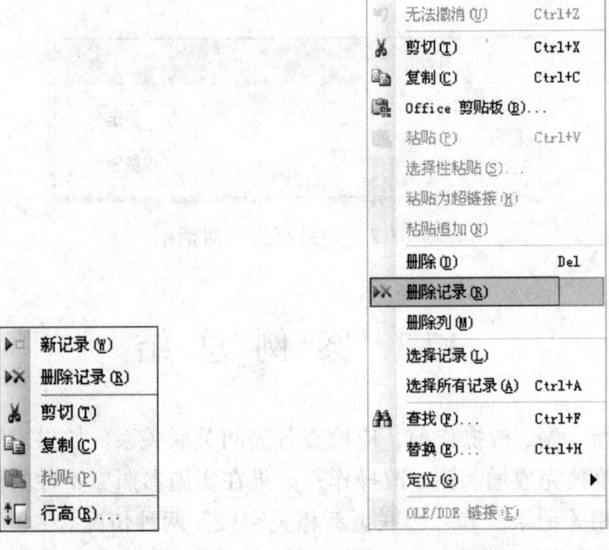

图 17-2　快捷菜单　　图 17-3　“编辑”菜单命令

17.2.2 利用自动窗体完成数据的增、删、改操作

数据表视图工具栏及其命令功能如图 17-4 所示。这里主要介绍利用自动窗体来完成父表与子表记录的输入。

图 17-4 数据表视图工具栏

双击“系部”选项，打开“系部”表，进入“数据表视图”状态下，单击“自动窗体”按钮时，弹出如图 17-5 所示的窗体，样就可完成“系部”与“专业”两张表同时进行增、删、改操作，还可以单击记录左边“+”展开相关联的子表，完成“学生”表的数据增、删、改操作，如图 17-6 所示。单击“保存”按钮自动窗体保存，如图 17-7 所示。

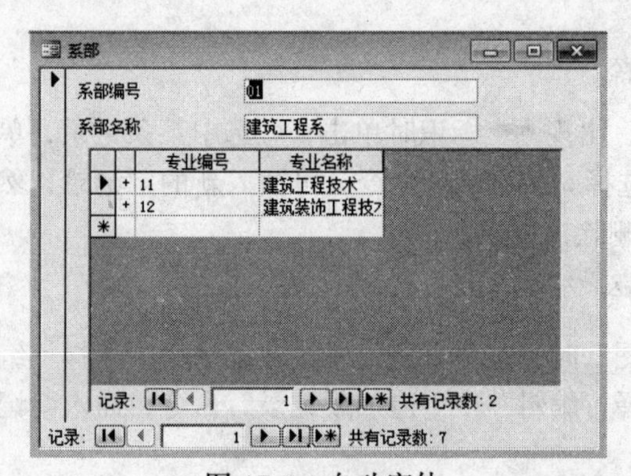

图 17-5 自动窗体

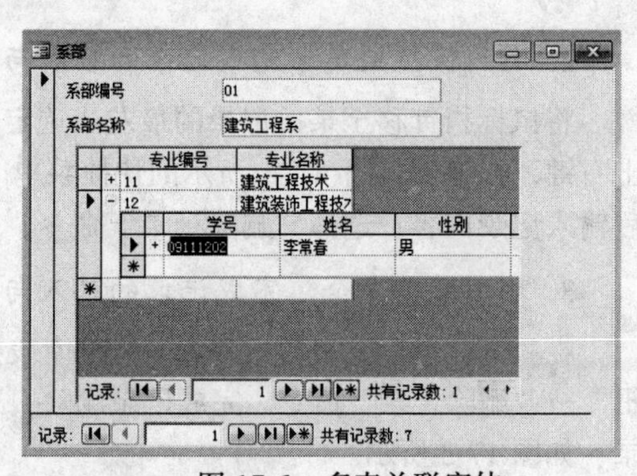

图 17-6 多表关联窗体

图 17-7 “另存为”对话框

17.3 案 例 总 结

在进行数据的增、删、改操作前，应检查各表间关联关系。如果表间没有实施参照完整性，则各表间均可单独完成增、删、改操作；如果在实施参照完整性的情况下，还应考虑是否设置“级联删除相关记录”和“级联更新相关字段”两种情况。

在 Access 中，在表中进行记录的增加、修改与删除操作，可以在“数据表视图”中直

接进行；在设置“一对多联系”的情况下，可利用自动窗体技术，灵活地对相关联的表进行级联操作(修改、删除)。

17.4 课后练习

17.4.1 在图书管理数据库的数据表视图中完成数据的增、删、改操作

1) 打开“任务 17”文件夹中的 tsgl.mdb 数据库文件，双击“系部”选项，进入“数据表视图”，直接插入记录，院系代码为“011”，院系名称为“匡亚明学院”。

2) 在菜单栏中选择“工具”→“关系”命令，依次添加表“系部”、“学生”、“图书”、“借阅”，创建如图 17-8 所示的关系图。同时实“实施参照完整性”约束，并设置“级联删除相关记录”和“级联更新相关字段”，并保存关系图。

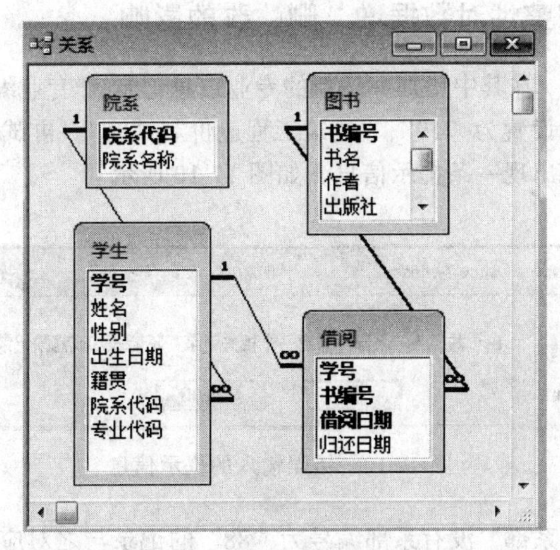

图 17-8　tsgl 数据库表间关系图

3) 在“院系”表修改院系代码“009”为“999”，观察“学生”表中的变化，是否级联更新相关院系代码。

4) 在院系表中，删除代码为“004”的院系，在观察“学生”表及“借阅”表中记录的变化，是否将关联的记录一同删除。

5) 打开“院系”表，进入“数据表视图”界面，选择工具栏中的“自动窗体”按键生成自动窗体，完成“院系”与“学生”表的增、删、改操作。同时还可以单击“+”按钮展开，完成“借阅”表的数据增、删、改操作，如图 17-9 所示。试将生成的自动窗体保存为“院系”窗体。

6) 打开成绩管理数据库 cjgl.mdb，读者可以通过下面的操作，在设置“实施参照完整性”，而没有设置“级联删除相关记录”和“级联更新相关字段”情况下，对表中数据的操作可能会引起数据的不一致性问题。

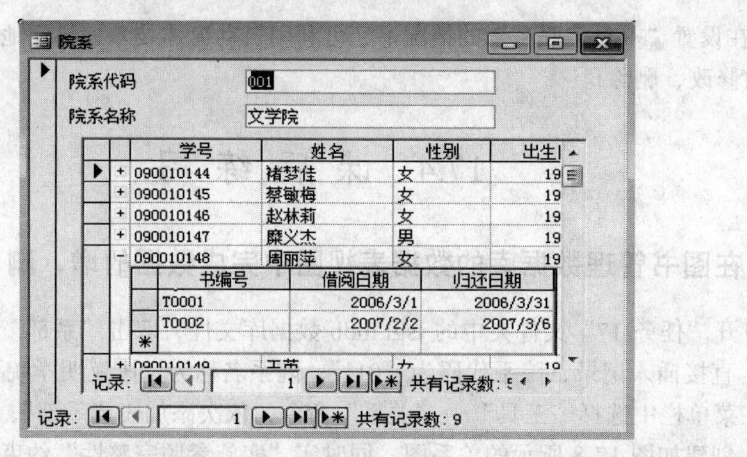

图 17-9 "院系"窗体

17.4.2 实施参照完整性对数据增、删、改的影响

1) 打开"专业"表，在其中增加一条新的专业信息记录："专业编号"、"专业名称"、"系部编号"字段的值分别设置为"19"、"建筑工程造价"、"88"。再试图关闭"专业"表并保存新增专业信息时，将出现一条提示信息，如图 17-10 所示。

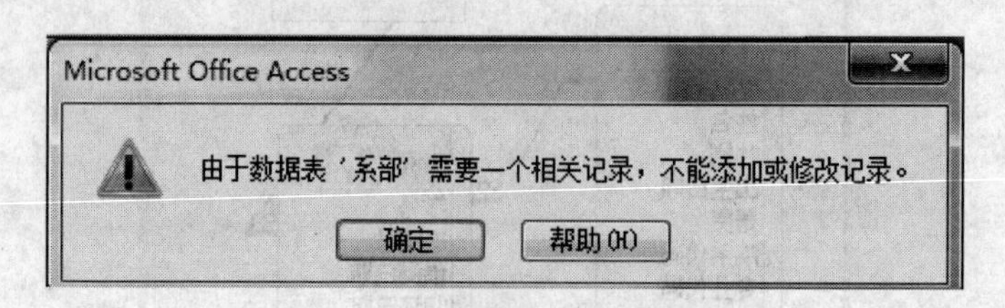

图 17-10 错误输入的提示信息

这是由于在父表"系部"没有系部编号为"88"的记录与之对应，这就要求"系部"表有相关记录，才能保证数据的一致性。

2) 在父表中删除记录。打开"系部"表，试图删除其中的某条记录，则将显示一条提示信息。记录该提示信息，并对其进行解释。

3) 在父表中修改记录。打开"学生"表，将某条记录"学号"字段的值更改为"99999999"，再试图关闭"学生"表并保存数据更改结果时，将显示一条提示信息。记录该提示信息，并对其进行解释。

任务 18　在成绩管理数据库中进行统计与查询

在数据库管理系统中，查询是最常用的操作，并通过查询完成各式各样的统计分析，为信息系统管理提供信息服务。成绩管理数据库建立后，随着时间的推移，不断地对数据库进行增、删、改操作，因此在数据库中存放了大量关于学生、课程及学生学习情况的数据，就日常管理而言，需要从数据库中获得有用的辅助决策信息。

本任务以成绩管理数据(cjgl.mdb)中存储的数据为例，在 Access 中完成数据的查询与统计，重点掌握利用“查询设计器”创建查询的技能。

18.1 案 例 分 析

18.1.1 提出任务

赵老师在日常成绩管理中遇到各种任务，便于内容的讲解，下面列出一些常见的任务及问题，当然在实际应用远不止这些。

1) 如何浏览学生信息；

2) 有些学生经常问赵老师，了解他们各科成绩的情况；

3) 在排课时，每个学期都要统计哪些课程被选修，各自选修的人数有多少；

4) 学生毕业时，要知道哪些同学有不及格的情况，修读的课程总学分(由学时数/10 来转换成学分)是否达到要求；

5) 招生时，分析上几届学生的生源地情况，统计各专业的学生都来自哪些地方。

18.1.2 解决方案

分析 18.1.1 节中提任务要求，成绩管理中用到的数据查询与统计主要涉及以下几种情形：

1) 基于单个表的查询，根据给定的条件与要求，输出查询的内容；

2) 基于多个表的查询，根据给定的条件与要求，输出查询的内容；

3) 用到统计方法，如求和、平均值、求最小值、求最大值、计数及给定的计算表达式等。

针对每种情况，设计相应的解决方案，求解问题。在给定一个查询任务时，首先分析查询内容来自哪个表，再分析查询中明示或隐含的查询条件。对基于多个表的查询，必须找到多个表中关联字段，进行联系设置。不管哪种查询，在 Access 中都可以通过系统提供的查询向导及查询设计器功能来实现，也可以直接编写 SQL 命令(Select)完成查询任务。

18.1.3 相关知识

在数据库中，数据分别存储在不同的表中，因此表具有一定的独立性，同时，数据库又是具有逻辑关系的数据集合，不同表中的数据又是相互联系的。

在关系数据库中，查询的作用是从一个或多个数据表/查询中提取面向业务分析的信息。因此，查询实现了 DBMS 的数据查询功能。

1. 选择运算

选择运算是在数据库表与查询中选择满足一定条件的记录(行)组成新的集合，如在“学生”表中找出所有男生的记录。

2. 投影运算

投影运算是在表中选取若干字段(列)组成的新集合，如在“课程”表找出 “课程编号”与“课程名”两列信息。

3. 自然联接运算

通常在两张以上的表中进行查询，先找出两表间相同字段，进行等值连接运算，将不同表中的相关记录有机地组合在一起。如从“学生”表、“课程”表与“选课”表中找到关于学生修读的信息：学号、姓名、课程号、课程名及成绩，不难看出，“学生”表与“选课”表有相同的字段“学号”，“课程”表与“选课”表有相同的字段“课程号”，通过自然联接运算就可以将这三张表信息组合在一起。

18.2 实现方法

打开“任务 18” 文件夹中的“cjgl.mdb”数据库文件，完成下面的查询任务。

18.2.1 用“向导创建查询”完成简单查询任务

【例 18-1】 在“学生”表中查询学生的学号、姓名、性别及出生日期信息，保存查询名为“学生信息查询”。

1) 打开“任务 18”文件夹中的“cjgl.mdb”数据库文件，选择数据库对象中“查询”命令，弹出如图 18-1 所示的界面。

2) 双击右边的“使用向导查询创建查询”按钮，弹出如图 18-2 所示的界面，从“表/查询”的下拉列表框中选择“学生”表，则下方出现“学生”表中可选的全部字段，单击“>”按钮，一次选定一个字段；单击“>>”按钮一次选定全部字段；对于多选的字段，可单击“<”按钮，放回备选字段栏中。

3) 单击“下一步”按钮，弹出如图 18-3 所示的界面，输入为查询指定标题为“学生信息查询”。

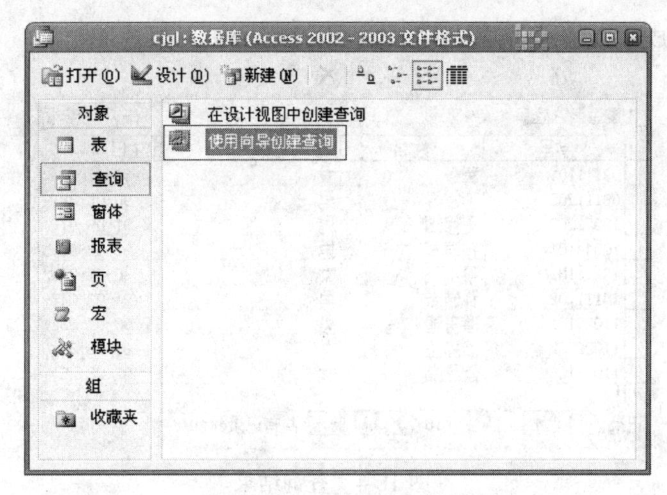

图 18-1　“查询对象”界面

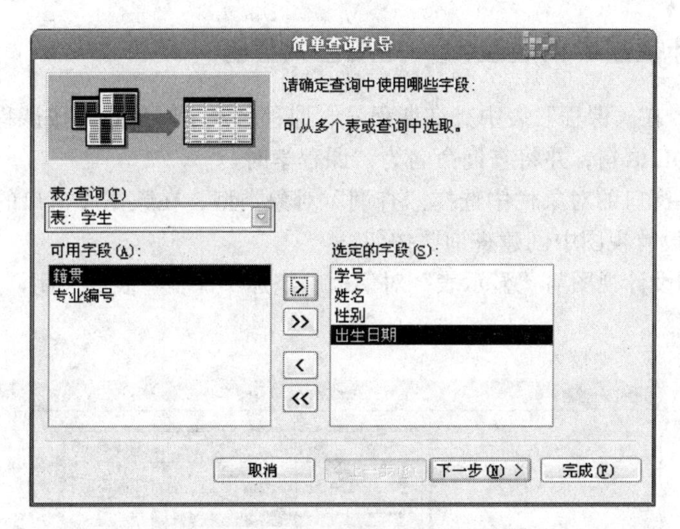

图 18-2　“简单查询向导”界面

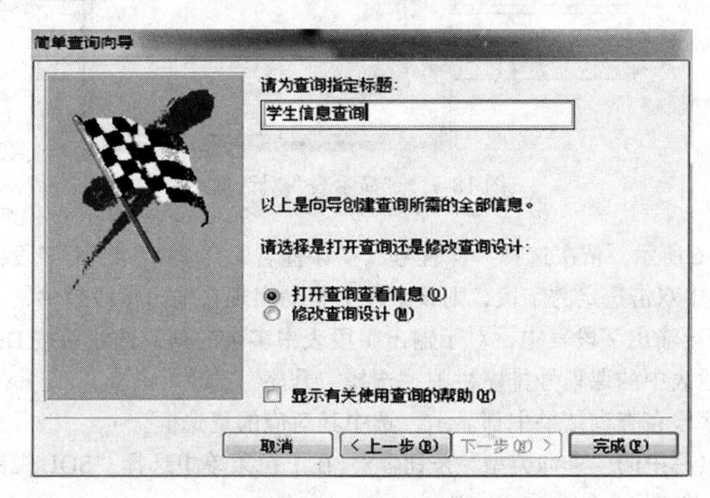

图 18-3　简单查询向导指定标题界面

4) 单击“完成”按钮，则弹出如图 18-4 所示的查询结果。

学生信息查询：选择查询

学号	姓名	性别	出生日期
09111101	冀婷	女	89-07-23
09111202	李常春	男	90-06-30
10022202	王修国	男	91-06-07
10044101	孙海军	男	91-08-06
10111101	蔡小飞	女	90-07-08
10111102	许皓浩	男	91-03-04
11022101	潘玉建	男	93-07-06
11022202	沙婷玉	女	93-06-04
11033106	赵晶晶	女	92-08-05

记录：10　共有记录数：10

图 18-4　查询结果

18.2.2　在设计视图中创建查询，完成查询任务

【例 18-2】　在“课程”表中查询课程号、课程名及学时信息，按课程号升序排列查询结果，并查看 SQL 语句，并将查询命名为“课程学时”。

1) 在数据库窗口的对象栏中选择“查询”对象类型，在数据库窗口的创建方法和对象列表中双击“在设计视图中创建查询”按钮。

2) 打开查询设计视图与“显示表”对话框，添加“课程”表，关闭“显示表”对话框，如图 18-5 所示。

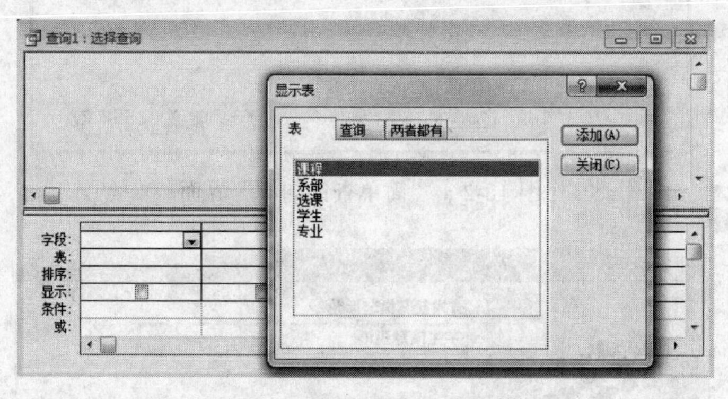

图 18-5　“显示表”对话框

3) 如图 18-6 所示，依次选择“课程号”、“课程名”、“学时”三个字段，选定方法是在“课程”表字段中双击选定的字段，则该字段会自动出现在输出字段表中，也可在表中选中某个字段直接拖至输出字段表中，对于输出字段表中多余的列，选定后按 Delete 键可删除。

4) 设置字段表中的课程号排序栏中，选择“升序”选项。

5) 让三个字段在查询结果中都显示，选中其对应的复选框。

6) 单击工具栏中的“查询类型”按钮，在下拉菜单中选择“SQL 视图”选项，可以查看 SQL 语句，如图 18-7 所示。

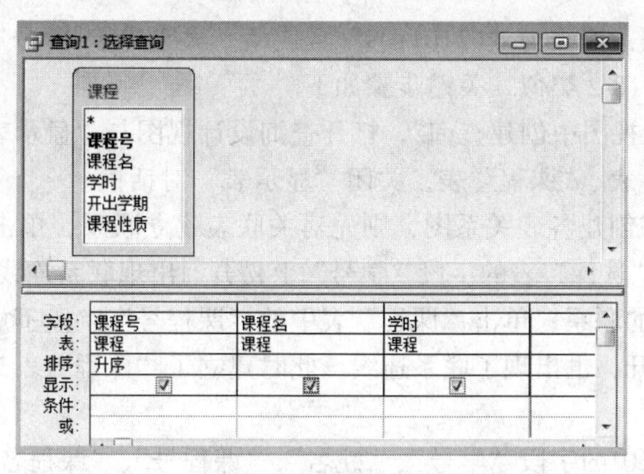

图 18-6　查询设计器的设计视图

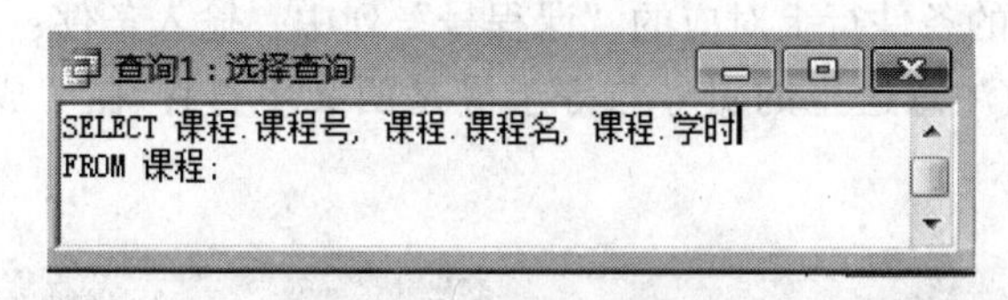

图 18-7　SQL 视图

7) 单击工具栏中的“运行”按钮，或单击工具栏中的“查询类型”按钮，在下拉菜单中选择“数据表示图”，弹出如图 18-8 所示的查询结果。

查询1：选择查询

课程号	课程名	学时
11213009	工程建设监理概论	30
11214009	工程招投标与合同	40
61101009	高等数学	80
62101109	实用英语1	70
63104009	军事理论	24
83102010	计算机网络与Int	50
83107010	Web图像处理	60
99010101	大学语文	30
*		0

记录: 1 共有记录数: 8

图 18-8　运行查询结果

8) 单击常用工具栏中的“保存”按钮，弹出“另存为”对话框，在“查询名称”文本框中输入查询名称“课程学时”，保存查询。

18.2.3　在设计视图中创建查询，完成基于多表的复杂查询任务

【例 18-3】　在“学生”、“课程”及“选课”三张表中，查询修读课程号为“62101109”且成绩大于等于 90 分的学生信息，要求输出学号、姓名、课程号、课程名、成绩，并按学号升序排列，将查询命名为“英语成绩优秀”。

任务分析如下：

1) 此任务涉及三张表，如果数据库中没有建立三张表的联系，则应首先要建立联系；

2) 查询的条件是：课程为“62101109”且成绩“大于等于 90 分”。

实现的步骤同例 18-2 类似，关键步骤如下。

1) 双击“在设计视图中创建查询”，打开查询设计视图与“显示表”对话框，依次添加“学生”表、“选课”表、“课程”表，关闭“显示表”对话框。

2) 若数据库没有创建各表关系图，则先对关联表建立联系，单击“学生”表中的“学号”字段不放，拖至“选课”表的字段“学号”上松开，出现联系连线，此时建立了“学生”表与“选课”表之间的联系；单击“课程”表中的“课程号”字段不放，拖至“选课”表的字段“课程号”上松开，也出现了联系连线，此时建立了“课程”表与“选课”表之间的联系。

3) 分别双击各表中的字段“学号”、“姓名”、“课程号”、“课程名”、“成绩”，放回到输出字段表中。

4) 在输出字段表的条件行上对应的“课程号”列中，输入条件：=“62101109”，或直接输入“62101109”(注意这里的引号与等于号是西文字符)；在“成绩”列上输入条件：>=90，如图 18-9 所示。

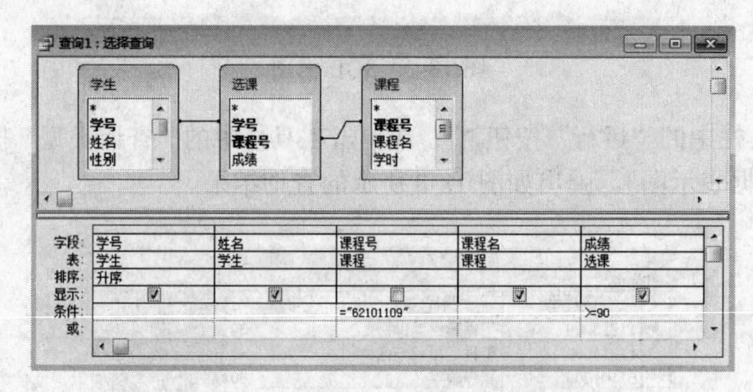

图 18-9　查询设计器的设计视图

5) 运行查询结果，如图 18-10 所示。

查询1 : 选择查询

学号	姓名	课程号	课程名	成绩
09111202	李常春	62101109	实用英语1	90
10111102	许皓浩	62101109	实用英语1	95

记录: 1 共有记录数: 2

图 18-10　查询结果

6) 单击常用工具栏中的“保存”按钮，保存查询名称为“英语成绩优秀”。

18.2.4　在设计视图中创建查询，完成统计分析任务

【例 18-4】　在“系部”、“专业”及“学生”三张表中，统计各系部各专业的人数，要求输出系部编码、系部名称、专业编码、专业名称及学生数。

任务分析如下。

1) 此任务涉及三张表，如果数据库中没有建立三张表的联系，则首先要建立联系。

2) 分组的依据是：第一次分组为“系部编码”、“系部名称”，第二次分组为“专业编码”、“专业名称”，而统计人数需对“学号”进行计数(有一个学号算一位)。

实现的步骤同例 18-3 类似，关键步骤如下。

1) 双击“在设计视图中创建查询”，打开查询设计视图与“显示表”对话框，依次添加“系部”表、“专业”表、“学生”表，关闭“显示表”对话框。

2) 如果数据库没有创建各表关系图，则先对相关表建立联系，通过“系部编码”字段在“系部”表与“专业”表之间的建立联系，通过“专业编码”字段在“学生”表与“专业”表之间的建立联系。

3) 分别双击各表中的字段“系部编码”、“系部名称”、“专业编码”、“专业名称”及“学号”，放到输出字段表中，如图 18-11 所示。

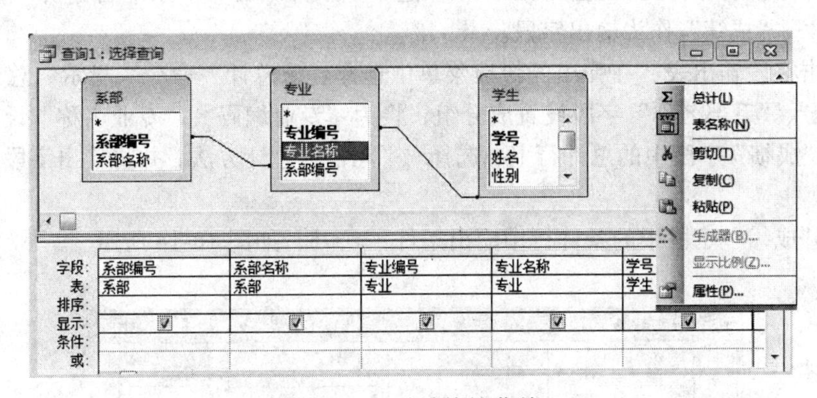

图 18-11　总计快捷菜单

4) 右击字段输出表，在弹出的快捷菜单中选择“∑总计”命令，显示“总计”行，将“系部编码”、“系部名称”字段设置成分组，再将为“专业编码”、“专业名称”也设置成分组，将字段“学号”设置成计数；在“学号”字段前输入“学生数:”(目的是换名显示成“学生数”)，如图 18-12 所示。运行结果，如图 18-13 所示。

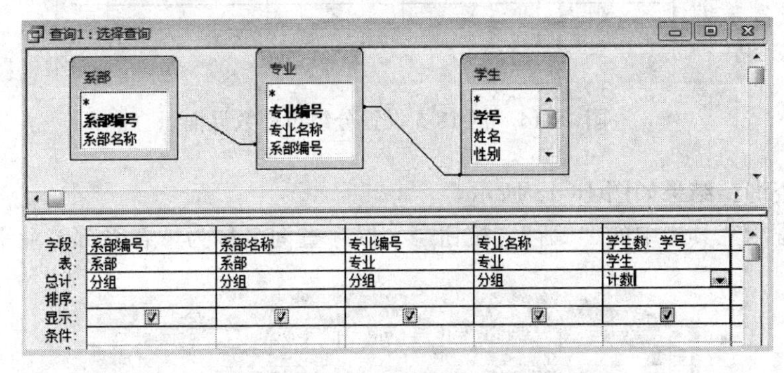

图 18-12　例 18-14 设置分组与计数界面

【例 18-5】　在“系部”、“专业”、“学生”、“选课”四张表中，统计各系部、各专业学生的平均成绩都在 75 分以上(包含 75 分)的系部与专业，要求输出系部编码、系部名称、专

查询1：选择查询

系部编号	系部名称	专业编号	专业名称	学生数
01	建筑工程系	11	建筑工程技术	3
01	建筑工程系	12	建筑装饰工程技7	1
02	纺织工程系	21	纺织工程技术	1
02	纺织工程系	22	纺织品检验技术	2
03	机电工程系	31	机电工程技术	1
04	电子信息工程系	41	电子信息工程技7	1
04	电子信息工程系	43	计算网络技术	1

记录：1　共有记录数：7

图 18-13　例 18-14 运行结果

业编码、专业名称及平均成绩，并保存查询为“各系部专业平均成绩”。

方法同例 18-4 类似，主要操作步骤如下。

1) 选择四张表，首先要建立联系，依次选中“系部编码”、“系部名称”、“专业编码”、“专业名称”、“成绩”作为输出字段。

2) 右击字段输出表，在弹出的快捷菜单中选择“Σ总计”命令，显示“总计”行，将“系部编码”、“系部名称”字段设置成分组，将为“专业编码”、“专业名称”设置成分组。

3) 在“成绩”字段中的总计行上，选择“平均值”总计方法，并将输出字段换名为“平均成绩”。

4) 在“成绩”字段中的条件行中输出条件：>=75，如图 18-14 所示。

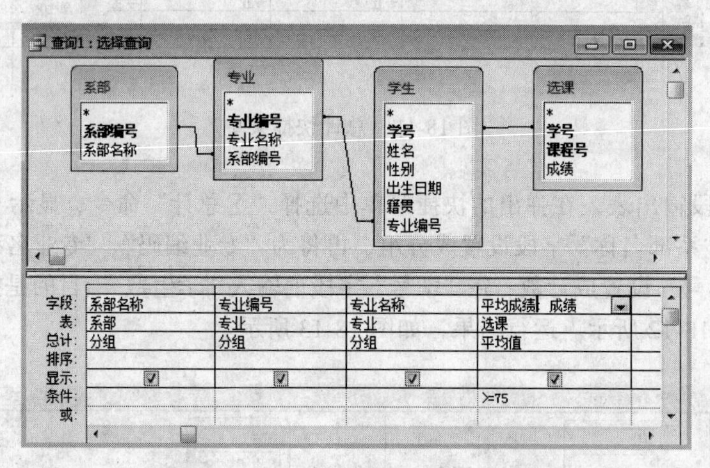

图 18-14　例 18-5 设置分组与计数界面

5) 运行查询，结果如图 18-15 所示。

6) 单击常用工具栏中的“保存”按钮，保存查询名称为“各系部专业平均成绩”。

查询1：选择查询

系部编号	系部名称	专业编号	专业名称	平均成绩
01	建筑工程系	11	建筑工程技术	79
01	建筑工程系	12	建筑装饰工程技7	90
02	纺织工程系	21	纺织工程技术	75
04	电子信息工程系	41	电子信息工程技7	75

记录：1　共有记录数：4

图 18-15　例 18-5 运行结果

18.3 案例总结

在 Access 中进行数据查询，通过查询向导可以完成简单的查询任务；在设计视图中创建查询，可以完成复杂的数据查询，同时还可以完成分组统计，操作方法简单，且容易实现。

1. 查询的总计方法

查询可以从单个表或多个表中获得原始数据，并可对其进行汇总统计，在进行汇总统计时须进行分组，通常使用以下常用的总计方法，如表 18-1 所示。

表 18-1　常用的总计方法

总计方法	说明	总计方法	说明
分组	分组依据	计数	对记录计数
总计	对指定字段求和	标准差	对指定字段求最均方差
平均值	对指定字段求平均值	方差	对指定字段求方差
最大值	对指定字段求最小值	表达式	计算表达式
最小值	对指定字段求最大值	条件	筛选条件

2. 查询与 SQL 语句

实际上，查询设计器是一个交互式的辅助生成 SQL 语句的工具。对于比较简单的查询，利用查询设计器创建既方便又快捷。但对于比较复杂的查询，只能在 SQL 视图中直接输入语句执行。

SQL 的核心是查询功能，SQL 的查询命令也称为 SELECT 命令，常用语法格式如下：

SELECT [All | Distinct] [Top <表达式>]... From ［数据库名！<表名> ［[Inner | Left [Outer] | Right [Outer]］ Join ［数据库名！］<表名> ON <联接条件>］
Where ...
[Group By...]
[Having ...]
[Order by ...]

查询语句中，字段名外的方括号，根据需要可省略。不同的 DBMS 中 SQL 语法格式略有差别。

18.4 课后练习

打开“任务 18”文件夹中的 tsgl.mdb 数据库文件，完成下列查询任务。

1) 利用查询向导，在“图书”表中查询图书信息，要求输出书号、书名、作者及出版社，保存查询名称为 QR1。

2) 在设计视图中创建查询，在“图书”、“学生”及“借阅”三张表中查询同学借阅图书情况，要求输出学号、姓名、书号、书名及借阅日期，保存查询名称为 QR2。

3) 查询李姓同学借阅过的图书信息，要求输出学号、姓名、书号、书名，并保存查询名为 QR3。

图 18-16 所示为设置查询条件，在姓名中用函数 mid(姓名,1,1)来取姓名的第一个字，代表姓氏，在条件中输入“李”。

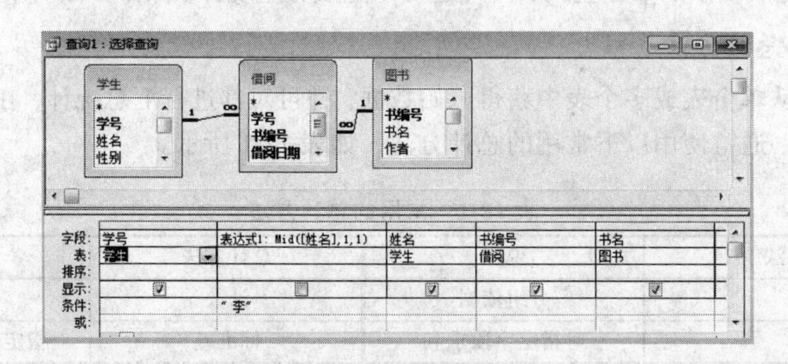

图 18-16　设置借阅图书的查询条件

4) 查询各院系各位学生借阅图书册数信息，要求输出院系代码、院系名称、学号、姓名、借阅册数，按学号升序排列，并保存查询名为 QR4。

5) 查询物科院、生科院、化科院三个院系的学生借阅图书超过 30 天未还的信息，要求输出：院系名称、学号、姓名、书号、书名、借阅天数，并保存查询名为 QR5。

借阅天数可用表达式(归还日期-借阅日期)来表示。

6) 统计各院系男生借阅过图书册数，要求输出院系代码、院系名称、册数，并保存查询名为 QR6。

7) 查询各院系学生的平均年龄，要求输出院系代码，院系名称、平均年龄，并保存查询名为 QR7。

年龄用表达式 year(date())-year(出生日期)来计算。

8) 查询馆藏各出版社图书中平均价格，要求输出版社名、平均价格，并保存查询名为 QR8。

9) 查询各院系男、女生人数，输出院系代码、院系名称、性别、人数，并保存查询名为 QR9。

10) 统计各院系同学借阅图书超期归还(超过 30 天归还)的罚款额，每册超一天按 0.05 元计算罚款，输出院系代码、院系名称，罚款额，并保存查询名为 QR10。

参考文献

冯博琴. 2004. 大学计算机基础[M].北京：高等教育出版社.

李畅. 2005. 计算机应用基础(Windows XP 版)[M]. 北京：高等教育出版社.

谭浩强. 2003. 计算机应用基础[M]. 北京：中国铁道出版社.

唐永中. 2011. 大学计算机应用基础[M]. 北京：中国铁道出版社

吴维等. 2007. Office 2003 五合一速成培训教程[M]. 北京：中国电力出版社.

杨振山，龚沛曾. 2005. 大学计算机基础上机实验指导与测试. 4 版[M]. 北京：高等教育出版社.

朱磊，陈俊. 2007. Excel 电子表格应用[M]. 北京：清华大学出版社.

张明，王必有，蔡绍稷. 2007.大学计算机信息技术实验指导[M]. 南京：南京大学出版社.

周如意. 2009. 大学计算机信息技术实验与实训指导[M]. 成都：电子科技大学出版社.

附　录

附录 A　江苏省计算机等级(一级)考试模拟试题 1(操作部分)

附录 A.1　编辑文稿操作

调入素材的“考生”文件夹中的 ED1.RTF 文件，参考样张(附图 1)按下列要求进行操作。

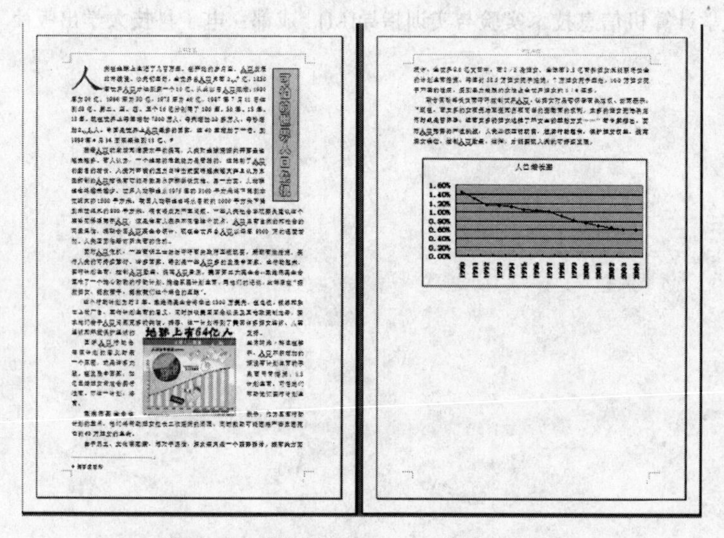

附图 1　“模拟试题 1”文稿操作样张

1. 参考样张，在正文适当位置插入竖排文本框“可怕的世界人口危机”，设置其字体格式为华文彩云、红色、二号字、居中对齐，文本框填充色为黄色，线条颜色为红色，环绕方式为四周型。

2. 设置正文第一段首字下沉 3 行，首字字体为楷体，颜色为蓝色，其余各段首行缩进 2 字符。

3. 将正文中所有的“人口”设置为红色、加粗、双波浪线格式。

4. 为文章加 1 磅绿色、阴影式样的页面边框。

5. 参考样张，在适当位置以四周型环绕方式插入图片“人口分布.JPG”。

6. 在正文第一段末尾添加脚注，编号格式为“①，②，③…”，注释内容为“据百度百科”。

7. 设置奇数页页眉为“人口危机”，居中对齐；偶数页页眉为“计划生育”，居中对齐；所有页页脚为页码，右侧对齐。

8. 根据“人口.txt”中的数据，制作如附图 1 所示的 Excel 图表，具体要求如下。

1) 将“人口.txt”文件中的内容转换为 Excel 工作表，要求自第一行第一列开始存放，工作表命名为“人口”。

2) 在 C 列使用函数计算 1950 年及以后各年度人口增长率，按百分比样式显示，保留 2 位小数(增长率 = (当年末人口 − 上年末人口)/上年末人口),并在 C1 单元格中输入“增长率”。

3) 在 A58 中输入“总计”，在 C58 单元格计算 2004 年较 1949 年人口的增长率，按百分比样式显示，保留 2 位小数。

4) 参考样张，根据表中的数据生成一张反映 1990 ~ 2004 年人口增长率的“数据点折线图”，嵌入当前工作表中，要求分类(X)轴标志显示年度，图表标题为“人口增长率”，无图例。

5) 将生成的图表以“增强型图元文件”的形式选择性粘贴到 Word 文档的末尾。

6) 将工作簿以文件名：EX，文件类型：Microsoft Excel 工作簿(*.XLS)，存放于考生文件夹中。

9. 将编辑好的文章以文件名为 DONE，文件类型为 RTF 格式(*.RTF)，存放于“考生”文件夹中。

附录 A.2　网页制作操作

所需素材均存放于“考生”文件夹的 Web 子文件夹中，参考样页(附图 2)按下列要求进行操作。

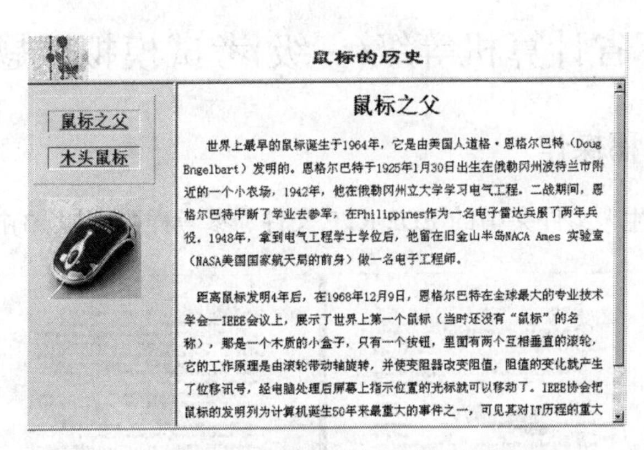

附图 2　“模拟试题 1”网页样页

1. 打开 Web 站点，编辑框架网页 Index.htm，设置上框架网页背景图片为 bg.jpg，背景音乐为 music.mid、循环次数不限，设置右框架的初始网页为 main1.htm。

2. 将上框架网页中的文字“鼠标的历史”设置为字幕，方向向左、延迟速度为 70、表现方式为交替，设置字幕样式中字体格式为隶书、加粗、红色、24pt。

3. 设置左框架网页背景色为 Hex = {CC,FF,FF}，并在该网页表格下方插入图片 mouse.jpg，居中显示。

4. 为左框架网页表格中的文字“鼠标之父”和“木头鼠标”创建超链接，分别指向 main1.htm 和 main2.htm。

5. 完善 PowerPoint 文件 Web.ppt，并发布为网页，链接到网页中，具体要求如下。

1) 为所有幻灯片应用设计模板 Capsules.pot。

2) 设置第一张幻灯片的副标题字体格式为宋体、40 号字，并设置其动画效果为自右侧飞入。

3) 设置所有幻灯片切换方式为水平百叶窗、中速，单击鼠标时换页，并伴有鼓掌声音。

4) 除标题幻灯片外，在其他幻灯片中插入页脚：另类鼠标。

5) 将制作好的演示文稿以文件名为 Web，文件类型为演示文稿(*.PPT)保存，同时另存为 Web.htm，文件均存放于“考生”文件夹的 Web 站点中。

6) 为左框架网页中的图片建立超链接，指向 Web.htm 文件，目标框架为“新建窗口”。

6. 将所有修改过的网页以原文件名保存，文件均存放于考生文件夹下 Web 站点中。

附录 A.3　数据库操作

打开“考生”文件夹中 TEST.MDB 数据库文件，数据库包括“院系”、“学生”、“图书”和“借阅”表，表的所有字段均用汉字来命名以表示其意义。按下列要求进行操作。

1) 基于“学生”、“图书”及“借阅”表，查询“2006-3-1”借出的所有图书，要求输出学号、姓名、书编号、书名及作者，查询保存为 CX1。

2) 基于“图书”表，查询收藏的各出版社不同分类图书均价，要求输出出版社、分类及均价，查询保存为 CX2。

3) 保存数据库为 TEST.MDB。

附录 B　江苏省计算机等级(一级)考试模拟试题 2(操作部分)

附录 B.1　编辑文稿操作

调入素材的“考生”文件夹中的 ED2.RTF 文件，参考样张(附图 3)按下列要求进行操作。

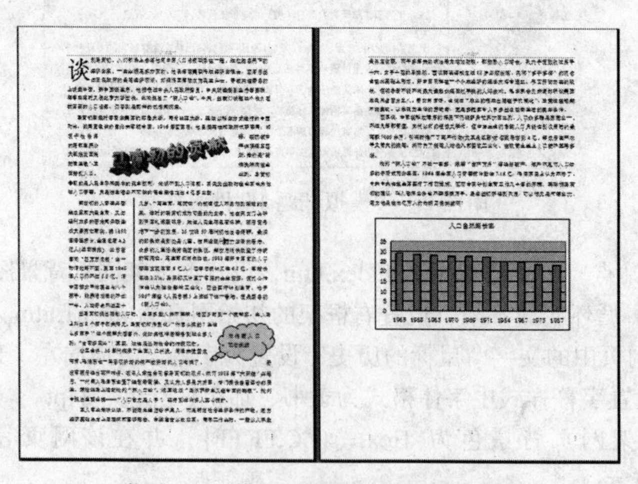

附图 3　“模拟试题 2”文稿操作样张

1. 页面设置：上、下页边距为 2 厘米，左、右页边距为 3 厘米，装订线位于左侧，装订线 0.5 厘米，每页 40 行，每行 38 字符。